煤炭中等职业学校一体化课程改革教材

电机与拖动
（含工作页）

郭 燕 主编

煤炭工业出版社
·北 京·

图书在版编目（CIP）数据

电机与拖动：含工作页/郭燕主编．--北京：煤炭工业出版社，2019

煤炭中等职业学校一体化课程改革教材

ISBN 978-7-5020-7208-7

Ⅰ.①电… Ⅱ.①郭… Ⅲ.①电机—中等专业学校—教材 ②电力传动—中等专业学校—教材 Ⅳ.①TM3 ②TM921

中国版本图书馆 CIP 数据核字(2019)第 010014 号

电机与拖动(含工作页)

(煤炭中等职业学校一体化课程改革教材)

主　　编　郭　燕
责任编辑　罗秀全
责任校对　李新荣
封面设计　罗针盘

出版发行　煤炭工业出版社（北京市朝阳区芍药居 35 号　100029）
电　　话　010-84657898（总编室）　010-84657880（读者服务部）
网　　址　www.cciph.com.cn
印　　刷　北京玥实印刷有限公司
经　　销　全国新华书店

开　　本　787mm×1092mm 1/16　**印张**　20 1/4　**字数**　479 千字
版　　次　2019 年 3 月第 1 版　2019 年 3 月第 1 次印刷
社内编号　20191829　　　**定价**　48.00 元

煤炭中等职业学校一体化课程改革教材
编 审 委 员 会

主　　　编：郭　燕

参　　　编：霍志霞

审　　　稿：焦海生

前　言

随着我国供给侧结构性改革的推进和煤炭行业去产能、调结构及资源整合步伐的加快，我国煤矿正向工业化、信息化和智能化方向发展。在这一迅速发展的进程中，我国煤矿生产技术正在发生急剧变化，加强人才引进和从业人员技术培训，打造适应新形势的技能人才队伍，是煤炭行业和各个煤矿的迫切需要。

中职院校是系统培养技能人才的重要基地。多年来，煤炭中职院校始终紧紧围绕煤炭行业发展和劳动者就业，以满足经济社会发展和企业对技术工人的需求为办学宗旨，形成了鲜明的办学特色，为煤炭行业培养了大批生产一线高技能人才。为遵循技能人才成长规律，切实提高培养质量，进一步发挥中职院校在技能人才培养中的基础作用，从2009年开始，人社部在全国部分中职院校启动了一体化课程教学改革试点工作，推进以职业活动为导向、以校企合作为基础、以综合职业能力教育培养为核心，理论教学与技能操作融会贯通的一体化课程教学改革。在这一背景下，为满足煤炭行业技能人才需要，打造高素质、高技术水平的技能人才队伍，提高煤炭中职院校教学水平，山西焦煤技师学院组织一百余位煤炭工程技术人员、煤炭生产一线优秀技术骨干和学校骨干教师，历时近五年编写了这套供煤炭中等职业学校和煤炭企业参考使用的《煤炭中等职业学校一体化课程改革教材》。

这套教材主要包括山西焦煤技师学院机电、采矿和煤化三个重点建设专业的核心课程教材，涵盖了该专业的最新改革成果。教材突出了一体化教学的特色，实现了理论知识与技能训练的有机结合。希望教材的出版能够推动中等职业院校的一体化课程改革，为中等职业学校专业建设工作作出贡献。

《电机与拖动（含工作页）》是这套教材中的一种，主要介绍了电动机、变压器运行与维护技术，电气控制线路原理、安装与维修等内容。其主要特点是：

(1) 采用理论知识与技能训练一体化的编写模式，使教材内容更加符合学生的认知规律。尽可能用图片或表格将各个知识点生动地展示出来，以激发学生的学习兴趣。设计了许多贴近生活的导入和实训，能更好地引导学生参与到实际操作中去，有利于学生掌握知识、形成技能、提高能力。

(2) 根据电工类专业毕业生所从事职业的实际需要，合理确定学生应具备的知识与能力，做到教材内容广度、深度、难度适中，易教易学。

(3) 教材突出了新技术、新设备和新材料等方面的内容，具有鲜明的时代特征，同时引入了国家有关技术标准的要求。

(4) 为了巩固学生所学知识，掌握所需技能，编写了与教材配套的工作页，方便学生学习使用。

本书由郭燕任主编，其中工作页的模块一及工作页的模块二中的学习任务四和学习任务五由霍志霞编写，其他由郭燕编写，全书由焦海生审稿。本书的编写，得到了学校领导和老师的大力支持和帮助，并参考了很多同类书籍和教材，在此一并表示感谢。

尽管编者做了很大努力，但学识有限，书中肯定还存在不足，望读者提出宝贵修改建议和意见，以便在修订时改正。

煤炭中等职业学校一体化课程改革教材
编审委员会
2018 年 12 月

总 目 录

电 机 与 拖 动

目　录

模块一　电动机、变压器运行与维护技术

电动机是一种将电能转换为机械能的动力设备，能带动生产机械工作，也是厂矿企业使用最广泛的动力机。电动机分为交流电动机和直流电动机两大类，交流电动机又分为异步电动机和同步电动机。因为异步电动机具有结构简单、价格低廉、工作可靠、维护方便等优点，所以被厂矿广泛使用。异步电动机根据转子的结构又分为笼型异步电动机和绕线型异步电动机。笼型异步电动机结构简单、运行维护方便，在煤矿生产中得到了广泛应用。

变压器是根据电磁感应原理制成的一种静止电器。它具有将交流电压升高或降低的功能，同时还具有变换电流、变换阻抗的功能，所以在强电、弱电方面都得到了广泛应用。例如，在输电方面，为了减小输电过程中的电能损耗，常常利用变压器将电压升高，实现远距离高电压输电；在用电方面，为保证用电安全和满足不同负载对电压的不同要求，利用变压器将输电线路上的高压降低到适当的大小；在电子电路中，为了使信号能有效传输和放大，常利用变压器进行阻抗的变换；在电气测量、自动控制等方面，变压器也得到了广泛应用。

学习任务一　笼型异步电动机运行与维护技术

本学习任务为中级工、高级工应掌握的技能。

【学习目标】

(1) 能通过阅读设备维护（保养）记录单和现场勘查，明确学习任务要求。

(2) 能根据任务要求和实际情况，合理制定工作（学习）计划。

(3) 熟知电动机结构及工作原理。

(4) 能正确识读电动机的铭牌数据。

(5) 能正确使用拆装工具拆装电动机。

(6) 能正确完成电动机的日常维护保养工作。

(7) 能正确处理电动机常见故障。

(8) 能正确完成通电试车。

【建议课时】

中级工 8 课时，高级工 14 课时。

【工作情景描述】

异步电动机是煤矿生产的重要动力设备。为确保煤矿正常安全生产，应对电动机进行定期维护、保养、维修，机电维护人员接到设备维护（保养）记录单后，按要求完成相关工作。

学习活动1　明确工作任务

【学习目标】

(1) 能通过阅读设备维护（保养）记录单，明确学习任务、课时等要求。

(2) 能准确记录工作现场的环境条件。

(3) 熟知电动机结构及工作原理。

(4) 能正确识读电动机的铭牌数据。

一、工作任务

在接到电动机维护（保养）任务后，机电维修人员应全面检查电动机运行时的工况参数，了解维护（保养）前电动机的运行情况，确定维护（保养）的具体任务。重点是电动机的使用与操作。

二、相关理论知识

1. 三相异步电动机的结构

三相异步电动机由定子和转子两大部分组成，定子和转子之间的气隙一般为 0.25~2 mm。三相笼型异步电动机的结构如图 1-1 所示。

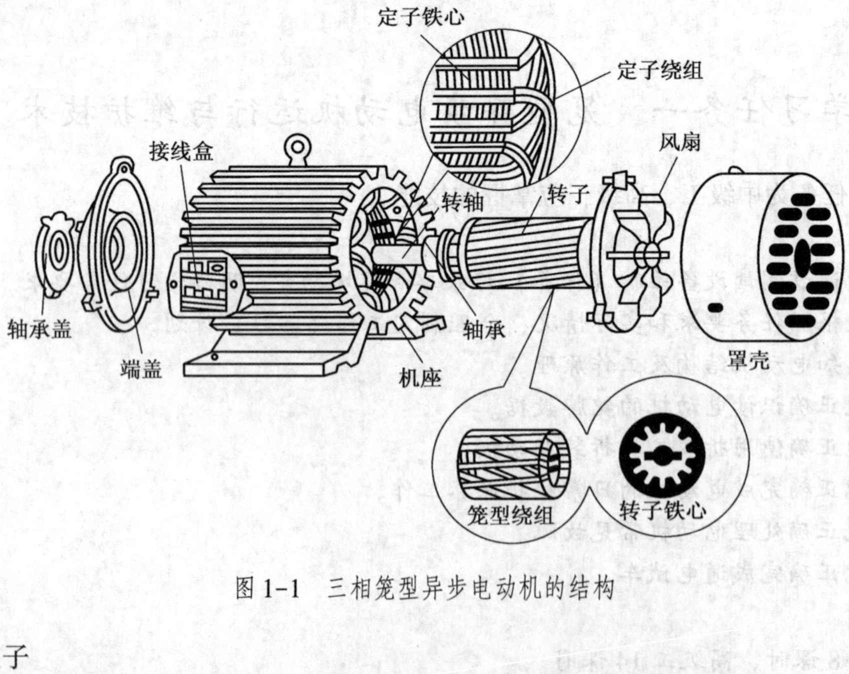

图 1-1　三相笼型异步电动机的结构

1) 定子

电动机的静止部分称为定子，主要有定子铁心、定子绕组和机座等部件。

(1) 定子铁心。定子铁心是电动机磁路的一部分，用于放置定子绕组。定子铁心一般用厚 0.35~0.5 mm、表面有绝缘层的硅钢片冲制叠装而成。在硅钢片的内圆冲有均匀分布的槽，以嵌放定子绕组。定子铁心的具体结构如图 1-2 所示。

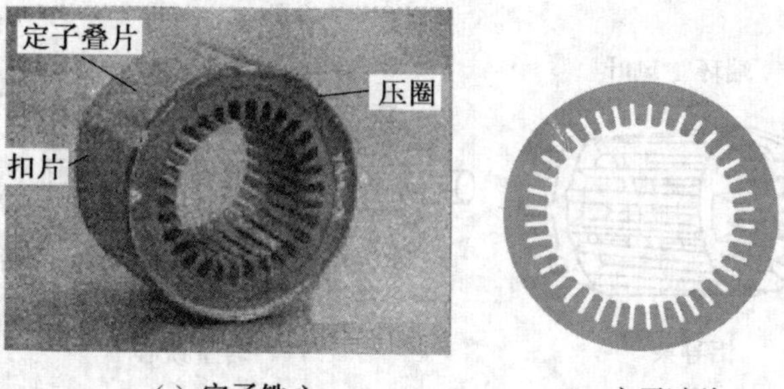

(a) 定子铁心　(b) 定子冲片

图 1-2　定子铁心结构

（2）定子绕组。定子绕组的作用是通入三相对称交流电，产生旋转磁场。定子绕组在槽内嵌放完毕后，按规律接好线，把三相绕组的 6 个出线端引到电动机机座的接线盒内，可按需要将三相绕组接成星形或三角形，如图 1-3 所示。

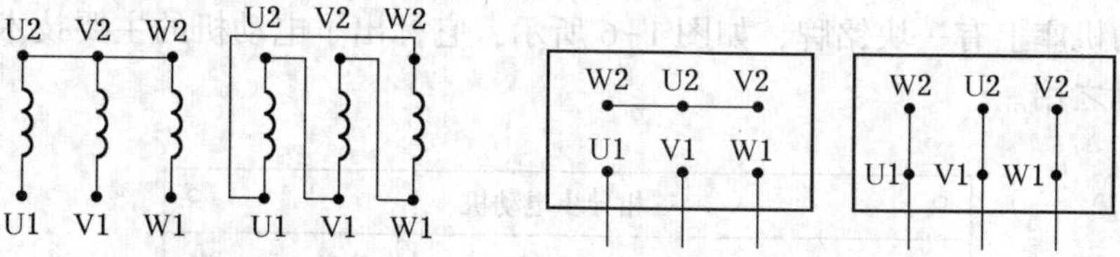

(a) 绕组接法　(b) 接线盒接法

图 1-3　定子三相绕组的接线方法

（3）机座。机座的作用是固定定子铁心，并以两个端盖支撑转子，同时保护整台电动机的电磁部分和散发电动机运行中产生的热量。

2）转子

转子是电动机的旋转部分，由转子铁心、转子绕组、转轴和风叶等组成。

（1）转子铁心。转子铁心也是电动机磁路的一部分，一般用 0.5 mm 厚、相互绝缘的硅钢片冲制叠压而成，硅钢片外圆冲有均匀分布的槽，用来安置转子绕组，如图 1-4 所示。转子铁心固定在转轴或转子支架上。为了改善电动机的启动及运行性能，笼型异步电动机转子铁心一般采用斜槽结构，如图 1-5 所示。

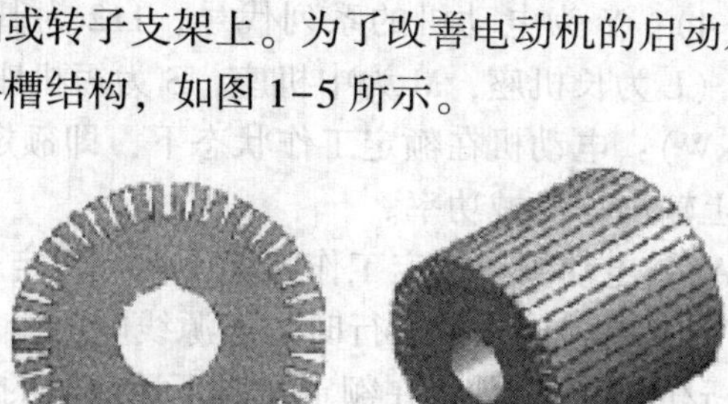

(a) 转子冲片　(b) 转子铁心

图 1-4　转子铁心结构

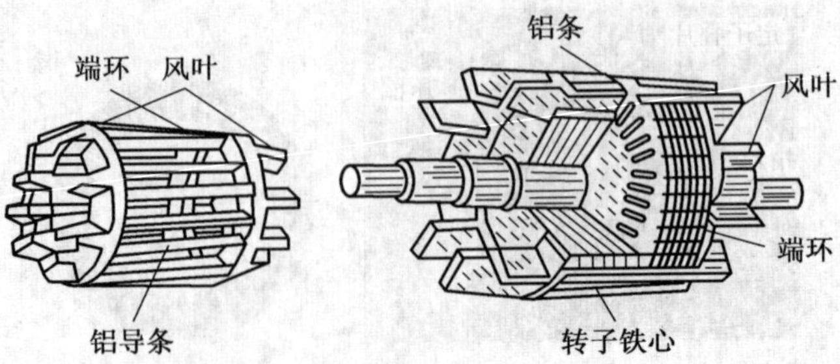

图 1-5　笼型铸铝转子结构

（2）转子绕组。转子绕组的作用是产生感应电动势和电流，并在旋转磁场的作用下产生电磁力矩而使转子转动。转子绕组根据结构不同分为笼型和绕线型两种。

（3）其他附件。其他附件包括端盖、轴承、轴承盖、风扇和风罩等。

2. 三相异步电动机的铭牌

电动机的机座上有一块铭牌，如图 1-6 所示，它标出了电动机的主要技术数据，供正确选用电动机之用。

○ 三相异步电动机 ○			
型号 Y-112M-4			编号
4.0 kW		8.8A	
380 V	1440 r/min	LW82 dB	
接法△	防护等级 IP44	50 Hz	45 kg
标准编号	工作制 SI	B 级绝缘	年　月
○ ×× 电机厂 ○			

图 1-6　三相异步电动机的铭牌

（1）型号（Y-112M-4）：Y 为电动机的系列代号，112 为基座至输出转轴的中心高度（mm），M 为机座类别（L 为长机座，M 为中机座，S 为短机座），4 为磁极数。

（2）额定功率（4.0 kW）：电动机在额定工作状态下，即额定电压、额定负载和规定冷却条件下运行时，转轴上输出的机械功率。

（3）额定电流（8.8 A）：电动机在额定工作状况下运行时定子电路输入的线电流。

（4）额定电压（380 V）：电动机正常运行时的电源线电压。

（5）额定转速（1440 r/min）：电动机在额定状况下运行时的转速。

（6）接法：电动机定子三相绕组与交流电源的连接方法，小型电动机（3 kW 以下）大多采用星形连接，大中型电动机（4 kW 以上）采用三角形连接。

3. 三相异步电动机的工作原理

三相异步电动机的三相绕组接入三相对称交流电源后，便产生一个旋转磁场，假定旋转磁场按顺时针方向旋转，如图 1-7 中 n_1 所示。

静止的转子与旋转磁场间有相对运动，转子绕组切割磁力线产生感应电动势（其方向可用右手定则确定）。由于转子绕组是闭合的，故在转子绕组中产生感应电流，其方向如图 1-7 所示。

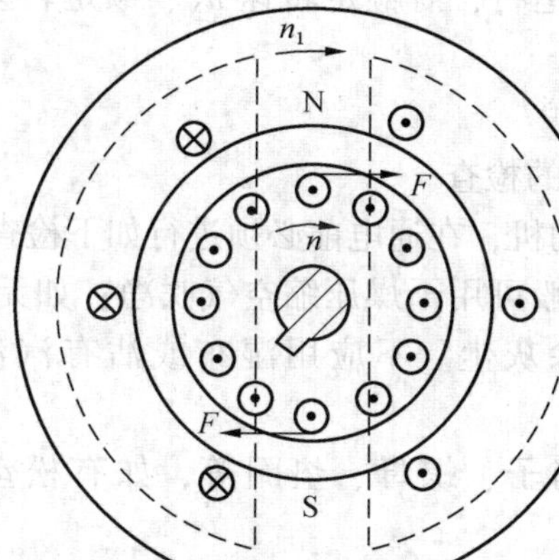

图 1-7　异步电动机的工作原理图

载流的转子绕组在磁场中受电磁力作用（其方向用左手定则确定，如图 1-7 所示的 F）。这时电磁力对轴形成一个转矩，称为电磁转矩。在电磁转矩的作用下，转子就顺着旋转磁场的方向并以小于旋转磁场的转速转动，如图 1-7 所示的 n，从而将电能变成机械能。

显然，在电压一定的条件下，定子线圈中相电流越大，转子线圈受到的电磁力也越大，电动机轴上输出的机械功率也就越大。如果定子绕组中的电流相同，电动机的电压越高，它的功率也越大。

电动机的转向是由接入三相绕组的电流相序决定的，只要调换电动机任意两相绕组所接的电源线，则旋转磁场反转，电动机也就反转。

4. 异步电动机的转速与转差率

由于异步电动机转子导体上的电流是感应产生的，所以异步电动机也可称为感应电动机。如果转子转速达到旋转磁场的转速，则两者之间相对静止，转子转速和旋转磁场转速同步，因此旋转磁场转速也可称为同步转速。此时转子上导体无切割磁感线运动，转子导体不能产生感应电动势，当然也不可能有感应电流和电磁转矩。感应电动机的转速总是小于旋转磁场的转速（同步转速），故又称其为异步电动机。

通常将同步转速 n_1 与转子转速 n 之差对同步转速 n_1 的比值称为转差率，用 S 表示：

$$S = \frac{n_1 - n}{n_1}$$

$$n = n_1(1 - S)$$

转差率 S 是电动机的一个重要参数，在运行状态下 $0 < S < 1$，有 3 个特定的工作点：

（1）电动机启动瞬间，$n=0$，$S=1$，转子切割磁场相对速度最大，感应电动势、电流最大，反映在定子上，电动机的启动电流也很大，可达4~7倍额定电流。

(2) 电动机空载阻力很小，转速很高，$n \approx n_1$，S很小，一般在0.005左右，转子感应电动势、电流也较小，反映在定子上，电动机的空载电流也较小，一般为0.3~0.5倍额定电流。

(3) 电动机在额定状态下运行，有额定转速n_N、额定转差率S_N，S_N一般在0.01~0.07之间，通常为0.05左右。

5. 异步电动机的使用、维护

1) 三相异步电动机使用前的检查

对新安装或久未运行的电动机，在通电前必须进行如下检查：

(1) 电动机是否清洁，一般可用干燥压缩空气吹净；如无压缩空气，也可用手风箱(通称皮老虎)，或用干布清除灰尘。不应用湿布或沾有汽油、煤油、机油的布进行清理。

(2) 检查各部位螺栓、销子、螺母、垫圈等，如有松动、脱落，应及时拧紧和补全。

(3) 检查外壳是否严重变形或出现裂纹，焊缝是否开焊，是否达到隔爆要求。

(4) 检查电缆进线安装是否合格，有无松动，是否达到隔爆要求。

(5) 检查防爆电动机轴与轴孔的隔爆接合面是否符合防爆要求。

(6) 对于绕线型转子电动机，要检查电刷与滑环的接触是否良好（接触面不少于电刷全面积的3/4)，电刷压力是否适当，转子电路相间绝缘及对机壳绝缘是否良好，提刷装置手柄是否在启动位置。

(7) 对照电动机铭牌，检查定子绕组连接是否正确（Y形连接或D形连接)，电源的电压是否与电动机铭牌值相符。

(8) 检查电动机接地装置是否良好。

(9) 用手扳动电动机转子和传动装置，检查是否有被卡和相互摩擦的地方，并检查轴承的润滑状况。

(10) 检查电动机散热系统是否完好无堵塞。

2) 异步电动机启动中的注意事项

(1) 电动机通电运行时必须提醒在场人员注意，防止旋转物切向飞出，伤及人员及设备。

(2) 接通电源之前应做好切断电源的准备，当电动机出现不能启动、启动缓慢、强烈振动、声音异常时应立刻切断电源。

(3) 笼型电动机采用全压启动时，启动不宜过于频繁。绕线型转子电动机在接通电源前，应检查启动器的操作手柄是不是已经在零位，若不是，则应先置于零位，接通电源后再逐渐转动手柄，随着电动机转速的提高而逐渐切除启动电阻。

3) 三相异步电动机运行中的监视与维护

(1) 对电动机的监视。电动机运行时，要通过听、看、闻、摸等手段随时监视电动机的工作情况：

①听电动机在运行时发出的声音是否正常。电动机正常运行时，发出的声音是平

稳、快、均匀的。如出现尖叫、沉闷、摩擦、撞击、振动等声音时，应当立即停机检查。

②查看电动机的振动情况，检查传动装置传动是否流畅。对于绕线型转子电动机，要经常检查电刷和滑环之间的火花是否过大，如果出现较密的舌状火花，应停机检修。

③注意电动机及其周围温度，保持电动机附近的清洁，电动机周围不应有煤灰、水汽、油污、金属导线、棉纱头等。

④对于大型密闭式冷却电动机，应检查其冷却系统运行是否正常。

⑤电动机运行时发出焦臭味，说明电动机温度过高，应停机检查原因。

⑥触摸机座，如很烫手，说明电动机过热，应停机检查原因。

（2）电动机运行中的事故停机。电动机在运行中，如有异常现象，除应加强监视、迅速查明原因外，还应报告有关人员。如发生下列情况之一，应立即切断电源或卸去负荷，紧急停机：

①发生人身事故与运行中的电动机有关。

②电动机所拖动的机械发生故障。

③电动机冒烟起火。

④电动机轴承温度超过允许值，不停机将造成损坏。

⑤电动机电流超过铭牌规定值，或在运行中电流猛增，原因不明，并无法消除。

⑥电动机在发热和发出异声的同时，转速急剧变化。

⑦电动机内部发生冲击（扫膛、串轴）。

⑧传动装置失灵或损坏。

⑨电动机强烈振动。

6. 异步电动机主要故障分析及处理（表1-1）

表1-1　异步电动机主要故障分析及处理

故障种类	故障分析及处理	
过负荷故障	故障现象及危害	电动机在大于长时间允许工作电流的情况下运行，叫过负荷。如果实际过负荷时间超过了允许时间，电动机就将烧毁，即发生过负荷故障
	故障原因	（1）电动机所带机械的负荷过重，造成启动时间过长或无法启动（堵转）。由于电动机的启动电流或堵转电流比正常工作电流大几倍，因此将造成过负荷故障 （2）加在电动机上的电压过低，使电动机的正常工作电流过大而造成过负荷故障。电动机的端电压如果低于其额定电压的95%，就会造成过负荷故障 （3）连续启动或点动电动机过于频繁，电动机在启动电流连续或频繁的冲击下而发生过负荷故障 （4）电动机的机械部分发生故障或机械突然被卡阻，使电动机堵转造成过负荷故障 （5）不适当地采用反接制动造成过负荷。例如，回柱绞车就容易出现这种过负荷故障

表 1-1（续）

故障种类	故障分析及处理	
过负荷故障	故障预防及处理	除了遵守操作规程，保证电压稳定，加强电动机日常维护和检查，消除可能出现的故障预兆外，还必须设置可靠的过负荷保护装置，一旦出现过负荷故障，立即切断电源
线圈的匝间、相间短路和单相接地故障	故障现象及危害	电动机三相线圈中的任意一相发生匝间或相间短路时，不仅电动机的温度要超过规定值，声音不正常，而且能闻到烧焦的气味，严重者可见到冒烟，甚至立即烧毁。在煤矿井下使用的电动机，如果线圈发生单相接地故障，虽然不会造成单相短路而将电动机烧毁，但由于机壳带电，不仅可能造成人身触电，而且有引起瓦斯、煤尘爆炸的危险
	故障原因	线圈的绝缘损坏。正在使用的电动机，线圈绝缘损坏的主要原因，除了线圈绝缘的质量有问题以外，就是潮气或水分侵入线圈内部，线圈上腐蚀性的污垢太多，电动机长时过负荷运行后使绝缘老化，或者加在机上电源电压过高，从而使线圈发生局部击穿
	故障预防及处理	电动机在发生上述故障以前，一般都有绝缘电阻降低预兆。为了防止上述事故发生，必须用测定绝缘电阻的摇表，定期检查测定其绝缘电阻，并加强日常维护和修理，保证各部分清洁、干燥，防止水分或潮气侵入。对于闲置一段时间并且在这段时间一直没有通电的电动机，必须先检查其绝缘性能，确认其符合要求后才能通电使用。对于额定电压为 380 V 的电动机，只要其绝缘电阻不小于 0.5 MΩ（俗称 0.5 个绝缘）便可通电使用
断相故障	故障现象及危害	三相交流电动机如果有一相断路，便造成电动机断相运行。这时电动机不仅因转矩大大降低而被迫停止转动，并发出较大的嗡嗡声，而且没断路的两相绕组中的电流比正常工作电流大得多。如果让其存在下去，必将电动机烧毁。电动机的这种故障叫做断相故障。如果对已发生断相故障的电动机送电“启动”，由于其启动转矩为零，因此不能转动，并且将发出较大的嗡嗡声。如果不立即将电动机的电源切断，必将因过负荷而烧毁
	故障原因	（1）用手动开关进行控制、用熔断器作短路保护的电动机，如果有一相熔丝（片）熔断，就会造成断相故障 （2）电缆与电动机或开关的连接接头松动，在移动时接头脱落而造成断相 （3）电缆三相主芯线有一相断线，造成电动机单相运行 （4）电动机一相定子线圈的引出线与接线端子的连接线头脱落而造成断相 （5）电动机的一相线圈断线而造成断相

表 1-1（续）

故障种类	故障分析及处理	
断相故障	故障预防及处理	为防止发生断相故障，必须对熔丝等各部位接头加强检查，保证连接可靠；应尽可能采用磁力启动器进行控制，而不用手动开关。这是因为当磁力启动器中的熔断器一相熔断时，磁力线圈将可能同时断电掉闸，从而起到一定的保护作用。此外，还必须设置可靠的断相保护装置，防止事故范围扩大

学习活动 2　工作前的准备

【学习目标】

（1）熟练掌握所需工具的使用方法。

（2）明确电动机拆装步骤及注意事项。

一、工具

拉具、活扳手、呆扳手、锤子、紫铜棒、旋具、刷子等。

二、设备与材料

小型异步电动机、电动机使用说明书。

学习活动 3　现　场　施　工

【学习目标】

（1）能熟练掌握本活动安全知识，并能按照安全要求进行操作。

（2）能正确拆卸电动机。

（3）能正确装配电动机。

一、三相异步电动机的拆卸

三相异步电动机拆卸的基本步骤：切断电源→做有关标记→拆卸带轮→拆卸联轴器→拆卸风扇罩→拆卸风扇→拆卸后端盖螺钉→拆卸前端盖→抽出转子→拆卸轴承，见表 1-2。

表 1-2　三相异步电动机的拆卸步骤

序号	操作步骤	图　示	说　明
1	标记		在带轮或联轴器的轴伸端做好定位标记，测量并记录联轴器或带轮与轴台间的距离

表 1-2（续）

序号	操作步骤	图 示	说 明
2	拆卸带轮		将三爪拉具的丝杆尖端对准电动机端的中心，挂住带轮或联轴器使其受力均匀，把带轮或联轴器慢慢拉出。注意：拆卸带轮或联轴器时，要正确使用拉具
3	拆卸联轴器		用合适的工具将固定带轮或联轴器的销子拆下
4	拆卸风扇罩和风扇	 	用旋具将风扇罩四周的 3 个螺栓拧下，用力将风扇罩往外拔，风扇罩便能脱离机壳 先用尖嘴钳取下转子轴端风扇上的定位销子或螺钉。用手锤均匀轻敲四周并取下风扇
5	拆卸端盖螺钉	 	拆卸后端盖 3 个螺钉。注意：端盖螺钉的松动与紧固必须按对角线上下左右依次旋动 拆卸前端盖 3 个螺钉

表 1-2（续）

序号	操作步骤	图　　示	说　　明
6	拆卸后端盖，取出后端盖及转子	 	用木锤敲打轴伸端，使后端盖脱离机座。注意：不能用手锤直接敲打电动机的任何部位，只能用紫铜棒在垫好木块后再敲击或直接用木锤敲打 当后端盖稍与机座脱开，即可把后端盖连同转子一起抬出机座。注意：抽出转子或安装转子时动作要小心，一边送一边接，不可擦伤定子绕组
7	拆卸前端盖，取下前端盖	 	用硬杂木条从后端盖伸入，顶住前端盖的内部敲打 用双手轻轻地将前端盖取下
8	取下后端盖	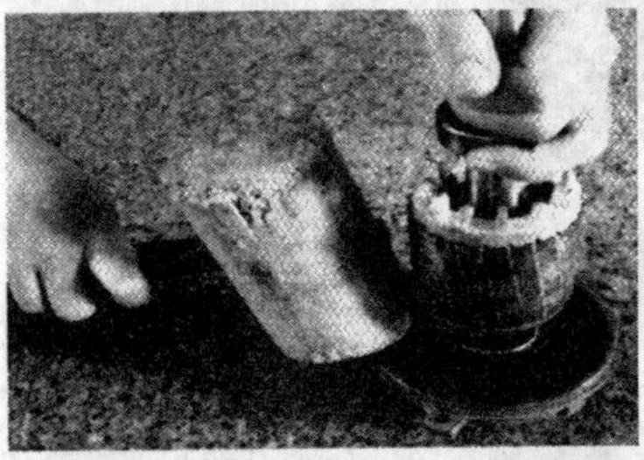	用木锤均匀敲打后端盖四周，即可将其取下
9	拆卸轴承		选择适当的拉具，使拉具的脚爪紧扣在轴承内圈上，拉具的丝杆顶点对准转子轴的中心，缓慢均匀地扳动丝杆，轴承就会逐渐脱离转轴而被卸下来

二、三相异步电动机的装配

三相异步电动机的组装顺序与拆卸相反。在组装前应清洗电动机内部的灰尘，清洗轴承并加足润滑油，然后按以下步骤操作：安装轴承→安装前端盖→在转子上安装后端盖→装入转子→安装后端盖→安装风扇→安装带轮或联轴器→检查，见表 1-3。

表 1-3　三相异步电动机的装配步骤

序号	操作步骤	图　示	说　明
1	安装轴承	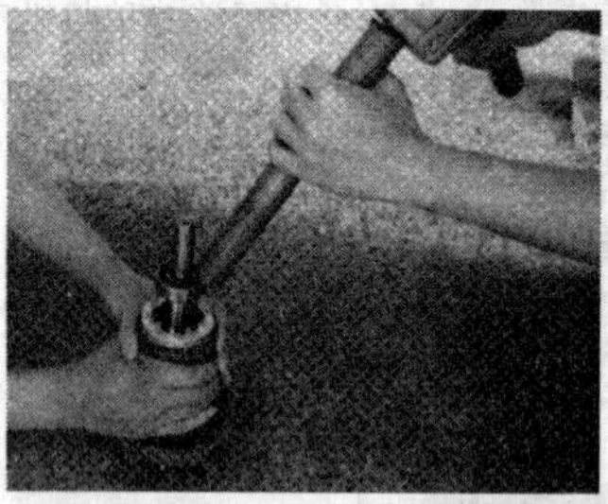	用紫铜棒将轴承压入轴颈，要注意使轴承内圈受力均匀，切勿总是敲击一边，或敲轴承外圈
2	在转子上安装后端盖		用木锤均匀敲打后端盖四周，即可将其装上
3	装入转子	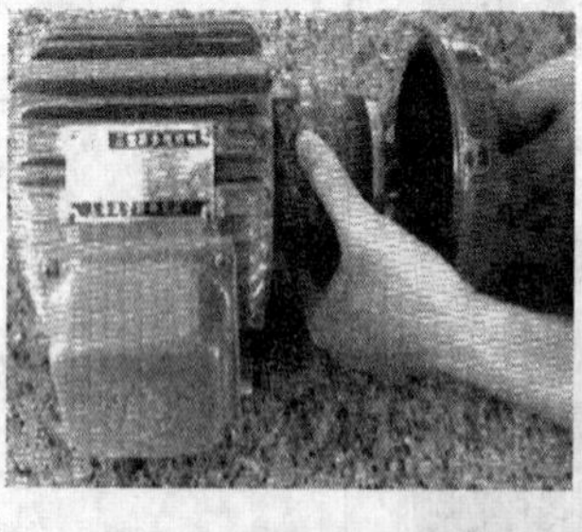	用手托住转子慢慢移入，以免损伤转子表面，擦伤定子绕组
4	安装后端盖	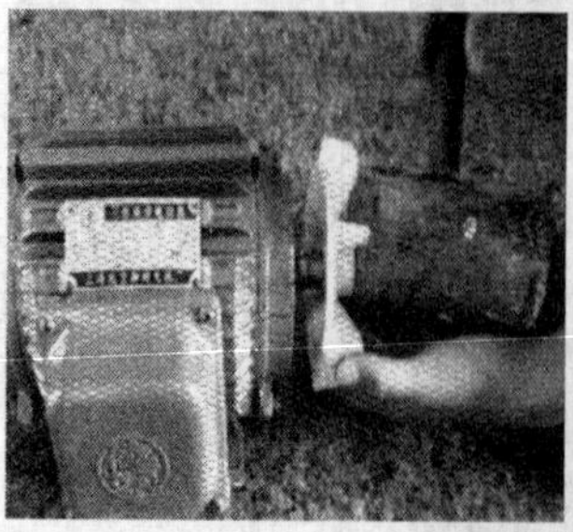	用木锤小心敲打后端盖三个耳朵，使螺孔对准标记，并用螺栓固定后端盖

表 1-3（续）

序号	操作步骤	图示	说明
5	安装前端盖		用木锤均匀敲打前端盖四周，并调整至对准标记
6	安装风扇	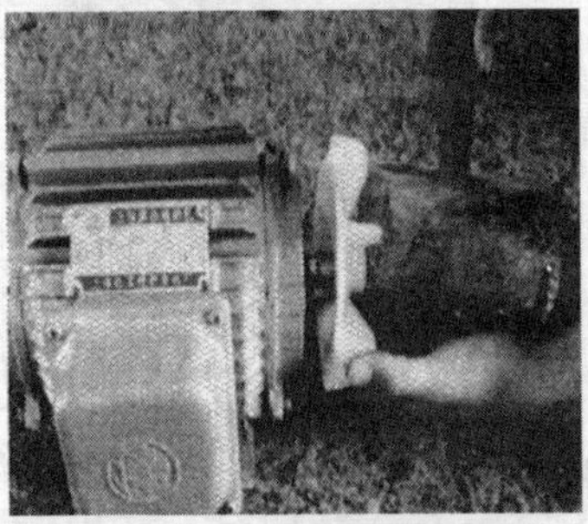	用木锤敲打风扇，用弹簧卡钳安装卡簧
7	安装风罩		将风罩上的螺钉孔与机座上的螺母对准并将螺钉拧紧即可
8	安装插销		轻轻地用木锤打插销（固定键）入槽
9	安装带轮或联轴器		将联轴器的插槽对准插销并用木锤敲击进行安装

学习任务二　电力变压器运行与维护技术

本学习任务为中级工、高级工应掌握的技能。

【学习目标】

(1) 能通过阅读设备维护（保养）记录单和现场勘查，明确学习任务要求。

(2) 能根据任务要求和实际情况，合理制定工作（学习）计划。

(3) 掌握中、小型电力变压器的构造、工作原理。

(4) 掌握变压器的铭牌的含义。

(5) 掌握变压器运行的外特性。

(6) 掌握变压器运行的效率特性。

(7) 掌握变压器的连接组及其判别。

(8) 掌握变压器的并联运行知识。

(9) 掌握中小型变压器的维护方法。

(10) 能正确使用仪表对变压器进行检测。

(11) 能按电工作业规程，在作业完毕后清理现场。

(12) 能正确填写验收相关技术文件，完成项目验收。

【建议课时】

中级工6课时，高级工14课时。

【工作情景描述】

电力变压器是变、配电过程中的主要电气设备，电力变压器的好坏直接影响供电负荷用电的安全性、电能的质量和能耗。一旦发生事故，将中断对部分用户的供电，修复所用时间也很长，可能造成严重的经济损失。为了确保安全运行，工作人员既要做好日常维护工作，将事故消灭在萌芽状态，还要具备一旦发生事故能够迅速判断原因和性质，正确处理事故，防止事故扩大的能力。

学习活动1　明确工作任务

【学习目标】

(1) 能通过阅读设备维护（保养）记录单，明确学习任务、课时等要求。

(2) 能准确记录工作现场的环境条件。

(3) 能正确识读变压器的铭牌数据。

(4) 熟知变压器结构、工作原理、用途、类型等基本特征。

(5) 能正确记录故障现象。

一、工作任务

在接到变压器维护（保养）任务后，机电维修人员应全面检查变压器运行时的工况参数，了解维护（保养）前变压器的运行情况，确定维护（保养）具体任务。重点是变压器的检修。

二、相关理论知识

1. 变压器的作用及原理

变压器是利用电磁感应原理制成的静止电气设备。它能将某一电压值的交流电变换成同频率的所需电压值的交流电，以满足高压输电、低压供电及其他用途的需要。变压器除具有变电压作用外，还具有变电流、变阻抗的作用。

变压器的一次绕组通电后在铁心中产生一个正弦交变磁通 Φ，该磁通又在一次绕组和二次绕组中感应出电动势 E_1 和 E_2。当二次绕组接有负载 Z_{fz}时，就会输出电压 U_2 和电流 I_2，这就是变压器传输电能的过程。变压器的工作原理实际上就是利用电磁感应原理，把一次侧的电能传送给二次侧的负载，如图 2-1 所示。

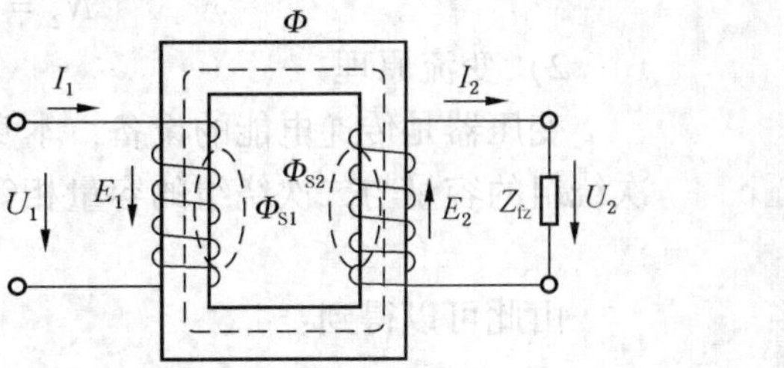

图 2-1　变压器的原理图

1）变压原理

理想状况下（不计电阻、铁耗和漏磁），一次、二次绕组同受主磁通作用，所以在两个绕组中产生的感应电动势 e_1 和 e_2 的频率与电源频率相同。若主磁通随时间的变化率为 $\Delta\Phi/\Delta t$，则由电磁感应定律可得：

$$e_1 = -N_1\Delta\Phi/\Delta t$$

$$e_2 = -N_2\Delta\Phi/\Delta t$$

式中　e_1——一次绕组的感应电动势；

e_2——二次绕组的感应电动势；

N_1——一次绕组的匝数；

N_2——二次绕组的匝数；

$\Delta\Phi/\Delta t$——磁通变化率。

又因为感应电动势与感应电压反相，所以：

$$u_1 = -e_1 = N_1\Delta\Phi/\Delta t$$

$$u_2 = e_2 = -N_2\Delta\Phi/\Delta t$$

式中　u_1——一次绕组的电压；

u_2——二次绕组的电压。

如不考虑相位，只考虑大小，则有效值之间有

$$U_1/U_2 = N_1/N_2 = K_u$$

式中　U_1——一次绕组交流电压的有效值；

U_2——二次绕组交流电压的有效值；

K_u——变压比。

上式说明变压器的端电压与其匝数成正比。

变压器一次绕组电压与二次绕组电压之比称作变压器的变压比。当 $K_u>1$ 时，$N_1>N_2$，$U_1>U_2$，即为降压变压器；当 $K_u<1$ 时，$N_1<N_2$，$U_1<U_2$，即为升压变压器。可见，只要改变一次、二次绕组的匝数比，就能按要求改变电压。

【例】 一台变压器一次绕组接在 10 kV 的高压输电线上，二次绕组输出 0.4 kV 电压。如果一次绕组的匝数为 800 匝，求变压器的变压比和二次绕组的匝数。

解 变压比：

$$K_u = U_1/U_2 = 10/0.4 = 25$$

二次绕组的匝数为：

$$N_2 = N_1/K_u = 800/25 = 32 \text{ 匝}$$

2）变流原理

变压器是传递电能的设备，本身消耗的能量非常少，效率很高。在忽略损耗时，其一次绕组的容量与二次绕组的容量相等，即

$$U_1 I_1 = U_2 I_2$$

由此可以得到：

$$K_i = I_1/I_2 = U_2/U_1 = N_2/N_1$$

式中 I_1——一次绕组交流电流的有效值；

I_2——二次绕组交流电流的有效值；

K_i——变流比。

上式说明变压器的电流与线圈匝数成反比。

变压器改变电压的同时，也能改变电流。变压器一次绕组电流与二次绕组电流之比称作变压器的变流比。由以上可知，变压器高压侧电流小，低压侧电流大。

3）变压器的阻抗变换

变压器一次侧接在交流电源上，对电源来说变压器相当于是一个负载，其输入阻抗可用输入电压、输入电流来计算，即变压器的输入阻抗 $Z_1 = U_1/I_1$，而变压器的二次侧输出端又接了负载，变压器的输出电压、输出电流与负载之间存在 $Z_2 = U_2/I_2 = Z_{fz}$ 的关系，如图 2-2 所示。可以看出通过变压器把 Z_2 接到电源上和不要变压器直接把 Z_2 接到电源上，两者是完全不一样的，这里变压器起到改变阻抗的作用，把 Z_2 等效变成 Z_1 可以在 U_1 的电压下工作。

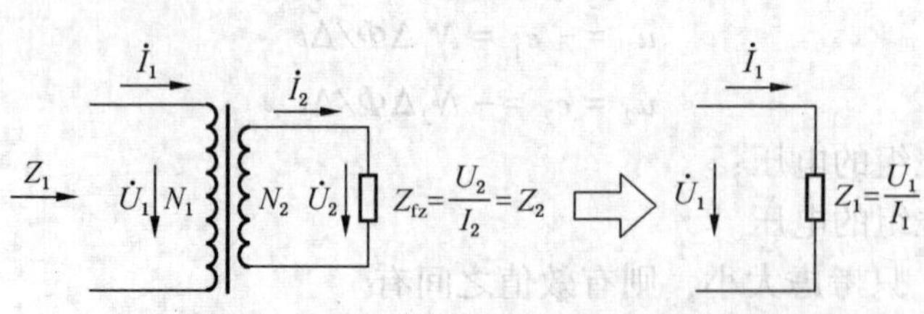

图 2-2 变压器的阻抗变换作用

当忽略漏阻抗，不考虑相位、只计大小时，在空载和负载运行分析中，已知：$U_1 = KU_2$，$I_1 = I_2/K$。而变压器的一次侧和二次侧的阻抗分别为：$Z_1 = U_1/I_1$，$Z_2 = U_2/I_2$。故阻抗变换公式为：

$$Z_1 = \frac{U_1}{I_1} = \frac{KU_2}{I_2/K} = K^2 \frac{U_2}{I_2} = K^2 Z_2$$

上式说明：如果已知负载阻抗 Z_2 的大小，要把它变成另一个一定大小的阻抗 Z_1，只需接一个变压器，该变压器的变比 $K=\sqrt{Z_1/Z_2}$。

在电子线路中，这种阻抗变换很常用，如扩音设备中扬声器的阻抗很小（4~16 Ω），直接接到功放的输出，则扬声器得到的功率很小，声音就很小。只有经输出变压器把扬声器阻抗变成和功放内阻一样大，扬声器才能得到最大输出功率。这也称为阻抗匹配。

【例】 某晶体管收音机的输出变压器的一次侧匝数 $N_1=230$ 匝，二次侧匝数 $N_2=80$ 匝，原来配接 8 Ω 的扬声器，现要改用同样功率而阻抗为 4 Ω 的扬声器，则二次侧匝数 N_2 应改绕成多少？

解　先求出一次侧的 Z_1，因为不论 N_1 和 N_2 怎么变，必须保证 Z_1 不变，才能保证功率输出最大。

$$Z_1 = K^2 Z_2 = \left(\frac{230}{80}\right)^2 \times 8 = 66.13\ \Omega$$

再由 Z_1 和新的扬声器阻抗 $Z_2=4\ \Omega$，求出新的 K' 和 N_2'。

$$K' = \sqrt{\frac{Z_1}{Z_2}} = \sqrt{\frac{66.13}{4}} = 4.07$$

$$N_2' = \frac{N_1'}{K'} = \frac{230}{4.07} = 57\ \text{匝}$$

则二次侧匝数 N_2 应改绕成 57 匝。

2. 变压器结构

国产电力变压器大多数采用油浸式变压器。油浸式变压器的主要部分是绕组和铁心，由它们组成器身。为了解决散热、绝缘、密封、安全等问题，还需要油箱、绝缘套管、储油柜、冷却装置、压力释放阀、安全气道、温度计和气体继电器等附件，其结构如图 2-3 所示。

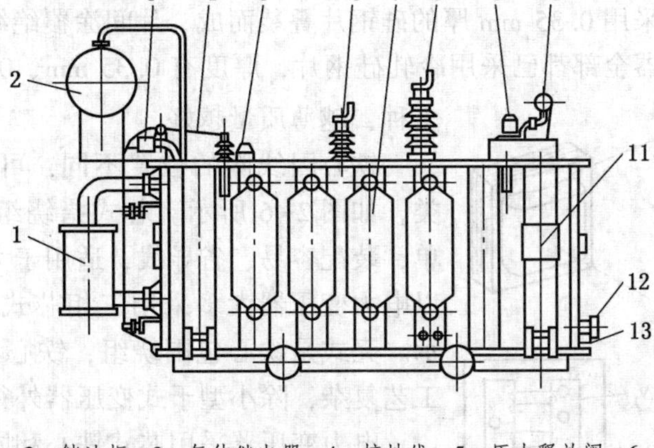

1—净油器；2—储油柜；3—气体继电器；4—接地线；5—压力释放阀；6—低压套管；7—板式散热器；8—高压套管；9—电动式分接开关；10—开关箱储油柜；11—温度计；12—注油管；13—取样嘴

图 2-3　SZ9-10000/35 型变压器结构（有载调压）

1）绕组

绕组是变压器的电路部分，常用绝缘铜线或铝线绕制而成，也有用铝箔或铜箔绕制的。接电源的绕组称一次绕组（又称原绕组、原边、初级），接负载的绕组称二次绕组（又称副绕组、副边、次级）。也可按绕组所接电压高低分为高压绕组和低压绕组。按绕组绕制的方式不同，可分为同心绕组和交叠绕组两种类型。

（1）同心绕组。同心绕组是将一次侧、二次侧线圈套在同一铁心柱的内外层，一般低压绕组在内层，高压绕组在外层，如图 2-4 所示。当低压绕组电流较大时，绕组导线较粗，也可放到外层。绕组的层间留有油道，以利绝缘和散热。同心绕组结构简单，制造方便，大多数电力变压器采用同心绕组。

（2）交叠绕组。交叠绕组是将高、低压线圈绕成饼状，沿铁心轴向交叠放置，一般两端靠近铁轭处放置低压绕组，有利于绝缘，如图 2-5 所示。此种绕组大多用于壳式、干式变压器及电炉变压器中。

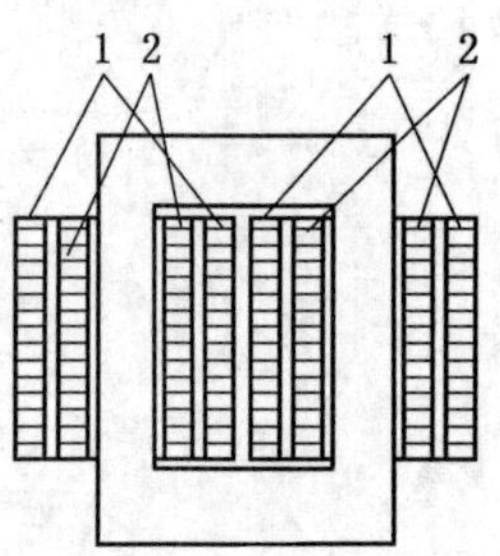

1—高压绕组；2—低压绕组

图 2-4　同心绕组

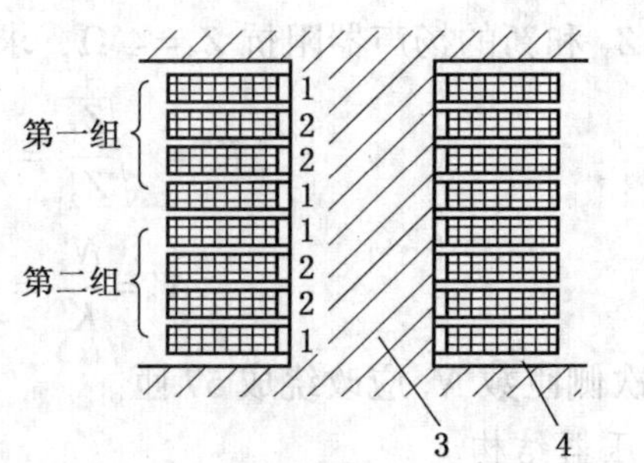

1—低压绕组；2—高压绕组；3—铁心；4—铁轭

图 2-5　交叠绕组

2）铁心

铁心是主磁通 Φ_m 的通道，也是器身的骨架。为了提高铁心导磁性能，减少磁滞损耗和涡流损耗，铁心多采用 0.35 mm 厚的硅钢片叠装而成，片间涂覆绝缘漆彼此绝缘。

目前，电力变压器全部都已采用冷轧硅钢片，厚度有 0.35 mm、0.30 mm 和 0.27 mm 多种，越薄质量越好。

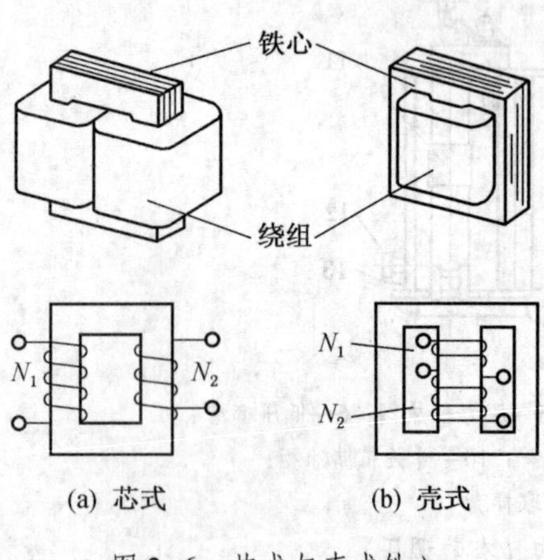

(a) 芯式　　(b) 壳式

图 2-6　芯式与壳式铁心

铁心因线圈的位置不同，可分成芯式和壳式两类，如图 2-6 所示。芯式指绕组包围铁心，结构简单，装配容易，省导线，适用于大容量、高电压，所以电力变压器大多采用三相芯式铁心，如图 2-7 所示。壳式是铁心包围绕组，铁心易散热，用线量多，工艺复杂，除小型干式变压器外很少采用。

电力变压器采用芯式铁心和同心式绕组。

3）主要附件

（1）油箱。油箱里装满了变压器油，里面安装整个器身，它保护铁心和绕组不受潮，又有绝缘和散

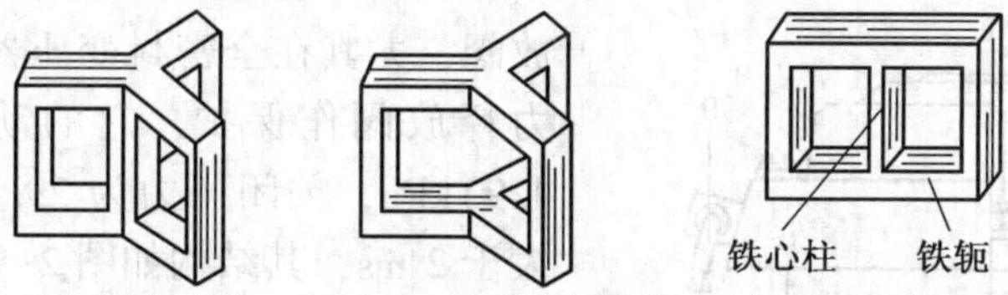

(a) 四铁心柱　(b) 三铁心柱立体式　(c) 三铁心柱平面式

图 2-7　三相芯式铁心

热的作用。

(2) 储油柜。储油柜也称为油枕，它与油箱连通，当油因热胀冷缩而引起油面上下变化时，油枕中的油面就会随之升降，而不致油箱被挤破或油面下降造成空气进入油箱，如图 2-3 所示。为了使储油柜中的空气保持干燥，在储油柜进气管的端部装了一个呼吸器（吸湿器），空气在进入储油柜之前先经呼吸器吸潮处理。呼吸器中放有变色硅胶（浸过氯化钴），发现硅胶受潮变色（由蓝变红）要及时更换。

储油柜的侧面装有玻璃油表，可以观察油面的高低，油面以一半高为好。如果采用全密封变压器就可省去储油柜。

(3) 气体继电器（瓦斯继电器）。气体继电器装在油箱与储油柜之间的管道中，当变压器发生故障时，气体继电器会发出信号，或接通跳闸回路。

(4) 分接开关。变压器的输出电压可能因负载或一次侧电压的变化而变化，可通过分接开关来控制输出电压在允许范围内变动。分接开关一般装在一次侧（高压边），通过改变一次侧线圈匝数来调节输出电压。

分接开关又分无励磁调压和有载调压两种。无励磁调压是指变压器一次侧脱离电源后调压，常用的无励磁调压（俗称无载调压）分接开关调节范围为额定输出电压的±5%。有载调压是指变压器带负载时进行调压，有载调压的分接开关因为要切换电流，所以结构较复杂，它有复合式和组合式两类，组合式调节范围可达±15%。有载调压不用停电调压，对变压器有利。变压器每次拉闸和合闸都会对变压器造成不利的电压和电流冲击。因调节的方法不同，分接开关又有手动、电动两种。

(5) 绝缘套管。绝缘套管穿过油箱盖，将油箱中变压器绕组的输入、输出线从箱内引到箱外与电网相接。绝缘套管由外部的瓷套和中间的导电杆组成，对它的要求主要是绝缘性能和密封性能要好，如图 2-8 所示。根据运行环境的不同，又可将其分为户内式和户外式。

(6) 安全气道和压力释放阀。安全气道又称防爆管，装在油箱顶盖上，它是一个长钢筒，出口处有一块厚度约 2 mm 的密封玻璃板（防爆膜），玻璃上划有几道划痕。当变压器内部发生严重故障而产生大量气体，内部压力超过 50 kPa 时，油和气体会冲破防爆玻璃喷出，安全气道可避免油箱爆裂引起的更大危害。

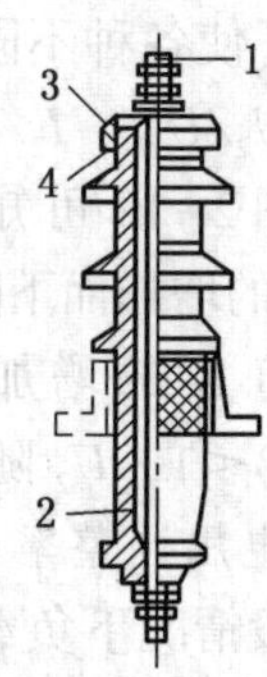

1—导电杆；2—绝缘套管；
3—金属盖；4—封闭垫圈

图 2-8　绝缘套管

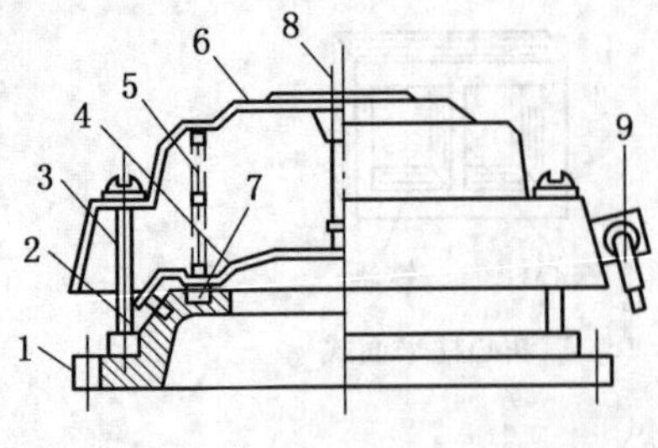

1—安装孔；2—阀座；3—螺杆；4—膜盘；5—弹簧；6—护罩；7—密封圈；8—标志杆；9—接线盒

图 2-9 压力释放阀结构

现在一些变压器不用防爆管而改用压力释放阀，尤其在全密封变压器中，都广泛采用压力释放阀作保护，它的动作压力为（53.9±4.9）kPa，关闭压力为 29.4 kPa，动作时间不大于 2 ms，其结构如图 2-9 所示。平时膜盘靠弹簧拉力紧贴阀座（密封圈），起密封作用，动作时膜盘被顶开释放压力。

3. 电力变压器的铭牌

变压器铭牌上主要记载了变压器的型号和各种额定数据。

型号表示变压器的结构特点、额定容量（kV·A）和高压侧的电压等级（kV）。

（1）型号 S6-500/10：三相电力变压器，设计序号为 6，$S_N=500$ kV·A，$U_{1N}=10$ kV（高压侧）。S9-80/10：三相电力变压器，设计序号为 9，$S_N=80$ kV·A，$U_{1N}=10$ kV（高压侧）。

（2）SZ9：表示有载调压三相电力变压器；S9-M：表示全密封三相电力变压器。

（3）额定电压 U_N：一次侧额定电压是指变压器正常运行时一次绕组所加的线电压。二次侧额定电压是指一次侧加额定电压，分接开关位于额定电压位置上，二次侧空载时的线电压，单位是 V。

（4）额定电流 I_N：在额定状况下运行时，变压器一次侧、二次侧线电流的额定值。

（5）额定容量 S_N：额定容量的单位为 kV·A，也称视在功率，表示变压器在额定负载运行时副边输出的视在功率。

当一台或几台用电设备由一台变压器供电时，应选择容量大于用电设备总视在功率的变压器。

4. 变压器的外特性

变压器一次侧输入额定电压和二次侧负载功率因数一定时，二次侧输出电压与输出电流的关系称为变压器的外特性，也称为输出特性，通常用外特性曲线表示，如图 2-10 所示。

为了使各种不同容量和电压的变压器的外特性可以进行比较，在图 2-10 中坐标都用相对值 U_2/U_{2N}、I_2/I_{2N} 表示，这种值也称为标幺值。

从图 2-10 可知，如果负载为阻性，$\cos\varphi_2=1$，U_2 随 I_2 的增加而下降较少；负载为感性时，$\cos\varphi_2<1$，U_2 随 I_2 的增加而下降较多；负载为容性时，$\cos(-\varphi_2)<1$，U_2 随 I_2 的增加而有所上升。

5. 电压调整率

一般情况下负载都是电感性的，所以变压器输出电压 U_2 是随输出电流 I_2 的增加而有所下降的，变压器输出电压下降的程度通常用电压调整率 ΔU 来表示：

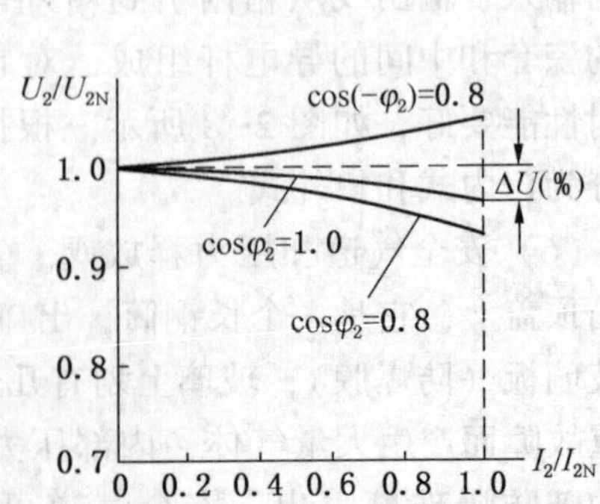

图 2-10 变压器的外特性曲线

$$\Delta U = \frac{U_{2N} - U_2}{U_{2N}} \times 100\%$$

式中　U_{2N}——变压器二次侧输出额定电压（二次侧空载电压 U_{02}）；

U_2——变压器二次侧额定电流时的输出电压。

电压调整率越大，电网电压的波动也越大。一般电力变压器，当 $\cos\varphi_2 \approx 1$ 时，$\Delta U \approx 2\% \sim 3\%$；当 $\cos\varphi_2 \approx 0.8$ 时，$\Delta U \approx 4\% \sim 6\%$。可见，提高企业用电的功率因数，既可起到减小电压调整率的作用，又能提高二次侧电压的稳定性。

6. 变压器的效率

变压器的效率是指输出功率与输入功率之比，即

$$\eta = \frac{P_2}{P_1} = 1 - \frac{\sum P}{P_2 + \sum P}$$

变压器效率的实用公式（单、三相均可用）为

$$\eta = 1 - \frac{P_0 + \beta^2 P_K}{\beta S_N \cos\varphi_2 + P_0 + \beta^2 P_K}$$

式中　P_1——变压器输入功率；

P_2——变压器输出功率；

$\sum P$——变压器总损耗；

P_0——变压器空载损耗；

P_K——变压器短路损耗；

S_N——变压器容量；

β——负载系数。

上式说明：对一台变压器来说，由于其容量 S_N、空载损耗 P_0、短路损耗 P_K 均为定值，当变压器的负载功率因数 $\cos\varphi_2$ 一定时，效率 η 只与负载系数 β 有关。当负载的功率因数一定时，我们把效率与负载系数的关系称为效率特性。变压器的效率特性曲线是非线性的。当 $P_{CU} = P_{Fe}$，即 $\beta^2 P_K = P_0$ 时，变压器的效率最高，这时

$$\beta_m = \sqrt{\frac{P_0}{P_K}}$$

β_m 一般在 0.6 左右。当然，在相同的负载系数下，负载的功率因数高，效率也高。所以，要提高变压器运行的效率，不应使变压器在较低的负载下运行。

7. 变压器的极性

变压器绕组的极性是指变压器一次侧、二次侧绕组在同一磁通作用下所产生的感应电动势之间的相位关系，通常用同名端来标记。

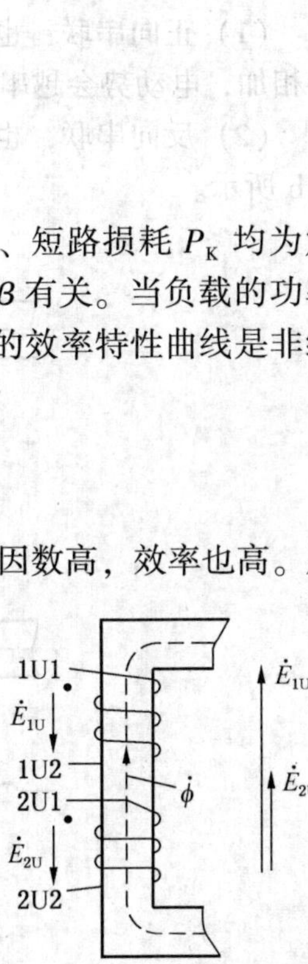

图 2-11　绕组的极性

例如，在图 2-11 中，铁心上绕制的所有线圈都被铁心中交变的主磁通所穿过，在任意瞬间，当变压器一个绕组的某一出线端为高电位时，则在另一个绕组中也有一个相对应的出线端为高电

位，那么这两个高电位（如正极性）的线端称为同极性端，而另外两个相对应的低电位端（如负极性）也是同极性端。即电动势都处于相同极性的线圈端就称同名端，而另一端就成为另一组同名端。不是同极性的两端就称为异名端。应该指出的是，没有被同一个交变磁通所贯穿的线圈，它们之间就不存在同名端的问题。

同名端的标记可用星号“＊”或点“.”来表示，在互感器绕组上常用“+”和“-”来表示（并不表示真正的正负意义）。

对一个绕组而言，哪个端点作为正极性都无所谓，但一旦定下来，其他有关的线圈的正极性也就根据同名端关系定下了。有时也称为线圈的首与尾，只要一个线圈的首尾确定了，那些与它有磁路穿通的线圈的首尾也就确定了。

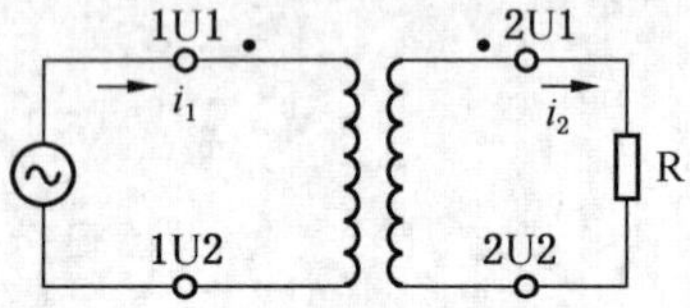

图 2-12　单相变压器电路

【例】　一台单相变压器，一次侧和二次侧绕组在某一瞬间的电流如图 2-12 所示，试判断并用符号标出同名端。

分析　当一次侧绕组两端外加一交流电压时，某一瞬间电流 i_1 由 1U1 端流入，由 1U2 端流出，此时二次侧绕组接上负载后，电流由 2U1 端流出、2U2 端流入，即 1U1 端和 2U1 端为高电位端，1U2 端和 2U2 端是低电位端。故 1U1 与 2U1（或 1U2 与 2U2）为同名端。

绕组的连接主要有以下几种形式。

1）绕组串联

（1）正向串联，也称为首尾相连，即把两个线圈的异名端相连，总电动势为两个电动势相加，电动势会越串越大，如图 2-13a 所示。

（2）反向串联，也称为尾尾相连或首首相连，总电动势为两个电动势之差，如图 2-13b 所示。

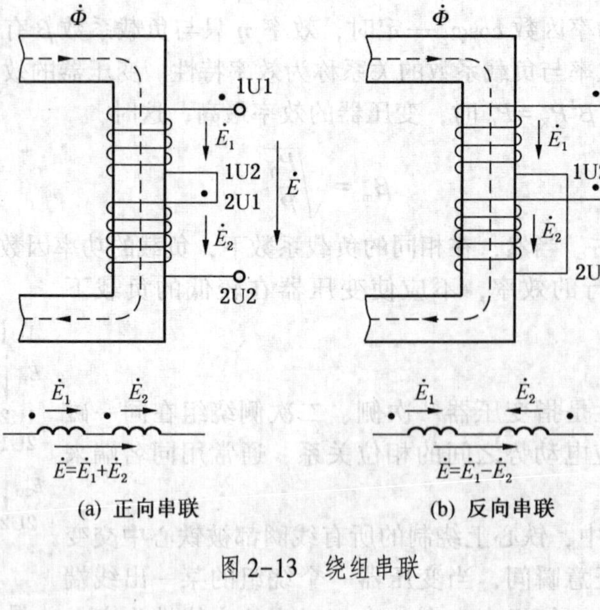

图 2-13　绕组串联

2）绕组并联

如图 2-14 所示，绕组并联也有两种连接方法。

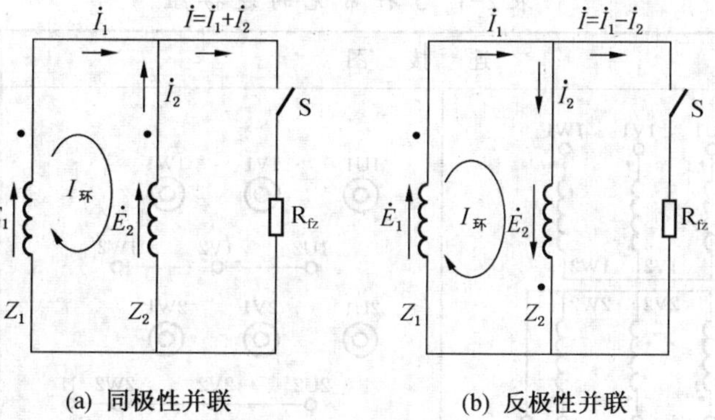

图 2-14　绕组并联

（1）同极性并联分两种情况：

①$\dot{E}_1$ 与 $\dot{E}_2$ 大小相等，则两个绕组回路内部的总电动势为零，如图 2-14a 所示，不会产生内部环流 $I_{环}$，这是最理想状态。变压器的并联，就应符合这种条件：$I_{环}=\dfrac{\dot{E}_1-\dot{E}_2}{Z_1+Z_2}=\dfrac{0}{Z_1+Z_2}=0$。

②$\dot{E}_1$ 与 $\dot{E}_2$ 大小不等，则两个绕组回路内部的总电动势不为零，外部不接负载时，也会产生一定的环流。这对绕组的正常工作不利，环流会产生损耗和发热，使输出电压、电流都减少，严重时甚至烧坏绕组。

（2）反极性并联，如图 2-14b 所示，这时两个绕组回路内部的环流 $I_{环}=\dfrac{\dot{E}_1+\dot{E}_2}{Z_1+Z_2}$将很大，甚至烧坏线圈，这种接法是不允许的，应绝对避免。

通过以上讨论可以知道，变压器绕组之间进行连接时，极性判别是至关重要的。一旦极性接反，轻者不能工作，重者导致绕组和设备严重损坏。这在变压器、电机和控制电路中是会经常遇到的。

8. 变压器的连接组及其判别

变压器的一次侧、二次侧都可以有三角形或星形连接两种接法，一次侧绕组三角形接法用 D 表示，星形接法用 Y 表示、有中线时用 YN 表示；二次侧绕组分别用小写 d、y 和 yn 表示。根据不同的需要，一次侧、二次侧有各种不同的接法，形成了不同的连接组别，也反映出不同的一次侧、二次侧的线电动势之间的相位关系。

国际上规定，标志三相变压器高、低压绕组线电动势的相位关系用时钟表示法，即规定高压侧线电动势 $\dot{E}_{1U1、1V1}$ 为长针，永远指向 12 点位置；低压侧线电动势 $\dot{E}_{2U1、2V1}$ 为短针，它指向几点钟，就是连接组别的标号。如 Y、d11 表示高压侧为星形接法，低压侧为三角形接法，高压侧线电动势落后低压侧线电动势相位 30°。虽然连接组别有许多，但为了便于制造和使用，国家标准规定了 5 种常用的连接组，即 Y、yn0，Y、d11，YN、d11，YN、y0，Y、y0，具体见表 2-1。

表2-1　5 种常见的连接组

连接组标号	连　接　图	一般适用场合
Y、yn0	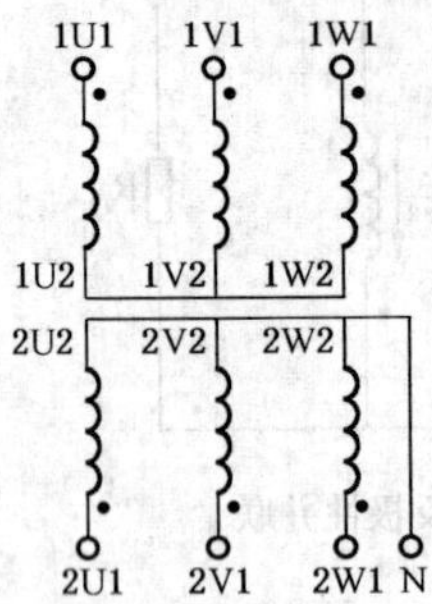 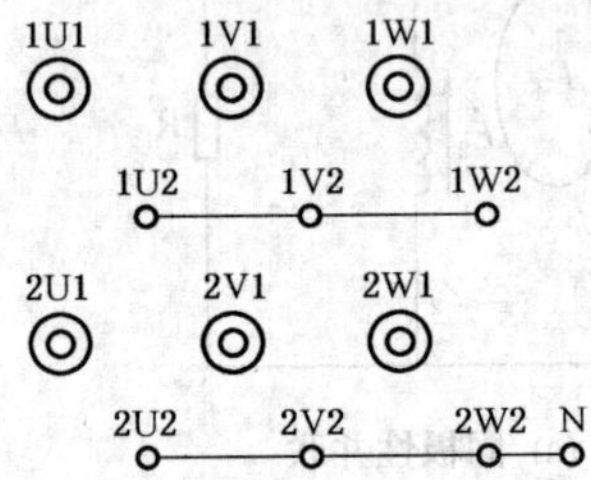	三相四线制供电，即同时有动力负载和照明负载的场合
Y、d11	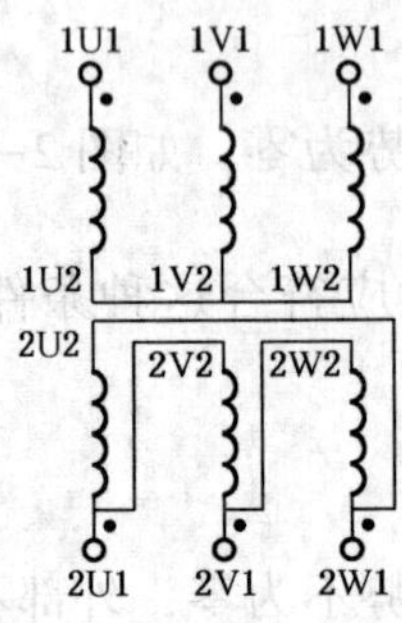 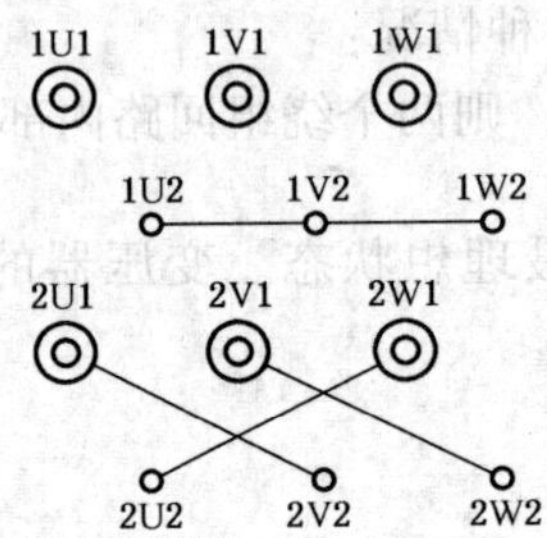	一次侧线电压在 35 kV 以下，二次侧线电压高于 400 V 的线路中
YN、d11	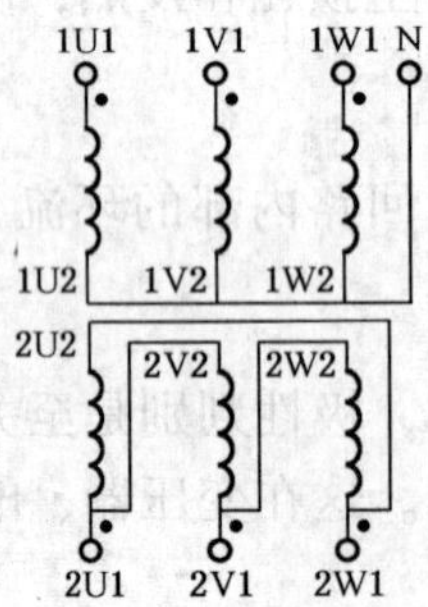 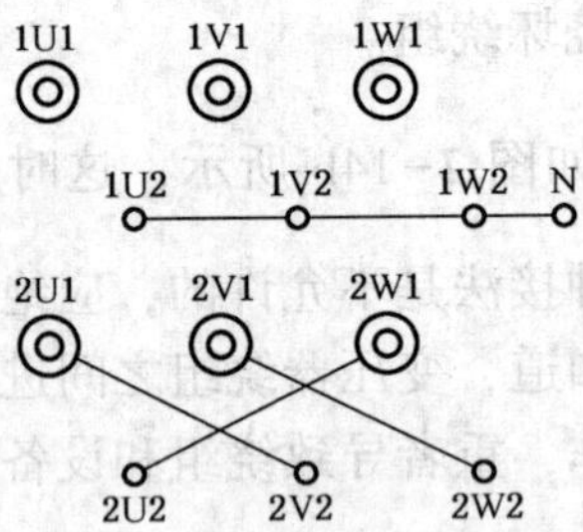	一次侧线电压在 110 kV 以上的，中性点需要直接接地或经阻抗接地的超高压电力系统
YN、y0	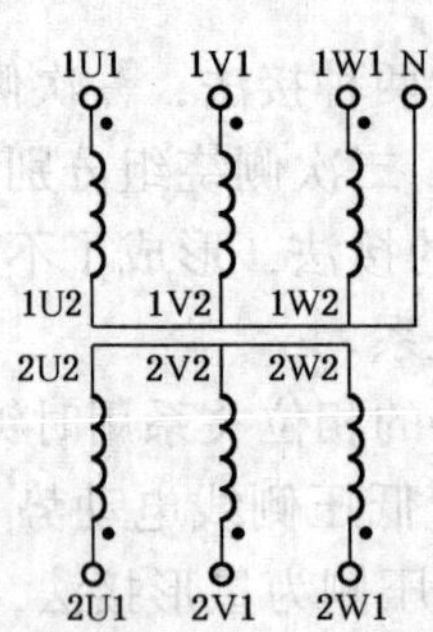 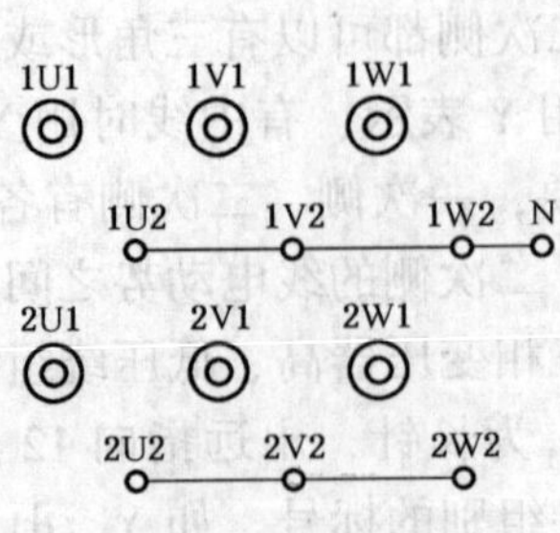	高压中性点需接地场合

表 2-1（续）

连接组标号	连　接　图	一般适用场合
Y、y0	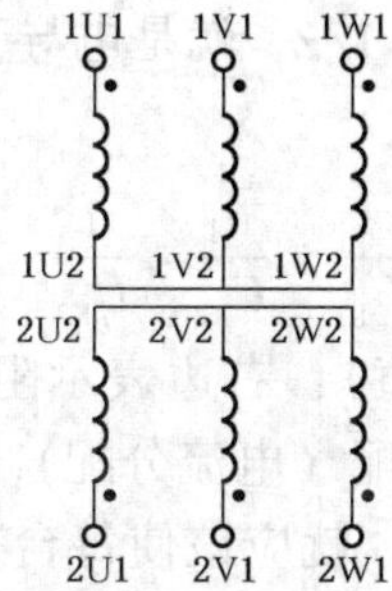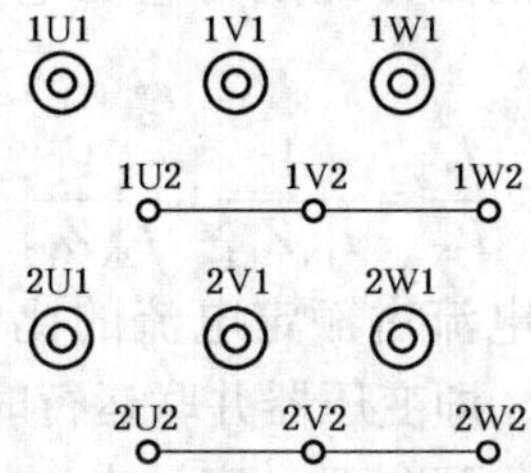	三相动力负载

9. 三相变压器的并联运行

1）并联运行的原因

（1）当某台变压器需要检修或发生故障时，就可以用备用变压器并列运行，从而提高供电的可靠性。

（2）当负载随昼夜、季节而波动时，可根据需要将某些变压器断开（称为解列）或投入（称为并列）以提高运行效率，减少不必要的损耗。

（3）随着社会经济的发展，供电站的用户不断增加，需扩展容量而增加变压器并列的台数。

当然并列台数也不能太多，因为如果单台机组容量太小，会增加损耗，增加投资和成本，也会使运行操作复杂化。

2）变压器并联运行的条件

（1）一次侧、二次侧的电压分别相等即电压比 K 相等。两个线圈要并联，必须要电压相等、极性相同才不会产生环流。

两台二次侧电压不同的变压器负载运行时，两台变压器的承载不平衡，电压偏大的一台承载会过大，为此规定了两台变压器的一次侧、二次侧电压需相等，电压比 K 的误差不允许超过±0.5%。

（2）连接组别应相同。变压器的连接组别实际上反映了一次侧、二次侧线电压的相位关系。如果连接组别不同，即使二次侧电压大小一样，但因相位不同，它们并联后，仍会产生内部电动势差，从而导致产生足以损坏变压器的环流。因此，连接组别不同的变压器绝不允许并联运行。

（3）短路阻抗（阻抗电压）要相等。如图 2-15 所示，三台容量不同的单相变压器并联运行时，从并联运行等效电路中可以看出：因为二次侧空载电压都相等（为 U_{02}），而并联时输出电压都相等（为 U_2），因此三台变压器的内部压降应相等。

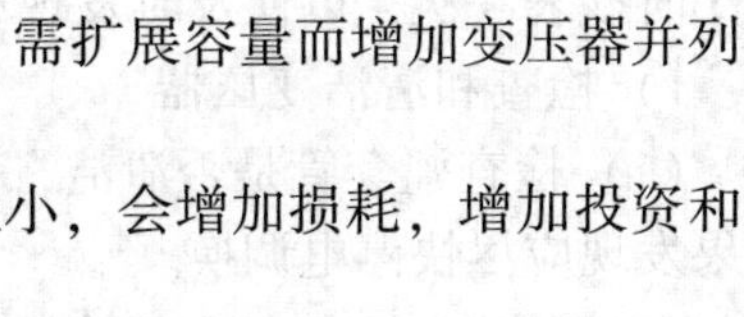

图 2-15　单相变压器二次侧并联运行的等效电路

$$I_1 Z'_{K1} = I_2 Z'_{K2} = I_3 Z'_{K3}$$

$$I_1 : I_2 : I_3 = \frac{1}{Z'_{K1}} : \frac{1}{Z'_{K2}} : \frac{1}{Z'_{K3}} = \frac{1}{Z_{K1}} : \frac{1}{Z_{K2}} : \frac{1}{Z_{K3}}$$

上式说明，并联电路中的电流分配是与它的电导成正比，$1/Z_K$ 就是电导。在短路试验中已知 $U_K = I_N Z_K$，因此可得：

$$\frac{I_1}{I_{1N}} : \frac{I_2}{I_{2N}} : \frac{I_3}{I_{3N}} = \frac{1}{I_{1N} Z_{K1}} : \frac{1}{I_{2N} Z_{K2}} : \frac{1}{I_{3N} Z_{K3}} = \frac{1}{U_{K1}} : \frac{1}{U_{K2}} : \frac{1}{U_{K3}}$$

上式中左边表示负载电流占额定电流的比例（标幺值），右边表示阻抗电压的倒数。上式说明了一个重要规则，即变压器并联运行时的负载分配（电流分配）与变压器的阻抗电压成反比，为了使负载分配合理（容量大，电流也大），就应该使每台变压器的电流标幺值一样，也就是要求它们的 U_K 都一样。如果它们的 U_K 不相等，那么 U_K 小的变压器通过的电流就相对大些，就首先过载，这就限制了整个并联变压器系统的利用率。一般地讲，容量大的变压器 U_K 也大，而要使容量相差很大的变压器的 U_K 一样是很困难的，所以并联运行的变压器容量之比不宜大于 3 : 1，U_2 要尽量接近，即并联运行的变压器其短路电压的差值不应超过平均值的 10%。

10. 中小型电力变压器的维护方法

为了确保变压器的安全运行，对正在运行的变压器要定期检查，有人值班的配电房应每小时抄表一次，以便及时发现和排除故障，避免故障扩大。

1）检查和清洁变压器

(1) 检查瓷套管是否清洁，有无裂纹与放电痕迹，螺纹有无损坏以及其他异常现象，如果发现应尽快停电调换。

(2) 检查各密封处有无渗油和漏油现象，严重的应及时处理。

(3) 检查储油柜的油位高度及油色是否正常，若发现油面过低应加油。油色变深褐色，说明已老化。

(4) 注意变压器的声响是否正常。

(5) 检查箱顶油面温度计的温度与室温之差是否低于 55 ℃。

(6) 查看防爆管的玻璃膜是否完整。

(7) 检查油箱接地情况。

(8) 观察瓷套管引出排及电缆头接头处有无发热变色及异状，如有此种现象，应停电检查，找出原因后修复。

(9) 查看高、低压侧电压及电流是否正常。

(10) 定期进行油样化验及观察硅胶是否吸潮变色，需要时进行调换。干燥时硅胶呈蓝色，受潮后变粉红色。

(11) 在进出变压器室时，应及时关门，以防小动物进入变压器室。

2）变压器的拆装检修

电力变压器的维修分为大修和小修，一般大修 4~10 年 1 次，小修应每年 1 次。检修时应注意：

(1) 应谨防工具、螺钉、螺母等异物落入变压器中，以防止可能造成的事故。

（2）检修前预先将变压器油放掉一部分，盛油容器必须清洁干燥，容器盛满油后须加盖以防尘防潮，对油要进行化验。若油不够，须添补同型号的化验合格的新油。

（3）吊铁心时应尽量把吊钩装得高些，使吊铁心的钢绳的夹角不大于45°，否则将会使油箱盖板弯曲变形。油箱盖上若有4只吊环的，应装4根钢丝绳，以免发生事故。

（4）如果仅是将铁心吊起一部分进行检修，必须在箱盖与箱壳间垫以牢固支撑物后才能进行检修，以防变压器铁心突然落下，发生事故。

（5）变压器所有紧固螺钉均需紧固，否则在运行时将发生不正常的响声或噪声。

（6）对铁心进行如下检查：

①检查铁心到夹件的接地连接铜皮是否有效接地，如没装设或已损坏，在运行中会发出轻微“啪、啪”放电声。

②用1000 V兆欧表测量铁轭夹件穿心螺栓绝缘电阻是否合格，其数值应不小于2 MΩ。

③检查铁心底部平衡垫铁绝缘衬垫是否完整，是否有松动现象。

④检查铁心硅钢片是否有过热现象。

⑤如发现各部分螺帽松动应加以紧固。

（7）对绕组进行绝缘老化程度鉴定：用手按压绝缘时，有脱落现象、裂缝很深、绝缘物呈碳片下落，或用手将绝缘物略弯曲就发生断裂。出现这些现象，则需更换绕组。

用手按压绝缘时，产生细小的裂缝现象或发现绝缘已坚硬并脆弱，颜色已变深，在这种情况下必须测量绝缘电阻和加1.3倍额定电压进行升压试验。试验合格后方可使用，但要加强日常检查。也可根据具体情况，对绕组进行调换。

（8）对分接头开关进行以下检查：开关旋转时是否灵活，零部件是否完整或松动，动、静触点吻合与指示位置是否一致，接触点有无灼伤或因严重过热而变色，引线和开关连接处螺帽有无松动等。

（9）器身在相对湿度为75%以下的空气中储留的时间不宜超过24 h；如果在检修期间器身的温度比空气温度高出3~5 ℃时，则器身在空气中的储留时间可适当延长。

11. 三相变压器常见故障处理

1）三相变压器常见故障的检查（表2-2）

表2-2　三相变压器常见故障的检查

检查项目	图　示	说　明
绕组开路检查		通过万用表的电阻挡测量绕组的直流电阻值。看电阻值是否等于∝来判断绕组是否开路。图中测量到该相绕组为开路现象

表2-2（续）

<table>
<tr><th>检查项目</th><th>图　示</th><th>说　明</th></tr>
<tr><td>绕组开路检查</td><td></td><td>图中测量到该相绕组直流电阻为 6.1 Ω，该相不存在开路现象</td></tr>
<tr><td rowspan="2">绕组短路检查</td><td>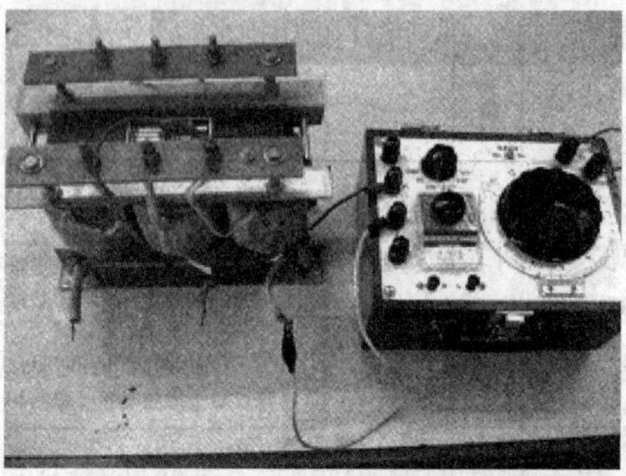</td><td>当绕组出现短路时，其直流电阻值为零，而绕组出现匝间局部短路时其故障相的直流电阻值与其余相相比明显变小
但是大功率变压器或变压器低压端的绕组的直流电阻很小，也许无法用万用表进行测量判别，这时就应该使用电桥来测量</td></tr>
<tr><td></td><td>在使用电桥测量变压器绕组直流电阻时应注意测试按钮的“B”和“G”的正确使用。因变压器是感性的，所以在测量时要先锁定按钮“B”，再按住按钮“G”并旋转平衡旋钮寻找电桥平衡点</td></tr>
<tr><td>绕组性能检查</td><td>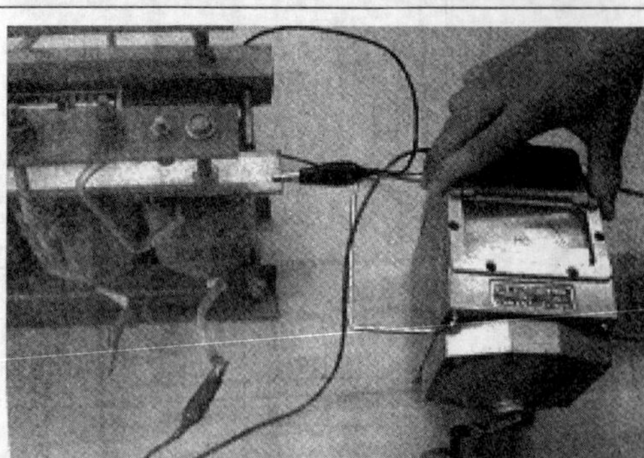</td><td>绝缘性能的指标项目较多，绝缘电阻是一项重要的指标。在此使用兆欧表对三相变压器的各相间及各相与外壳间的绝缘电阻进行测量，通过测量所得绝缘电阻值来判断变压器是否有漏电或受潮现象（大于 1 MΩ）</td></tr>
</table>

2）三相变压器常见故障的种类、现象、产生原因及处理（表2-3）

表2-3　三相变压器常见故障的种类、现象、产生原因及处理

故障种类	故障分析及处理	
绕组匝间或层间短路	现象	（1）变压器异常发热 （2）油温升高 （3）油发出特殊的“咝咝”声 （4）电源侧电流增大 （5）高压熔断器熔断 （6）气体继电器动作
	产生原因	（1）变压器运行年久，绕组绝缘老化 （2）绕组绝缘受潮 （3）绕组绕制不当，使绝缘局部受损 （4）油道内落入杂物，使油道堵塞，局部过热
	处理方法	（1）更换或修复损坏的绕组、绝缘衬垫和绝缘套管 （2）进行浸漆和干燥处理 （3）更换或修复绕组
绕组变形与断线	现象	（1）变压器发出异常声音 （2）断线相无电流指示
	产生原因	（1）制造装配不良，绕组未压紧 （2）短路电流的电磁力作用 （3）导线焊接不良 （4）雷击造成断线
	处理方法	（1）修复变形部位，必要时更换绕组 （2）拧紧压圈螺钉，紧固松脱的衬垫、撑条 （3）割除熔蚀面，重焊新导线 （4）修补绝缘，并作浸漆干燥处理
绕组接地或相间短路	现象	（1）高压熔断器熔断 （2）安全气道薄膜破裂、喷油 （3）气体继电器动作 （4）变压器油燃烧 （5）变压器振动
	产生原因	（1）绕组主绝缘老化或有破损等严重缺陷 （2）变压器进水，绝缘油严重受潮 （3）油面过低，露出油面的引线因绝缘距离不足而被击穿 （4）过电压击穿绕组绝缘
	处理方法	（1）更换或修复绕组 （2）更换或处理变压器绝缘油 （3）检修渗漏油部位，注油至正常位置 （4）更换或修复绕组绝缘，并限制过电压的幅值

表 2-3（续）

故障种类	故障分析及处理	
变压器油变劣	现象	油色变暗
	产生原因	（1）变压器故障引起放电造成变压器油分解 （2）变压器油长期受热氧化使油质变劣
	处理方法	对变压器油进行过滤或换新油
铁心片间绝缘损坏	现象	（1）空载损耗变大 （2）铁心发热、油温升高、油色变深 （3）变压器发出异常声响
	产生原因	（1）硅钢片间绝缘老化 （2）受强烈振动，片间发生位移或摩擦 （3）铁心紧固件松动 （4）铁心接地后发热烧坏片间绝缘
	处理方法	（1）对绝缘损坏的硅钢片重新刷绝缘漆 （2）紧固铁心夹件 （3）按铁心接地故障处理方法
铁心多点接地或接地不良	现象	（1）高压熔断器熔断 （2）铁心发热、油温升高、油色变黑 （3）气体继电器动作
	产生原因	（1）铁心与穿心螺杆间的绝缘老化，引起铁心多点接地 （2）铁心接地片断开 （3）铁心接地片松动
	处理方法	（1）更换穿心螺杆与铁心间的绝缘套管和绝缘衬垫 （2）更换新接地片或将接地片压紧
绝缘套管闪络	现象	（1）高压熔断器熔断 （2）绝缘套管表面有放电痕迹
	产生原因	（1）绝缘套管表面积灰脏污 （2）绝缘套管有裂纹或破损 （3）绝缘套管密封不严，绝缘受损 （4）绝缘套管间掉入杂物
	处理方法	（1）清除绝缘套管表面的积灰和脏污 （2）更换绝缘套管 （3）更换绝缘封垫 （4）清除杂物

表 2-3（续）

故障种类	故障分析及处理	
分接开关烧损	现象	（1）高压熔断器熔断 （2）油温升高 （3）触点表面产生放电声 （4）变压器油发出“咕嘟”声
	产生原因	（1）动触头弹簧压力不够或过渡电阻损坏 （2）开关配备不良，造成接触不良 （3）绝缘板绝缘性能变劣 （4）变压器油位下降，使分接开关暴露在空气中 （5）分接开关位置错位
	处理方法	（1）更换或修复触头接触面，更换弹簧或过渡电阻 （2）按要求重新装配并进行调整 （3）更换绝缘板 （4）补注变压器油至正常油位

12. 特殊用途的变压器

1）自耦变压器

实验室里常常用到自耦变压器，它的外形和原理如图 2-16 所示。

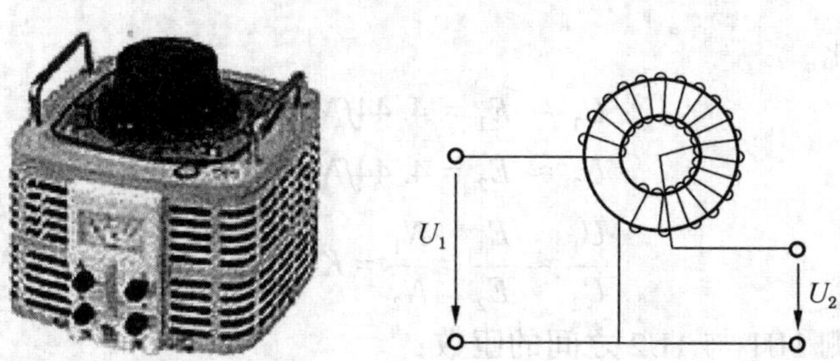

(a) 外形　　(b) 原理

图 2-16　自耦变压器

把自耦变压器的二次侧输出改成活动触头，触头可以接触绕组中任意位置而使输出电压任意改变。自耦变压器还可以接成三相，一般接成星形，如图 2-17 所示。二次侧可以有几个抽头，以供使用时选择不同的输出电压。

在电力系统中，用自耦变压器把 110 kV、150 kV、220 kV 和 230 kV 的高压电力系统连接成大规模的动力系统。大容量的异步电动机降压启动，也可采用自耦变压器降压，以减小启动电流。自耦变压器不仅用于降压，还可把输入端、输出端对调一下，变成升压变压器。应当注意，上述把自耦变压器接成升压的做法容易引起短路发生危险。

（1）自耦变压器原理。

前文所介绍的变压器的一次侧、二次侧都是分开绕制，虽然都装在一个铁心上，但相

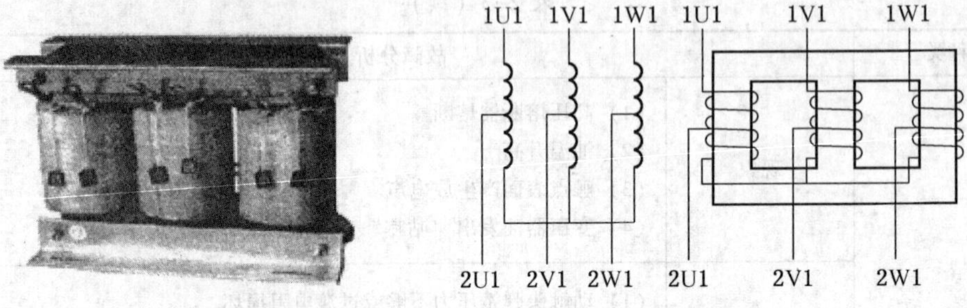

(a) 外形　　(b) 原理

图 2-17　三相自耦变压器

互是绝缘的，只有磁路上的耦合，却没有电路上的直接联系，能量是靠电磁感应传过去的，所以称为双绕组变压器。自耦变压器的结构却有很大不同，即一次侧、二次侧共用一个绕组，一次侧、二次侧绕组不但有磁的联系，还有电的联系，原理如图 2-18 所示。

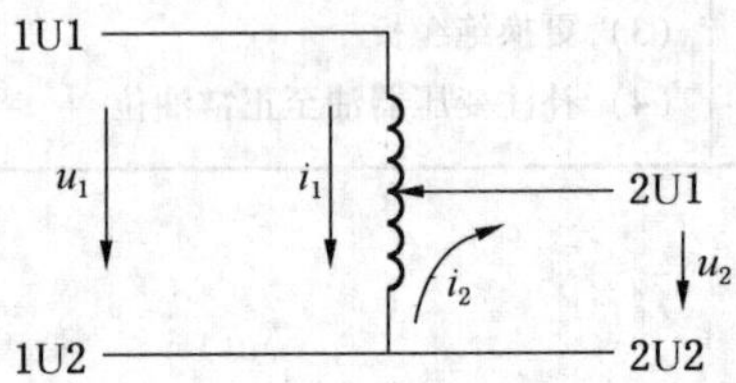

图 2-18　自耦变压器原理图

①原理与变压比。

$$U_1 \approx E_1 = 4.44fN_1\Phi_m$$
$$U_2 \approx E_2 = 4.44fN_2\Phi_m$$
$$\frac{U_1}{U_2} \approx \frac{E_1}{E_2} = \frac{N_1}{N_2} = K \geqslant 1$$

式中　N_1——一次侧 1U1 与 1U2 之间的匝数；

N_2——二次侧 2U1 与 2U2 之间的匝数。

②绕组中公共部分的电流。

从磁势平衡方程式可知，因为输入电压 U_1 不变，主磁通 Φ_m 也不变，所以空载时的磁势和负载时的磁势是相等的，即有 $I_1N_1 - I_2N_2 = I_0N_1$，因为空载电流 I_0 很小，可忽略时，则有

$$I_1N_1 - I_2N_2 = 0$$

$$I_1 = \frac{N_2}{N_1}I_2 = \frac{1}{K}I_2$$

由上式可见一次侧电流 I_1 与二次侧电流 I_2 只是大小有些差别，相位是一样的。因此，可以算出绕组中公共部分的电流只有

$$I = I_2 - I_1 = (K - 1)I_1$$

当 K 接近于 1 时，绕组中公共部分的电流 I 就很小，因此，共用的这部分绕组导线的

截面积可以减小很多，即减少了自耦变压器的体积和质量，这是它的一大优点。如果 $K>2$，则 $I>I_1$，就没有太大的优越性了。

（2）自耦变压器的特点。

自耦变压器的优点：

①可改变输出电压。

②用料省、效率高。自耦变压器的功率，除了因绕组间电磁感应原理而传递的功率之外，还有一部分是由电路相连直接传导的功率，后者是普通双绕组变压器所没有的，这样就使自耦变压器较普通双绕组变压器用料省、效率高。

自耦变压器的缺点：

①因它一次侧、二次侧绕组是相通的，高压侧（电源）的电气故障会波及低压侧，如高压绕组绝缘损坏，高电压可直接进入低压侧，这是很不安全的，所以低压侧应有防止过电压的保护措施。

②如果在自耦变压器的输入端把相线和零线接反，虽然二次侧输出电压大小不变，仍可正常工作，但这时输出“零线”已经为“高电位”，则是非常危险的，如图 2-19 所示。为此，规定自耦变压器不准作为安全隔离变压器用，而且使用时要求自耦变压器接线正确，外壳必须接地。接自耦变压器电源前，一定要把手柄转到零位。

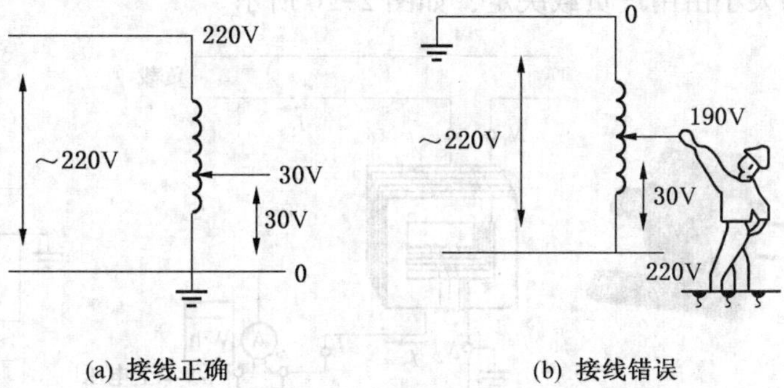

图 2-19　单相自耦变压器的接法

（3）自耦变压器输出功率。

自耦变压器输出的视在功率（不计损耗时）为

$$S_2=U_2I_2=U_2(I+I_1)=U_2I+U_2I_1=S'_2+S''_2$$

由图 2-18 可见，自耦变压器传输的总容量 S_2 中 $S'_2=U_2I$ 是 $1U_1$、$1U_2$ 绕组与 $2U_1$、$2U_2$ 绕组之间电磁感应传递的能量，而 $S''_2=U_2I_1$ 是通过电路直接从一次侧传递过来的。这是自耦变压器能量传递方式上与一般变压器的区别所在，而且这两部分传递能量的比例完全取决于变比 K。因为，同样可导出：

$$S''_2=\frac{1}{K}S_2$$

这说明靠电磁感应传递的能量占总能量的（$1-1/K$），而从电路直接输送的能量占 $1/K$。由此可见，当 $K=1$ 时，能量全部靠电路导线传过来；当 $K=2$ 时，S'_2 和 S''_2 各占一半，二次侧从绕组中间引出，$I=I_1$，绕组中公共部分的电流没有减少，省铜效果已不明显；当$K=3$时，$S'=(2/3)S_2$，$S''=(1/3)S_2$，电路传输的能量少，而靠感应输送的能量多了，而且$I=2I_1$，公共部分绕组电流增加了，导线也要加粗了。由此可见，当变压比$K>2$时，自耦变压器的优点就不明显了，所以自耦变压器通常工作在变压比K为1.2~2的状态下。

2）仪用变压器

要做一个直接测量大电流、高电压的仪表是很困难的，操作起来也十分危险。利用变压器能改变电压和电流的功能，可制造出特殊的变压器——仪用变压器（或称互感器）。把高电压变成低电压，就是电压互感器；把大电流变成小电流，就是电流互感器。利用互感器使测量仪表与高电压、大电流隔离，既可保证仪表和人身的安全，又可大大减少测量中能量的损耗，扩大仪表量程，便于仪表的标准化。因此，仪用变压器被广泛应用于交流电压、电流、功率的测量，以及各种继电保护和控制电路中。

（1）电流互感器。

①结构和工作原理。

电流互感器结构上与普通双绕组变压器相似，也有铁心和一次侧、二次侧绕组，但它的一次侧绕组匝数很少，只有一匝到几匝，导线都很粗，串联在被测的电路中，流过被测电流，被测电流的大小由用户负载决定，如图2-20所示。

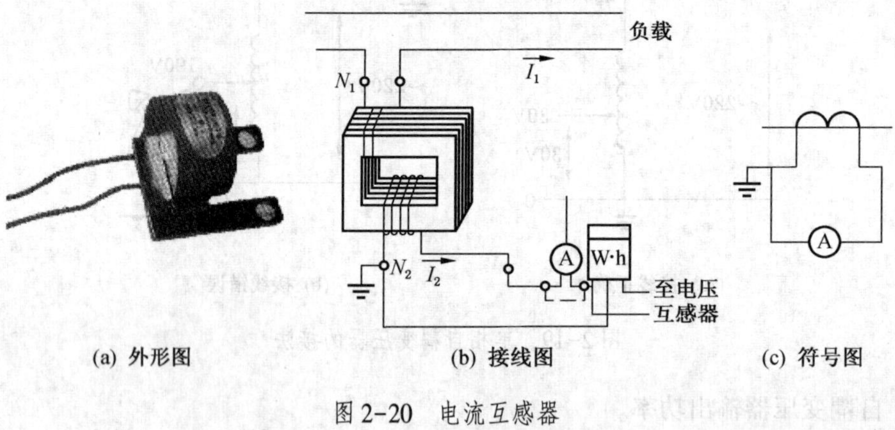

(a) 外形图　　(b) 接线图　　(c) 符号图

图2-20　电流互感器

电流互感器的二次侧绕组匝数较多，它与电流表或功率表的电流线圈串联成为闭合电路，由于这些线圈的阻抗都很小，所以二次侧近似于短路状态。由于二次侧近似于短路，所以互感器一次侧的电压也几乎为零。因为主磁通正比于一次侧输入电压，即$\Phi_m \propto U_1$，则励磁电流$I_0 \approx 0$，总磁势为零。

根据磁势平衡方程式有：

$$I_1N_1 + IN_2 = 0$$

$$I = \frac{N_2}{N_1}I_2 = K_1I_2$$

式中，K_1为电流互感器的额定电流比，I_2为二次侧所接电流表的读数，I_2乘以K_1就是一次侧的被测大电流的数值。

②电流互感器的选用。

电流互感器可根据测量准确度、电压、电流要求选用。例如，二次侧的额定电流为 5 A 或 1 A，则所接的电流表量程为 5 A 或 1 A，一次侧的额定电流在 5~25000 A 之间时，根据需要可选择额定功率为 5 V·A、10 V·A、15 V·A、20 V·A 的电流互感器。准确度等级有 0.2、0.5、1.0、3 和 10 五级。0.5 级表示在额定电流时，误差最大不超过 ±0.5%，等级数字越大，误差越大。电压等级可分为 0.5 kV、10 kV、35 kV 等，低电压测量均用 0.5 kV。

电流互感器的结构形式有干式、浇注绝缘式、油浸式等多种，如图 2-21 所示。

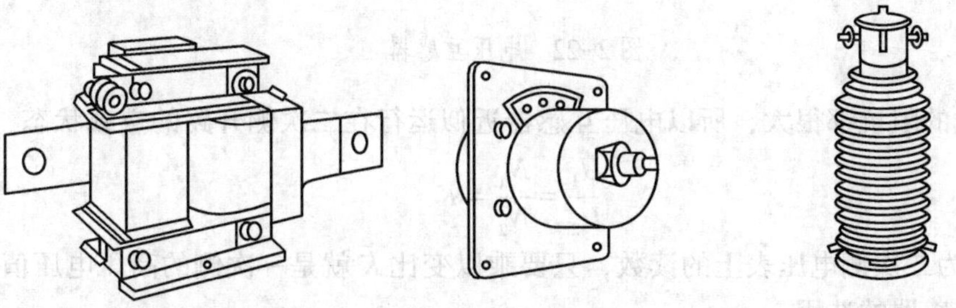

(a) 干式 LQG-0.5 型　(b) 浇注绝缘式 LDZJ1-10 型　(c) 油浸式 LCWD2-110 型

图 2-21　电流互感器的种类

电流互感器的型号格式为：

□ □ □ □ □-□/□ - □

一次侧额定电压 (kV)　准确度等级　一次侧额定电流 (A)

左起第一位字母：L 表示电流互感器；第二位字母：D 表示贯穿单匝式，F 表示贯穿复匝式，M 表示母线式，Q 表示绕组式，C 表示瓷箱式；第三位字母：Z 表示浇注绝缘，C 表示瓷绝缘，W 表示户外装置，K 表示塑料外壳式；第四位字母：D 表示差动保护，J 表示接地保护或加大容量；第五位数字：表示设计序号。

例如，LFC-10/0.5-300 型表示一次侧电压等级为 10 kV 的贯穿复匝（多匝）式瓷绝缘的电流互感器，被测电流额定值为 300 A，准确度等级为 0.5 级。

在选择电流互感器时，必须按它的一次侧额定电压、一次侧额定电流、二次侧额定负载阻抗及要求的准确度等级选取，对一次侧电流应尽量选择相符的，如没有相符的，可以稍大一些。

(2) 电压互感器。

①结构和工作原理。

电压互感器的原理和普通降压变压器是完全一样的，不同的是它的变压比更准确。电压互感器的一次侧接有高电压，二次侧接有电压表或其他仪表（如功率表、电能表等）的电压线圈，如图 2-22 所示。

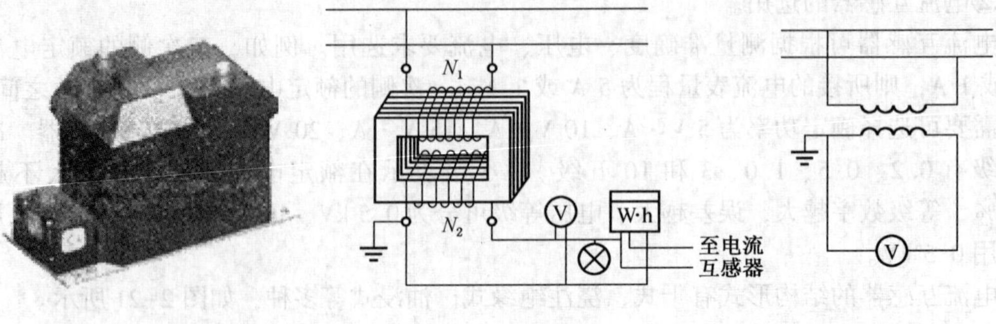

(a) 实物　　(b) 接线图　　(c) 符号图

图 2-22　电压互感器

因为负载的阻抗都很大，所以电压互感器近似运行在二次侧开路的空载状态，则有：

$$\frac{U_1}{U_2}=\frac{N_1}{N_2}=K$$

式中 U_2 为二次侧电压表上的读数，只要乘以变比 K 就是一次侧的高压电压值。

②电压互感器的选用。

电压互感器的选用与电流互感器的选用类同，一般电压互感器二次侧额定电压都规定为 100 V，一次侧额定电压为电力系统规定的电压等级，这样做的优点是二次侧所接的仪表电压线圈额定值都为 100 V，可统一标准化。和电流互感器一样，电压互感器二次侧所接的仪表刻度实际上已经被放大了 K 倍，可以直接读出一次侧的被测数值。

电压互感器的种类和电流互感器相似，也有干式、浇注绝缘式、油浸式等多种，如图 2-23 所示。

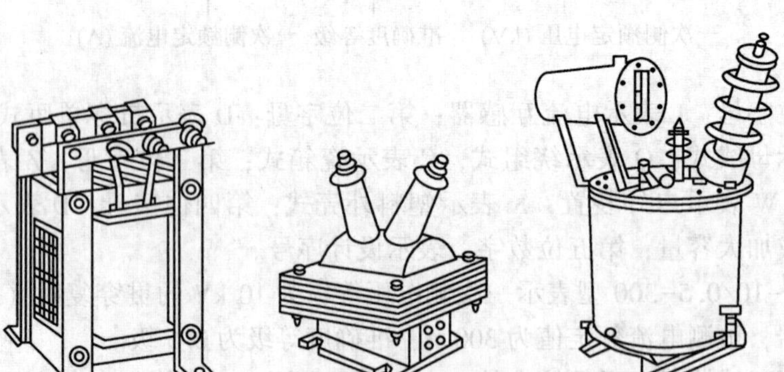

(a) 干式 JDG-0.5 型　(b) 浇注绝缘式 JDZJ-10 型　(c) 油浸式 JDJJ-35 型

图 2-23　电压互感器的种类

它的型号如下：

□□□□□-□

└ 一次侧额定电压 (kV)

左起第一位字母：J 表示电压互感器；第二位字母：D 表示单相，S 表示三相，C 表示串级式；第三位字母：J 表示油浸式，G 表示干式，Z 表示浇注绝缘式；第四位字母：J 表示接地保护；第五位数字：表示设计序号。

例如，JDG-0.5 型表示为单相干式电压互感器，额定电压为 500 V。

电压互感器的准确度由变比误差和相位误差来衡量。为了提高准确度，要求要减少空载电流，降低磁路饱和程度，使用高质冷轧硅钢片。准确度可分为 0.1、0.2、0.5、1.0、3.0 五级。选择电压互感器时，一要注意额定电压要符合所测电压值；二要注意二次侧负载电流总和不得超过二次侧额定电流，使它尽量接近“空载运行”状态。

③电流互感器和电压互感器的比较见表 2-4。

表 2-4　电流互感器和电压互感器的比较

比较内容	电 流 互 感 器	电 压 互 感 器
二次侧	运行中二次侧不得开路，否则会产生高压，危及仪表和人身安全，因此二次侧不应接熔断器；运行中如要拆下电流表，必须先将二次侧短路	运行中二次侧不能短路，否则会烧坏绕组，为此二次侧要装熔断器作为保护
接地	铁心和二次侧绕组一端要可靠接地，以免在绝缘破坏时带电而危及仪表和人身安全	铁心和二次侧绕组的一端要可靠接地，以防绝缘破坏时，铁心和绕组带高压电
连接方法	一次侧、二次侧绕组有“+”“-”或“*”的同名端标记，二次侧接功率表或电能表的电流线圈时，极性不能接错	二次侧绕组接功率表或电能表的电压线圈时，极性不能接错；三相电压互感器和三相变压器一样，要注意连接法，接错会造成严重后果
负载	二次侧负载阻抗大小会影响测量的准确度。负载阻抗值应小于互感器要求的阻抗值，使互感器尽量工作在“短路状态”。并且所用互感器的准确度等级应比所接的仪表准确度等级高两级，以保证测量准确度。例如，一般板式仪表为 1.5 级，可配用 0.5 级电流互感器	准确度与二次侧的负载大小有关，负载越大，即接的仪表越多，二次侧电流就越大，误差也就越大。与电流互感器一样，为了保证所接仪表的测量准确度，电压互感器要比所接仪表准确度等级高两级。例如，JDG-0.5 型电压互感器的最大容量为 200 V·A，当负载为 25 V·A 时，准确度为 0.5 级；负载为 40 V·A 时为 1 级；负载为 100 V·A 时，为 3 级

3）电焊变压器

交流弧焊机由于结构简单、成本低、制造容易和维护方便而得到广泛应用。电焊变压器是交流弧焊机的主要组成部分，它实质上是一个具有特殊性能的降压变压器。为了保证焊接质量和电弧燃烧的稳定性，电焊变压器应满足弧焊过程中的工艺要求：

★二次侧空载电压应为 60~75 V，以保证容易起弧。同时为了安全，空载电压最高不超过 85 V。

★具有陡降的外特性，即当负载电流增大时，二次侧输出电压应急剧下降。通常额定运行时输出电压 U_{2N} 为 30 V 左右（即电弧上电压）。

★短路电流 I_K 不能太大，以免损坏电焊机，同时也要求变压器有足够的电动稳定性和热稳定性。焊条开始接触工件短路时，产生一个短路电流引起电弧，然后焊条再拉起产生一个适当长度的电弧间隙。所以，变压器要能经常承受这种短路电流的冲击。

★为了适应不同的加工材料、工件大小和焊条，焊接电流应能在一定范围内调节。

根据前面的分析可知，影响变压器外特性的主要因素是一次侧、二次侧绕组的漏阻抗 Z_{S1} 和 Z_{S2} 以及负载功率因数 $\cos\varphi_2$。由于焊接加工是属于电加热性质，故负载功率因数基本上都一样，所以不必考虑负载功率因数。

下面介绍几种不同的电焊变压器。

(1) 带可调电抗器的电焊变压器。

带可调电抗器的电焊变压器，根据结构不同可分为外加电抗器式和共轭式，见表2-5。

表2-5 带可调电抗器的电焊变压器

特性 \ 分类	外加电抗器式	共轭式
结构	一台降压变压器的二次侧输出端再串接一台可调电抗器组合而成	将变压器铁心和电抗器铁心制成一体成为共轭式结构
接线原理图	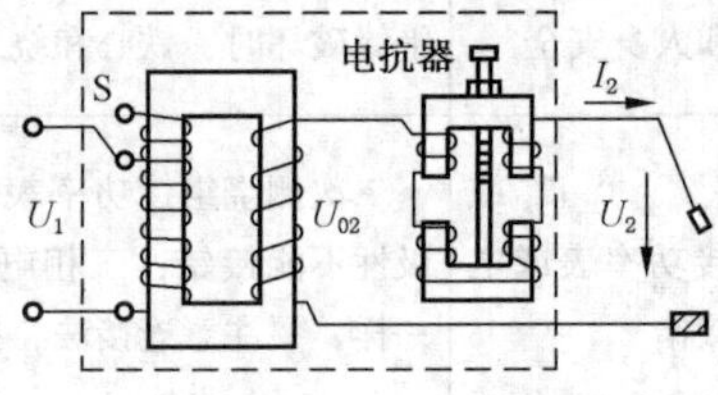	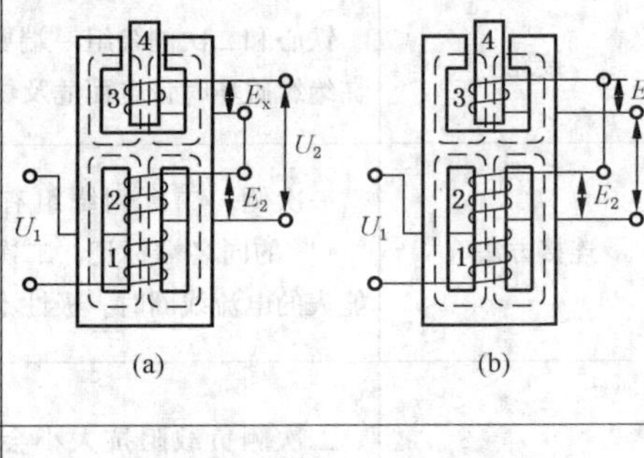
外特性	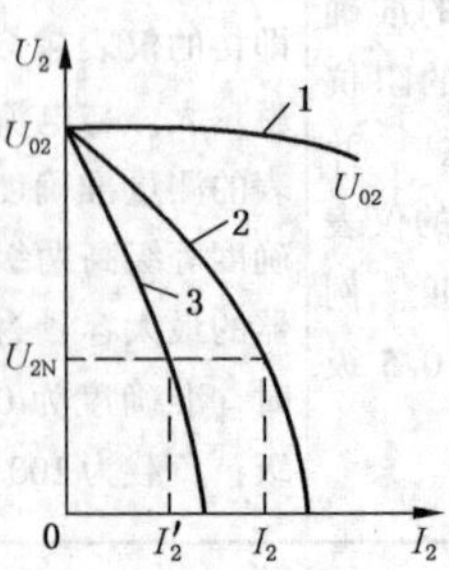	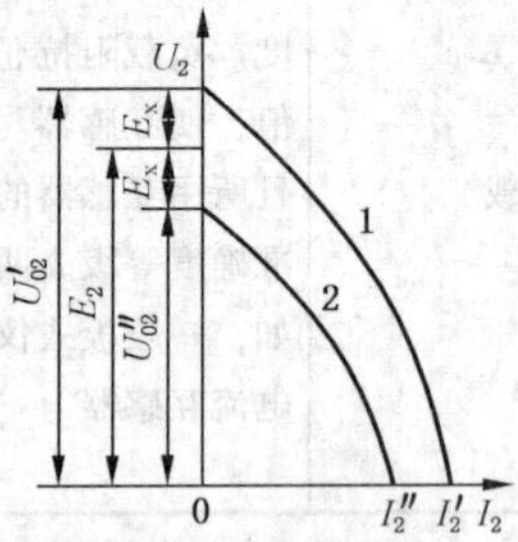
调节特点	通过改变电抗器的气隙大小来实现，如气隙减小时，电抗增大	只要调节电抗器铁心中间的动铁心，就能通过改变气隙来改变 E_0 的大小和电抗值，从而改变 E_0 的下降陡度，达到改变电流的目的

(2) 磁分路动铁式电焊变压器。

磁分路动铁式电焊变压器是在铁心的两柱中间又装了一个活动的铁心柱，称为动铁心，如图 2-24a 所示。一次侧绕组绕在左边一铁心柱上；二次侧绕组分两部分，一部分在左边与一次侧同在一个铁心柱上，另一部分在右边一个铁心柱上。当改变二次侧绕组的接法时就达到改变匝数和改变漏阻抗的目的，从而达到改变起始空载电压和改变电压下降陡度的作用，即粗调作用，如图 2-24b 所示。粗调有Ⅰ和Ⅱ两挡。如果要微调电流，则要微调中间动铁心的位置。如果把动铁心从铁心的中间逐步往外移动，那么从动铁心中漏过的磁通会慢慢地减少。因为动铁心往外移动，气隙加大，磁阻也加大，漏磁通就减少，漏阻抗随之减少，电流下降速度就慢，如图 2-24c 所示。当连接片接在Ⅰ位置时（粗调电流），次级绕组匝数较多，所以空载电压较高，为曲线 1、2。这时把动铁心移到最里面，则漏磁通最多，漏阻抗最大，曲线下降最陡，即为曲线 1。反之，把动铁心慢慢移出来，曲线就慢慢向曲线 2 靠近。从图 2-24c 中看出，如果工作电压为 30 V，工作电流就会从 60 A 左右慢慢向 170 A 变化，这就是微调电流的原理。

当粗调节器放在Ⅱ位置时，由于二次侧匝数少了，空载电压从 70 V 降到 60 V，曲线 3、4 的陡度也小了。同前面分析的一样，当动铁心从最里面移动到最外面时，工作电流将从 130 A 左右慢慢向 450 A 变化，如图 2-24c 所示。

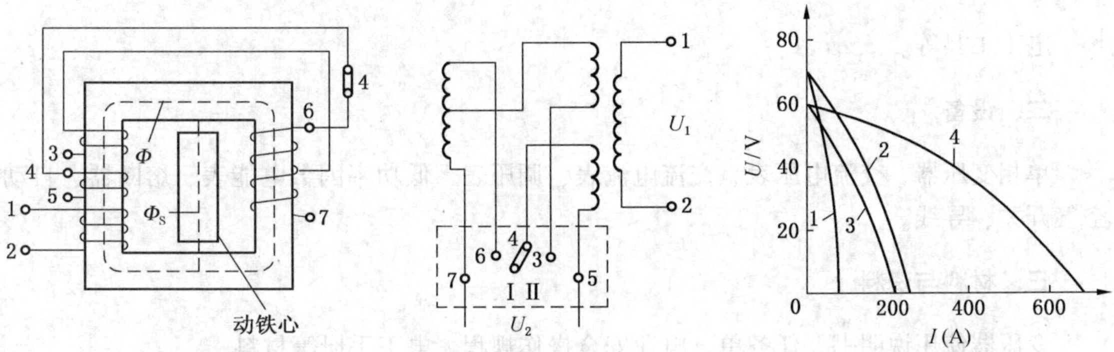

(a) 结构图　(b) 电路图　(c) 外特性曲线

图 2-24　动铁式交流弧焊机

（3）动圈式电焊变压器。

前面两种变压器的一次侧、二次侧绕组是固定不动的，只能通过改变动铁心位置，即改变气隙大小来改变漏磁通的大小，从而改变漏阻抗大小，达到改变曲线的下降陡度、调节电流的目的。动圈式电焊变压器的铁心是壳式结构，铁心气隙是固定不可调的，如图 2-25 所示。

一次侧绕组固定在铁心下部，二次侧绕组置于它的上面，并且可借助手轮转动螺杆，使二次侧绕组上下移动，从而通过改变一次侧、二次侧的距离来调节漏磁的大小，以改变漏抗。显然，一次侧、二次侧绕组越近则耦合越紧，漏阻抗就小，输出电压也高，下降陡度也小，输出电流就大；反之则电流就小。以上介绍的是微调。另外还可通过将一次侧和二次侧的部分绕组接成串联或并联（它们均由两部分线圈构成）来扩大调节范围，这是电焊变压器的粗调。

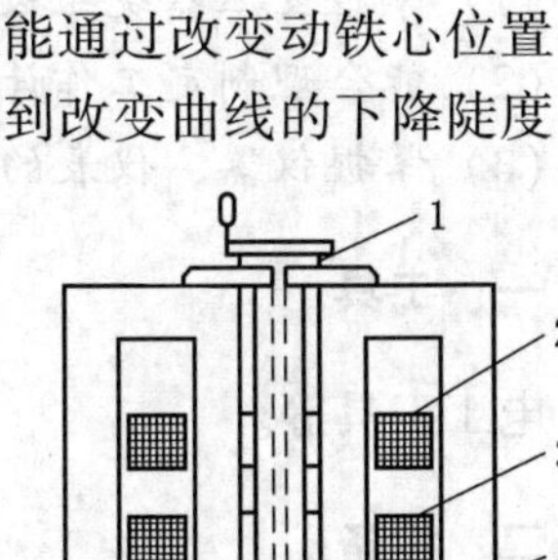

1—二次侧绕手轮转动螺杆；2—可动二次侧绕组；3—固定的一次侧绕组；4—铁心

图 2-25　动圈式电焊变压器

动圈式电焊变压器的优点是没有活动铁心，从而没有因铁心振动而造成电弧的不稳定。但是它在绕组距离较近时，调节作用会大大减弱，需要加大绕组的间距，铁心要做得较高，增加了硅钢的用量。

学习活动2 工作前的准备

工作前的准备一 变压器的空载试验与短路试验

【学习目标】

(1) 掌握变压器运行知识，以及变压器变比、损耗、短路电压，短路阻抗等意义。
(2) 能合理制定工作计划。
(3) 掌握仪器、仪表的使用方法。

一、工具

电工工具等。

二、设备

单相变压器、交流电压表、交流电流表、调压表、低功率因数电能表、熔断器、自动空气开关、导线。

三、材料与资料

变压器使用说明书、任务单、电业安全操作规程、电工手册等材料。

工作前的准备二 单相变压器绕组的极性测定

【学习目标】

(1) 掌握变压器绕组极性的定义及绕组的连接及极性的重要性。
(2) 能合理制定工作计划。
(3) 掌握仪器、仪表的使用方法。

一、工具

电工工具等。

二、设备

单相变压器，交、直流电压表，交、直流电流表，直流毫伏表（直流毫安表），低功率因数电能表，万用表，熔断器，自动空气开关，导线，干电池。

三、材料与资料

变压器使用说明书、任务单、施工图纸、电业安全操作规程、电工手册等材料。

工作前的准备三　三相绕组的首尾判别

【学习目标】

(1) 掌握变压器三相绕组首尾判别的准则。

(2) 能合理制定工作计划。

(3) 掌握仪器、仪表的使用方法。

一、工具

电工工具等。

二、设备

三相变压器，万用表，交、直流电压表，交、直流电流表，刀开关，导线，1.5 V干电池或2~6 V蓄电池。

三、材料与资料

变压器使用说明书、任务单、施工图纸、电业安全操作规程、电工手册等材料。

工作前的准备四　用交流法测定三相变压器绕组极性

【学习目标】

(1) 掌握三相变压器绕组极性的重要性。

(2) 能合理制定工作计划。

(3) 掌握仪器、仪表的使用方法。

一、工具

电工工具等。

二、设备

三相变压器、万用表、单相自耦变压器。

三、材料与资料

变压器使用说明书、任务单、施工图纸、电业安全操作规程、电工手册等材料。

工作前的准备五　变压器连接组别的判别

【学习目标】

(1) 掌握三相变压器绕组连接组的表示方法。

(2) 能合理制定工作计划。

一、工具

不需工具。

二、设备

不需设备。

三、材料与资料

变压器使用说明书、任务单等。

学习活动3 现 场 施 工

现场施工一 变压器的空载试验与短路试验

一、变压器的空载试验

【学习目标】

(1) 学习并掌握单相变压器参数的试验测定方法。

(2) 根据单相变压器的空载试验数据，测定变比 K、空载电流 I_0、空载损耗功率 P_0 和励磁阻抗 Z_m 等。

1. 试验内容和步骤

1) 测变压器变比

步骤一，按图 2-26 所示接好试验线路。如图 2-27 所示，低压绕组通过调压器接于电源，高压绕组开路。经老师确认无误方可合上开关 QS。

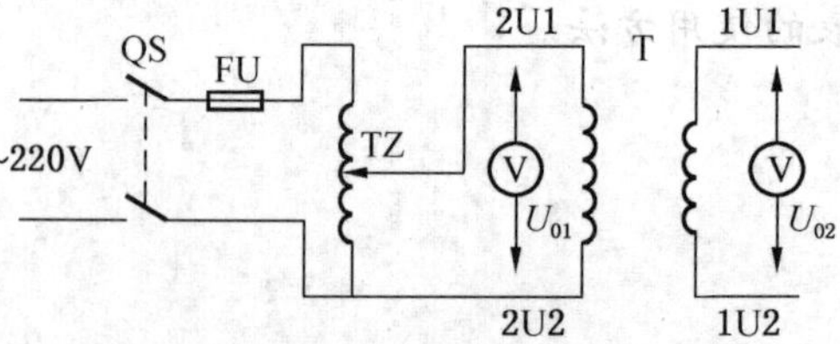

图 2-26 单相变压器测变比试验线路图

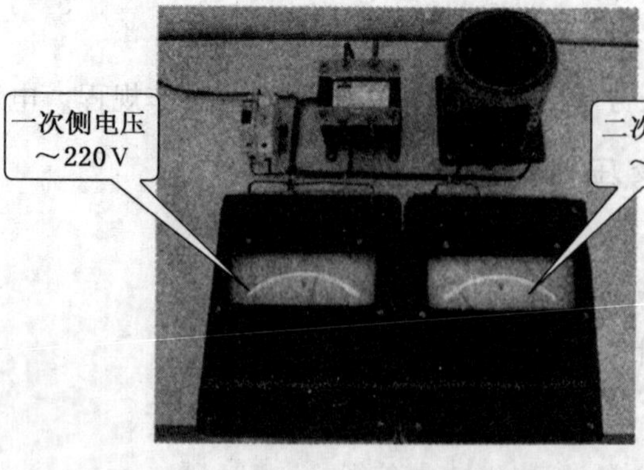

图 2-27 单相变压器测变比试验的接线图

步骤二，变比测定。将低压绕组所接电压调至额定电压的50%左右，测量低压线圈电压 U_{01} 及高压绕组电压 U_{02}，对应不同的输入电压，共取三组读数并记录于表2-6中。

表2-6　变　比　测　定

序号	U_{01}/V	U_{02}/V	K
1			
2			
3			

步骤三，断开电源开关QS。

步骤四，变比计算。变压比：$K=U_{01}/U_{02}=$＿＿＿＿＿＿V（取平均值）。

2）空载实验

步骤一，按图2-28所示接好试验线路。如图2-29所示，低压线圈通过调压器接于电源，高压线圈开路。经老师确认无误。

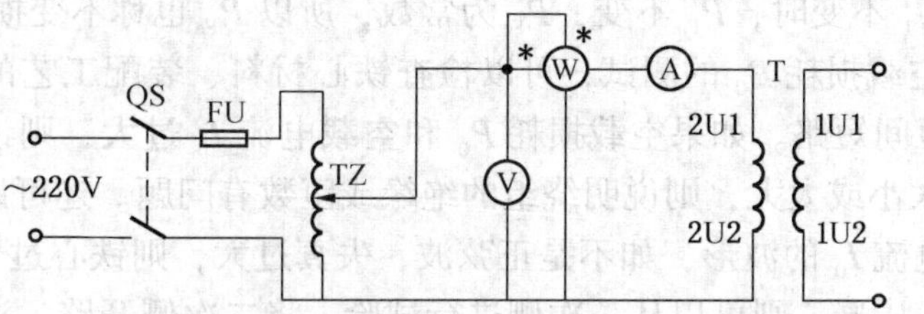

图2-28　单相变压器空载试验线路图

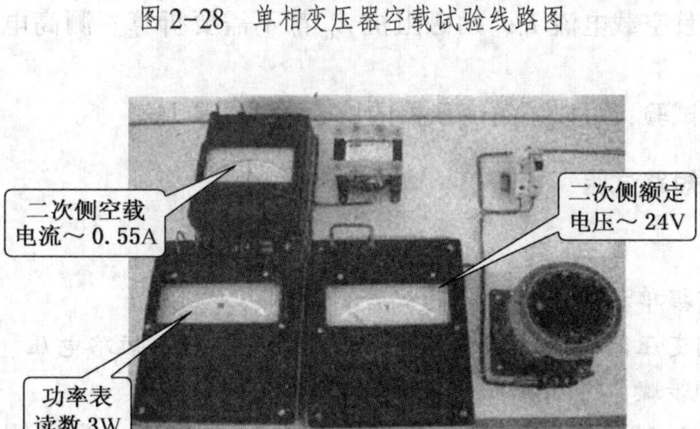

图2-29　单相变压器空载试验的实验接线图

步骤二，调节调压器使变压器一次侧电压为零，然后合上开关QS，调节调压器使其输出电压等于变压器额定电压（$U_{01}=U_{1N}$），记下此时的空载电流 I_{01}、空载损耗 P_0 和二次侧电压 U_{02} 的值。当 $U_{01}=U_{1N}=$＿＿＿＿＿＿V时，$I_{01}=$＿＿＿＿＿＿A，$P_0=$＿＿＿＿＿＿W，$U_{02}=$＿＿＿＿＿＿V。

步骤三，调节调压器使变压器一次侧电压 $U_{01}=(1.1\sim1.2)\ U_{1N}$，然后逐步降低电压 U_{01}，直至 $U_{01}=0$ 为止。此过程中，共测取7组或8组数据，并记录于表2-7中，每次测

量 U_{01}、I_{01} 的值（注意在 U_{01}、U_{1N} 附近多测量几点）。

表 2-7　一次侧电压、电流

U_{01}									
I_{01}									

步骤四，断开电源开关 QS。

步骤五，根据步骤三记录的数据作空载曲线。

2. 试验说明和意义分析

（1）空载试验通常是将高压侧开路，由低压侧通电进行测量。因变压器空载时功率因数很小，故应采用低功率因数电能表。因变压器空载阻抗很大，空载电流 I_0 很小，为减少误差，故电压表应接在电流表外侧。

（2）试验可以测出变压器的铁耗 P_{Fe}。空载损耗是铁耗和铜耗之和，即 $P_0=P_{Fe}+P_{Cu}$。因为空载电流 I_0 很小，为（0.02~0.10）I_N，所以铜耗可忽略不计，可近似认为 $P_0 \approx P_{Fe}$。而当一次侧电压 U_1 不变时，P_{Fe} 不变，P_{Fe} 为常数，所以 P_{Fe} 也称不变损耗。

（3）通过对空载损耗 P_0 的测试，可以检查铁心材料、装配工艺的质量和绕组的匝数是否正确、有无匝间短路。如果空载损耗 P_0 和空载电流 I_0 过大，则说明铁心质量差，气隙太大。如果 K 太小或太大，则说明绕组的绝缘或匝数有问题。还可以通过示波器观察开路侧电压或空载电流 I_0 的波形，如不是正弦波，失真过大，则铁心过于饱和。

如果是升压变压器，则可以从一次侧进行试验，将二次侧开路，这样可以保证安全和便于选择仪表，而且空载电流 I_0、励磁阻抗 Z_0 都不需要折算。测高电压时，可采用电压互感器。

因此通过空载试验，可以了解变压器的铁心、线圈质量。

二、变压器的短路试验

【学习目标】

（1）学习并掌握单相变压器参数的试验测定方法。

（2）根据单相变压器的短路试验数据，计算额定铜耗、短路电压、短路阻抗等参数。

1. 试验内容和步骤

步骤一，按图 2-30 所示接好试验线路。如图 2-31 所示，高压侧通过调压器接于电源，低压侧短路，且电流表接于电压表外侧。经老师确认无误。

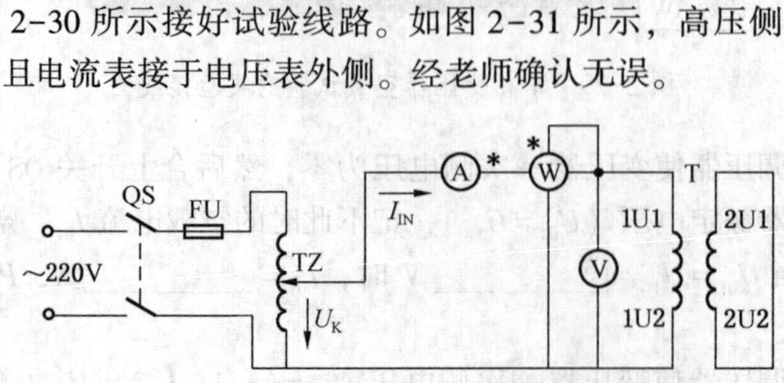

图 2-30　单相变压器短路试验线路图

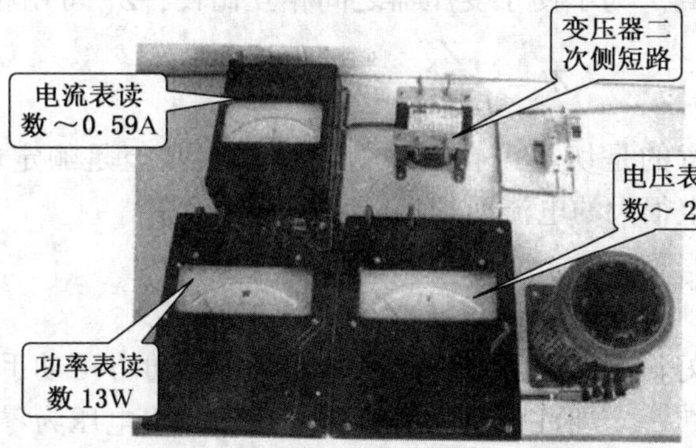

图2-31　单相变压器短路试验接线图

步骤二，先将调压器置于输出电压为零的位置，然后合上电源开关QS，监视电流表，缓慢加大调压器输出电压，直至高压侧电流达到变压器的额定电流 I_{1N} 为止。

步骤三，记录 $I_K=I_{1N}$ 时的短路损耗 P_K、短路电压 U_K 及室温。$I_K=I_{1N}=$__________A，$U_K=$__________V，$P_K=$__________W，室温__________℃。

步骤四，将调压器输出电压降至零，然后拉下电源开关QS。

步骤五，计算短路参数。$Z_K=U_K/I_K=U_K/I_N=$__________，$r_K=P_K/I_K^2=P_K/I_N^2=$__________，$X_K=\sqrt{Z_K^2-r_K^2}$ __________。折合到75 ℃时的值（下式中 θ 为室温）：$r_K(75\ ℃)=rK\theta\dfrac{234.5+75}{234.5+\theta}=$__________，$Z_K(75\ ℃)=\sqrt{r_K^2+X_K^2}=$__________。

2. 试验说明和意义分析

（1）短路试验应将低压侧短路，由高压侧通电进行测量。因变压器短路阻抗很小，故测量时电流表应接在电压表的外侧。

（2）测出 $P_{CuN}\approx P_K$，可供变压器计算铜耗用。图2-31中仪表的位置不能任意改变，以保证测量精度。低压侧短路，高压侧从可调变压器得到电源，并调节输入电压 U_1 使一次侧电流为额定电流 $I_1=I_{1N}$，这时功率表中读数为短路损耗 P_K，电压表读数为短路电压 U_K。因 U_K 很低，只有 $(4\%\sim10\%)U_{1N}$，所以铁心中磁通 $\Phi_m(\propto U_1)$ 很小，而铁耗 $P_{Fe}\propto\Phi_m{}^2$，所以铁耗 P_{Fe} 可忽略不计，而这时一次侧、二次侧电流均为额定值，所以功率表的读数 P_K 可近似看成额定负载的铜耗 P_{CuN}，由此求得：

$$P'_K=P_{CuN}+P_{Fe}\approx I_{1N}^2r_1+I_{2N}^2r_2$$

（3）测出 U_K 和 Z_K，它反映一次侧绕组在额定电流时的内部压降及内部阻抗，可以用来分析变压器的运行性能。U_K 和 Z_K 越小，变压器的内部压降和内部阻抗就小，电压调整率就低，电压就稳定。但从限制短路时的短路电流来看，U_K 和 Z_K 大一些好，Z_K 大则短路电流就小，对变压器和设备的危害就小。因此，不能绝对地讲 U_K 和 Z_K 应该大还是小，而要根据具体情况考虑。例如，电炉用变压器容易短路，所以 U_K 和 Z_K 要设计得大一些，以降低短路电流。

另 U_K 一般用相对值（标幺值）表示：$U'_K=\dfrac{U_K}{U_{1N}}\times100\%=4\%\sim10\%$。一般变压器容量越

大，电压越高，U'_K也越高。为了便于变压器之间相互比较，Z_K 可用相对值表示：

$$Z'_K = \frac{Z_K}{U_{1N}/I_{1N}} = 4\% \sim 10\%$$

试验过程中应该注意的是切不可在一次侧电压较大甚至是额定电压时，将二次侧短路，这样会使变压器产生很大的电流而损坏。

三、试验注意事项

(1) 试验中按图接好试验线路后，必须经老师检查认可方可动手操作。

(2) 合开关通电前，一定要注意将调压器手柄置于输出电压为零的位置，注意高阻抗和低阻抗仪表的布置。

(3) 短路试验时，操作、读数应尽量快，以免温升对电阻产生影响。

(4) 遇异常情况，应立即断开电源，处理好故障后再继续试验。

现场施工二　变压器绕组的极性测定

【学习目标】

(1) 掌握直流法测定单相变压器绕组极性的方法。

(2) 掌握交流法测定单相变压器绕组极性的方法。

一、直观法测定步骤

因为绕组的极性是由它的绕制方向决定的，所以可以用直观法判别它的极性。如图 2-11 和图 2-13 所示，可以用右手螺旋法则判别，如果从绕组的某端通入直流电，产生的磁通方向一致的这些端点就是同名端。

二、仪表测试法测定步骤

已经制成的变压器由于经过浸漆或其他工艺处理，从外观上无法辨别，只能借助仪表来测定同名端。单相变压器的极性测定方法有交流法和直流法两种，如图 2-32 所示。

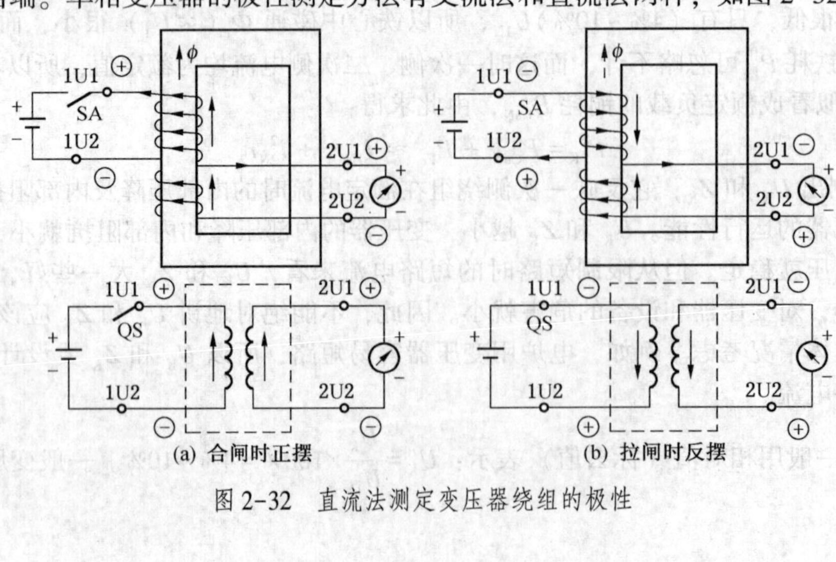

图 2-32　直流法测定变压器绕组的极性

1. 直流法

用直流法测单相变压器的极性时，为了安全，一般多采用1.5 V的干电池或2~6 V的蓄电池和直流电流表或直流电压表，在变压器高压绕组接通直流电源的瞬间，根据低压绕组电流或电压的正负方向来确定变压器各出线端的极性。

测定步骤：

步骤一，设定线端。假定高压绕组1U1、1U2端与低压绕组2U1、2U2端，并做好标记，如图2-33所示。

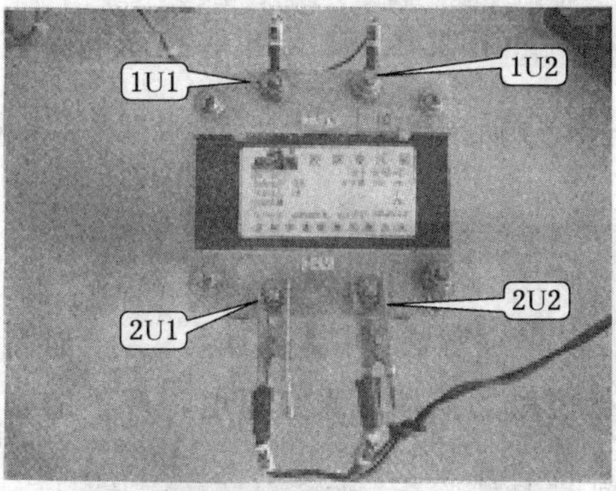

图2-33　单相变压器设定线端

步骤二，连接线路。将电池的“-”极接至高压绕组1U2，而“+”极接到刀开关SA，然后接到高压绕组1U1，在低压绕组间接入一个直流毫伏表或直流毫安表，表的“+”端子与变压器低压绕组2U1相接，表的“-”端子与低压绕组2U2相接，实物接线图如图2-34所示。

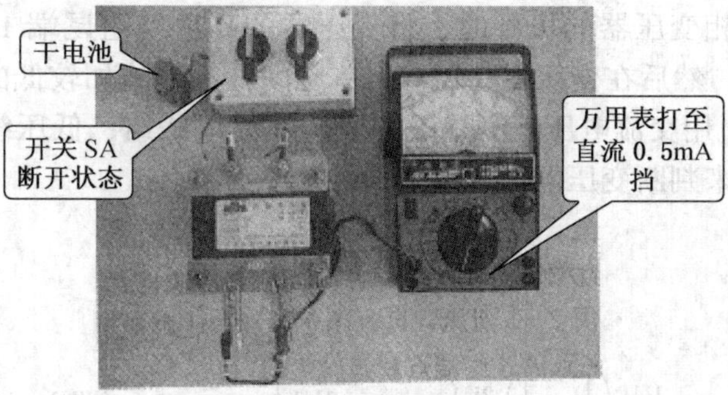

图2-34　直流法测定变压器绕组极性连接实物图

步骤三，测定判断。当合上刀开关SA的瞬间，变压器铁心充磁，根据电磁感应定律，在变压器两绕组中有感应电动势产生，如直流毫伏表或直流毫安表的指针向零刻度的正方向（右方）正摆，则被测变压器1U1与2U1、1U2与2U2是同名端；如指针向负方向（左方）反摆，则被测变压器1U1与2U2、2U1与1U2是同名端，如图2-35、图2-36所示。

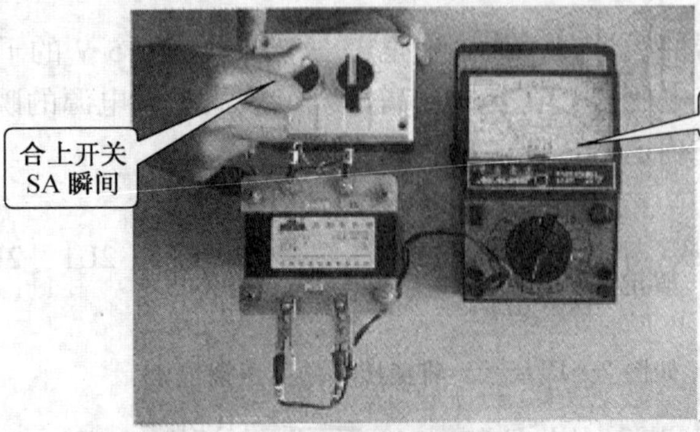

图 2-35　直流法测定变压器绕组极性开关合上瞬间

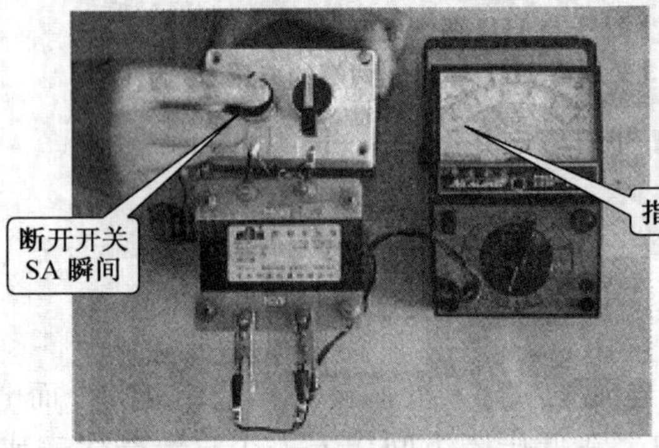

图 2-36　直流法测定变压器绕组极性开关断开瞬间

2. 交流法

用交流法测量单相变压器的极性时，将变压器的高压绕组尾端 1U2 和低压绕组尾端 2U2 用导线连接起来，然后在变压器高压绕组首尾间，额外施加较低的便于测量的交流电压，如图 2-37 所示，用交流电压表测量被测变压器高压绕组、低压绕组的电压以及高低压绕组之间的电压，来判断变压器出线端的极性。

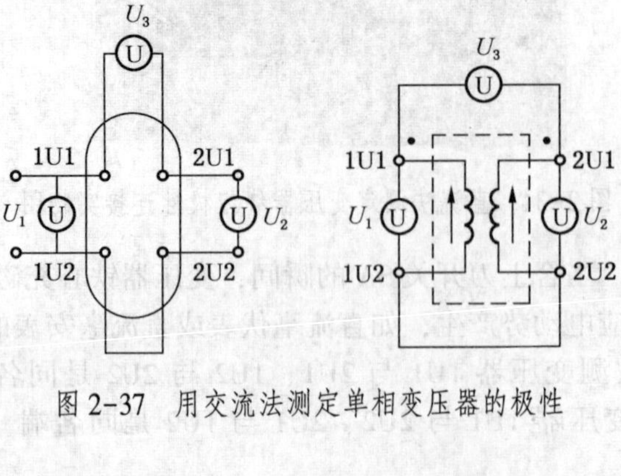

图 2-37　用交流法测定单相变压器的极性

测定步骤：

步骤一，设定线端。假定高压绕组 1U1、1U2 端与低压绕组 2U1、2U2 端，并做好标记。

步骤二，连接线路。如图 2-37 所示，将变压器的高压绕组 1U2 端和低压绕组 2U2 端用导线连接起来。

步骤三，测定判断。在高压绕组间，额外施加较低的便于测量的交流电压 110 V，如图 2-38 所示。

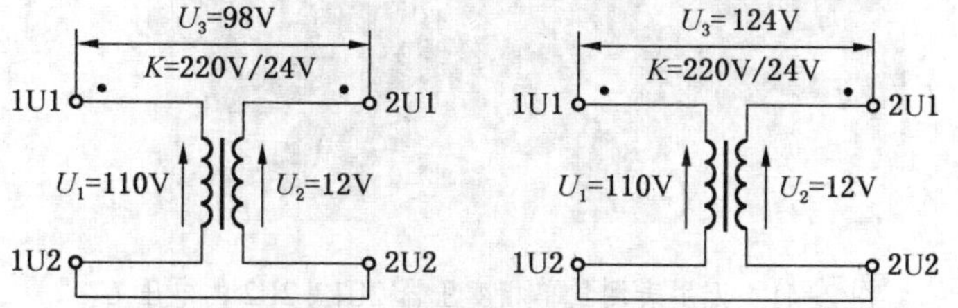

图 2-38　用交流法测定极性

（1）用交流电压表测量变压器 1U1 与 1U2 两端的电压 U_1 为 110 V，如图 2-39 所示。

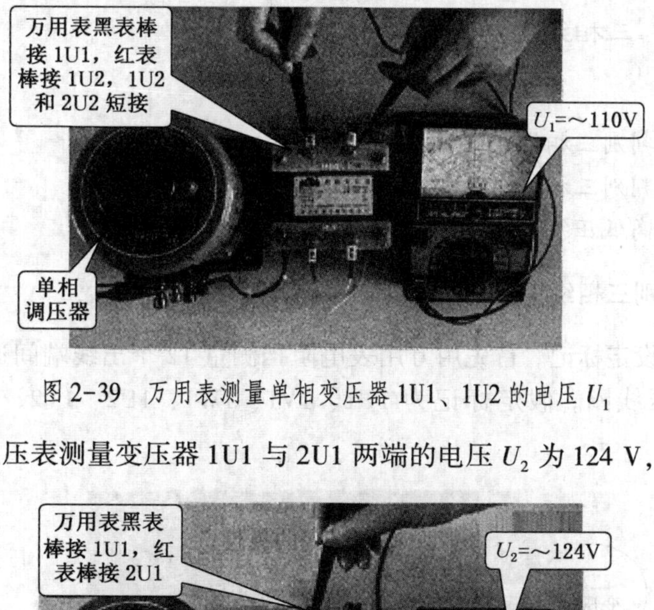

图 2-39　万用表测量单相变压器 1U1、1U2 的电压 U_1

（2）用交流电压表测量变压器 1U1 与 2U1 两端的电压 U_2 为 124 V，如图 2-40 所示。

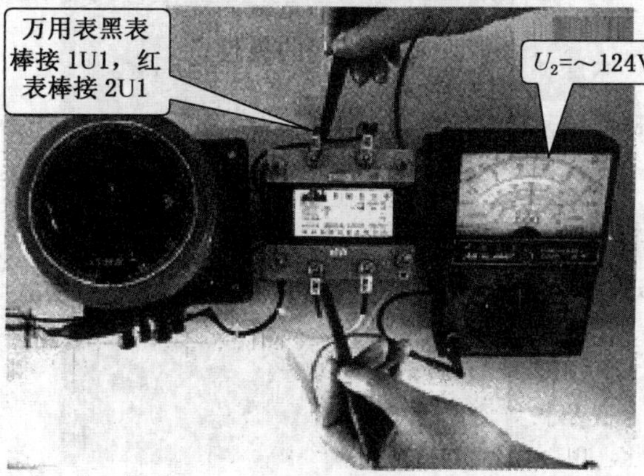

图 2-40　万用表测量单相变压器 1U1、2U1 的电压 U_2

（3）用交流电压表测量变压器 2U1 与 2U2 之间的电压 U_3 为 12 V，如图 2-41 所示。

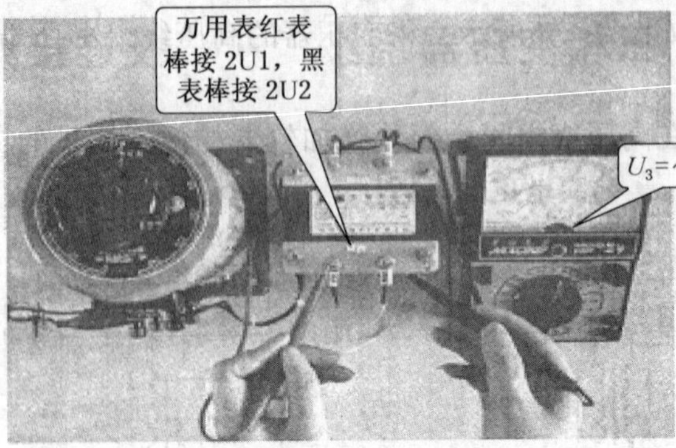

图 2-41　万用表测量单相变压器 2U1、2U2 的电压 U_3

（4）测量结果 $U_3=U_1+U_2$，则其出线端 1U1 与 2U1、1U2 与 2U2 是异名端；若测量结果 $U_3=U_1-U_2$，则其出线端 1U1 与 2U1、1U2 与 2U2 是同名端。

现场施工三　三相绕组的首尾判别

【学习目标】

（1）用直流法判别三相绕组的首尾。

（2）用交流法判别三相绕组的首尾。

（3）掌握每相高低压绕组的极性测定。

一、直流法判别三相绕组的首尾步骤

步骤一，分相设定标记。首先用万用表电阻挡测量 12 个出线端间通断情况及电阻大小，找出三相高压线圈。假定标记为 1U1、1V1、1W1、1U2、1V2、1W2，如图 2-42 所示。

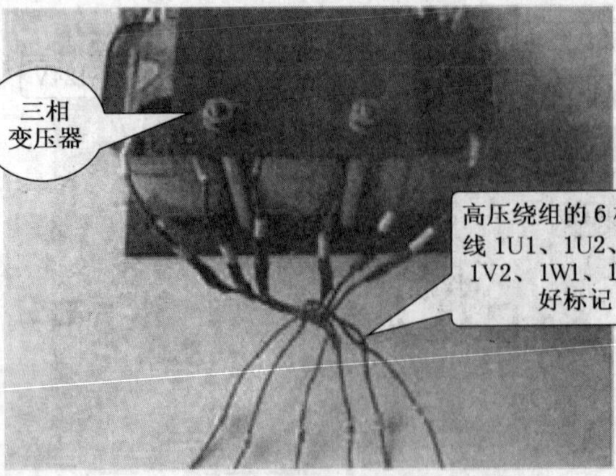

图 2-42　三相变压器高压绕组分相

步骤二，连接线路。将一个 1.5 V 的干电池（用于小容量变压器）或 2~6 V 的蓄电池（用于电力变压器）和刀开关接入三相变压器高压侧任一相中（如 V 相），如图 2-43 所示。

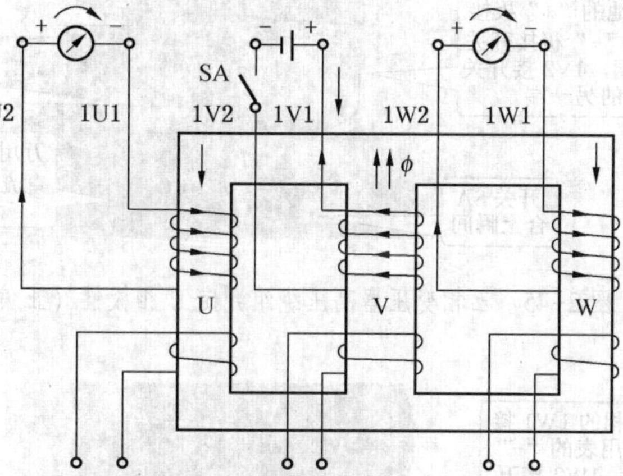

图 2-43　直流法测定三相变压器首尾（正摆）

步骤三，测量判别。在 V 相（假设 1V1 是首端）上加直流电源，电源的“+”极接 1V1，电源的“-”极经刀开关 SA 接至 1V2。然后用一个直流电流表或直流电压表测量另外两相电流或电压的方向来判断其相间极性。其判别方法如下：

（1）如果在合上刀开关 SA 的瞬间，两表同时向正方向（右方）摆动，则接在直流电流表“+”端子上的线端是相尾 1U2 和 1W2，接在表“-”端子上的线端是相首 1U1 和 1W1，如图 2-45、图 2-46 所示。在合上刀开关 SA 的瞬间各相绕组的感应电动势方向如图 2-43 所示。

（2）如果在合闸的瞬间，两表同时向反方向（左向）摆动，如图 2-47、图 2-48 所

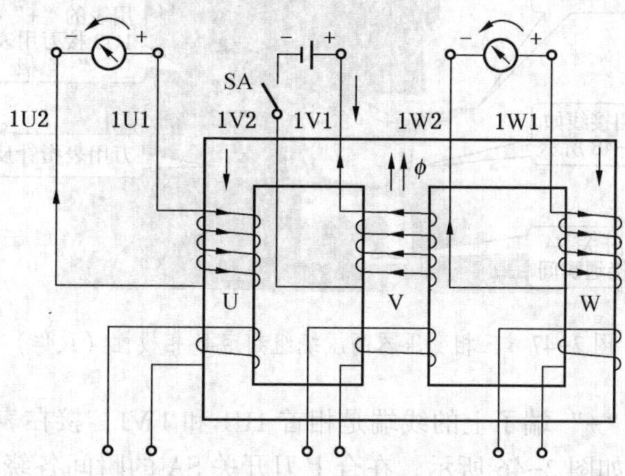

图 2-44　直流法测定三相变压器首尾（反摆）

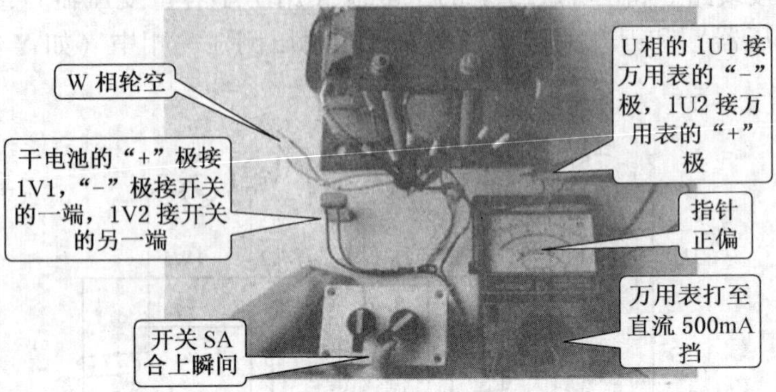

图 2-45　三相变压器高压绕组判定 U 相极性（正偏）

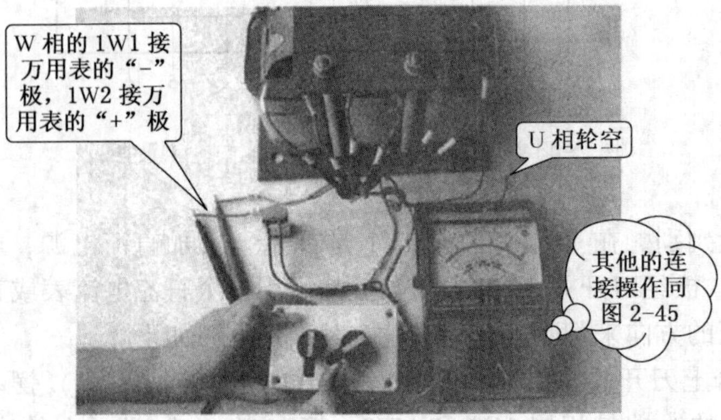

图 2-46　三相变压器高压绕组判定 W 相极性（正偏）

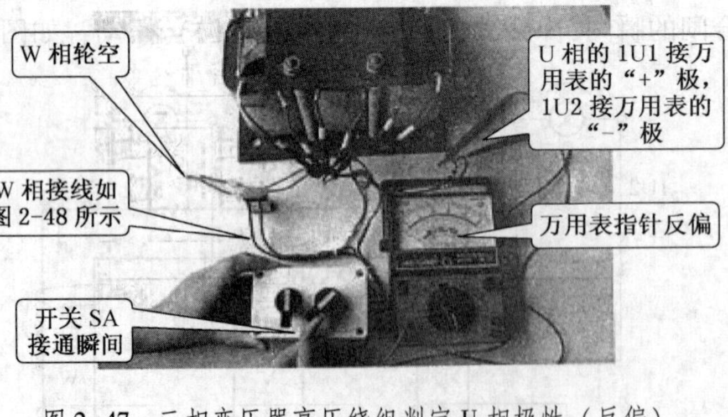

图 2-47　三相变压器高压绕组判定 U 相极性（反偏）

示，则接在直流表的“+”端子上的线端是相首 1U1 和 1W1，接在表“-”端子上的线端是相尾 1U2 和 1W2，如图 2-46 所示。在合上刀开关 SA 的瞬间各绕组感应电动势方向如图 2-44 所示。

由上述可知，测试三相变压器相间极性与测试单相变压器极性的方法恰好相反。

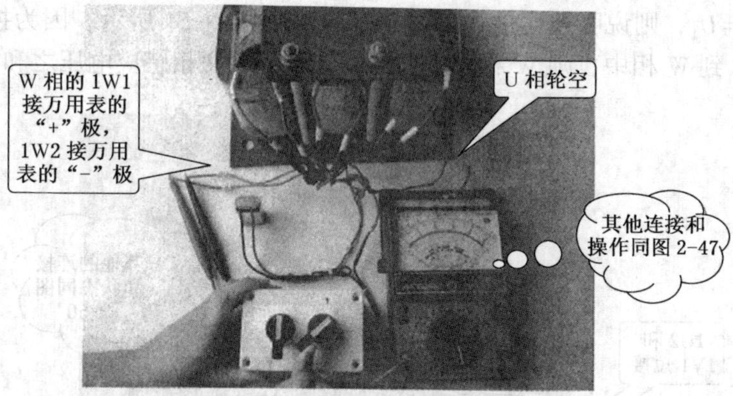

图 2-48　三相变压器高压绕组判定 W 相极性（反偏）

二、交流法判别三相绕组的首尾步骤

步骤一，设定标记。同直流法。

步骤二，连接线路。如图 2-49 所示，先假设 1U1 是首端，将 1U2 和 1V2 用导线连接，1W1 与 1W2 间连接交流电压表 PV2。

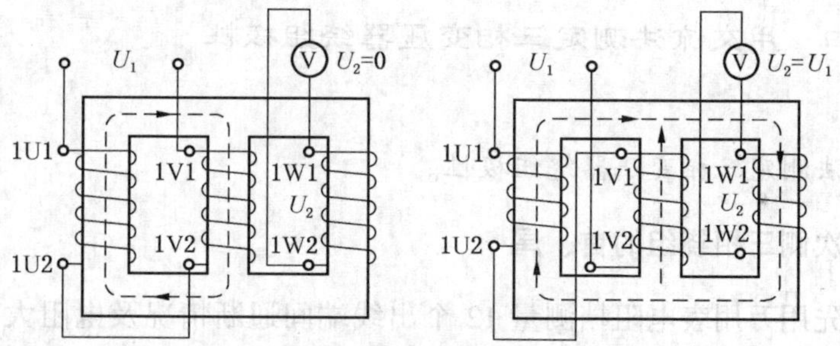

图 2-49　交流法判别三相绕组首尾

步骤三，测量判别。在 1U1 与 1V1 间外加电压 U_1 后，测得 1W1 与 1W2 间电压：

（1）如 $U_2=0$，则说明 1U1 与 1V1 都是首端，如图 2-50 所示。因为接法使磁通中自成一回路，W 相绕组中磁通 $\Phi=0$，所以电压 $U_2=0$。

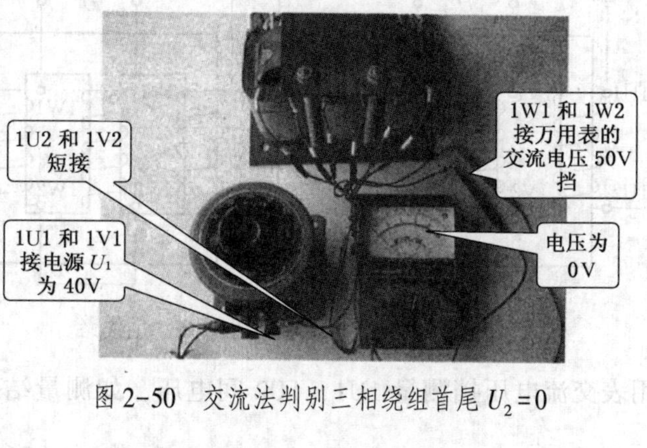

图 2-50　交流法判别三相绕组首尾 $U_2=0$

（2）如 $U_2=U_1$，则说明被连接的 1V2 是尾端，如图 2-51 所示。因为接法使 U、V 两相的磁通都通入到 W 相中，则 W 相感应电压等于 U、V 两相感应电压之和。

图 2-51 交流法判别三相绕组首尾

同理，把 W 相与 V 相交换，同样可测出 W 相的首、尾端。

现场施工四 用交流法测定三相变压器绕组极性

【学习目标】

掌握用交流法测定三相变压器绕组极性。

一、测定一次侧三相绕组的首、尾

步骤一，首先用万用表电阻挡测量 12 个出线端间通断情况及电阻大小，找出三相高压线圈，假设标记为 1U1、1V1、1W1 和 1U2、1V2、1W2。

步骤二，按图 2-52 接线，将 1V2、1W2 两点用导线相连，在 1V1 与 1W1 间接通电源施加低电压（约 50% U_N）。

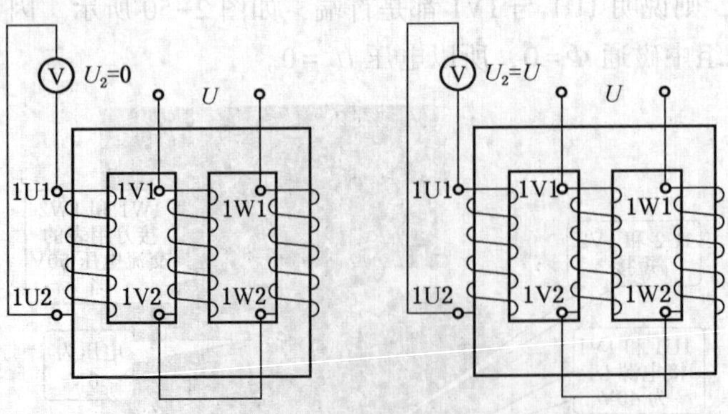

图 2-52 测定一次侧三相绕组的首、尾线路

步骤三，用万用表交流电压挡测量 1U1、1U2 间电压，如测量结果为 $U_{1U1,1U2}=0$，则

假设标记 1V1、1W1、1V2、1W2 正确；若 $U_{1U1}=U_N$，则说明标记错误，应先切断电源，然后把 V、W 相中任一相的端点标记互换（如将 1V1、1V2 换成 1V2、1V1）。再重复步骤二、三，来确定首尾。

步骤四，用同样的方法，将 1U2、1V2 两端用导线相连，在 1U1 与 1V1 间接通电源施加低电压，测定 U、V 相首、尾，完成后切断电源，并把一次侧三相绕组的首、尾端做正式标记。

二、测定每相一次侧、二次侧绕组极性

步骤一，首先用万用表电阻挡，根据端间通断与高压线圈的对应情况测量和判断出低压 6 个出线端，假设标记为 2U1、2V1、2W1 和 2U2、2V2、2W2。

步骤二，按图 2-53 接线，将 1W2、2W2 用导相连，在 W 相的 1W1 和 1W2 之间施加低电压 U。

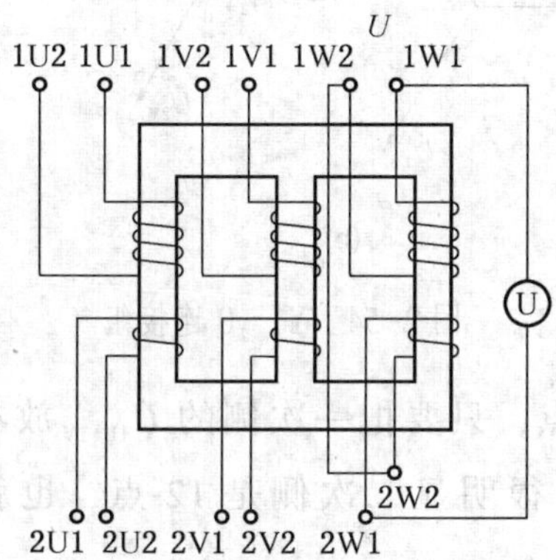

图 2-53　测定每相一次、二次侧绕组极性线路

步骤三，用万用表交流电压挡测量 1W1、2W1 间电压，如测量结果为 $U_{1W1,2W1}<U$，则说明标记正确；若 $U_{1W1,2W1}>U$，则说明标记错误，应将标记 2W1、2W2 对调。同理，其他两相也可依此法定出。测定后，按国家标准规定，把低压线圈各相首、尾端做出正式标记。

现场施工五　变压器连接组别的判别

【学习目标】

掌握变压器连接组别的判别方法。

常用的连接组别可分成 Y，y 和 Y，d 两类接法，下面分别介绍它们的判别方法。

一、Y，y 接法

知道变压器的绕组连接图及各相一次侧、二次侧的同名端，如 Y，y_0，可按下列步骤判别。

步骤一，首先要在接线图中标出每个相线电压的正方向，如一次侧和二次侧都指向各

自的首端即1U1、2U1，再画出一次侧绕组（高压边）线电压相量图 $\dot{U}_{1U}$，$\dot{U}_{1V}$、$\dot{U}_{1W}$最好按书中方位画，这样画出的线电压 $\dot{U}_{1U、1V}=\dot{U}_{1U}-\dot{U}_{1V}$，正巧在钟表“12”的位置，不用再移动了，如图2-54b中的 $\dot{U}_{1U,1V}$。

步骤二，画出二次侧绕组的线电压相量图，由接线图中的同名端可判断出 $\dot{U}_{2U}$，$\dot{U}_{2V}$、$\dot{U}_{2W}$和一次侧的电动势 $\dot{U}_{1U}$，$\dot{U}_{1V}$、$\dot{U}_{1W}$是同相位（同极性），所以它的相量图也和一次侧一样，画出 $\dot{U}_{2U,2V}=\dot{U}_{2U}-\dot{U}_{2V}$，如图2-54b中的 $\dot{U}_{2U,2V}$。

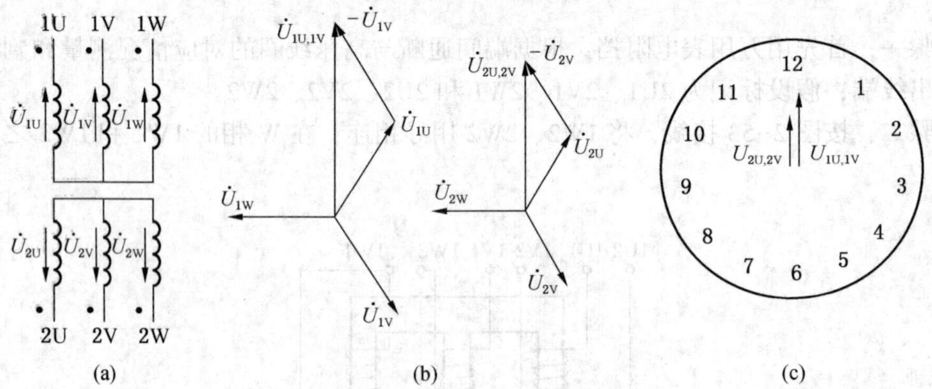

图2-54 Y，y0连接组

步骤三，画出时钟的钟点，只要把一次侧的 $\dot{U}_{1U,1V}$放在“12”点，再把二次侧的 $\dot{U}_{2U,2V}$作为短针放上去即可，很明显二次侧是12点，也就是0点，所以是Y，y_0连接组。

二、Y，d接法

这种接法的判别比Y，y接法稍难一点，主要是二次侧线电动势相量比较难找。现以Y，d11连接组为例，判别步骤如下：

步骤一，和Y，y接法一样，画出一次侧线电压 $\dot{U}_{1U,1V}=\dot{U}_{1U}-\dot{U}_{1V}$，正巧在钟表“12

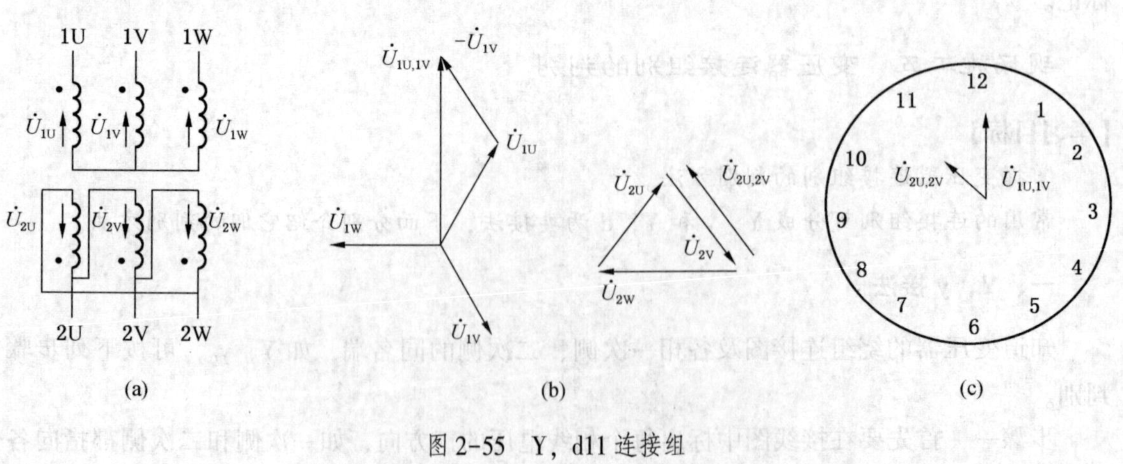

图2-55 Y，d11连接组

点”的位置。

步骤二，根据一次侧、二次侧线圈的同名端是否相同，决定二次侧各相线电压的相量方向，画出二次侧三相对称相量图，如图 2-55b 所示。从接线图中找出二次侧线电压 $\dot{U}_{2U,2V}$ 与哪个相的线电压相等，由图中找到 $\dot{U}_{2U,2V}=-\dot{U}_{2V}$，即 $\dot{U}_{2U,2V}$ 的方向指向“11”，所以可画出时钟图。

步骤三，画出时钟图，如图 2-55c 所示。该变压器为 Y，d11 连接组。

学习任务三　特种电动机运行与维护技术

本学习任务为中级工、高级工应掌握的技能。

【学习目标】

（1）能通过阅读设备维护（保养）记录单和现场勘查，明确学习任务要求。

（2）能根据任务要求和实际情况，合理制定工作（学习）计划。

（3）掌握特种电动机的正确使用与维护方法。

（4）了解特种电动机的结构特点及分类情况，懂得特种电动机的工作原理。

【建议课时】

中级工 8 课时，高级工 14 课时。

【工作情景描述】

特种电动机是指具有某种特殊功能和作用的电动机。除了在某些特殊场合作动力使用外，大多数是在自动控制系统和计算装置中作检测、放大、执行、校正和解算等元件使用，因此也称为控制电动机。随着科学技术的快速发展，新品种、高性能的特种电动机不断出现。其发展的方向主要是提高精确度、灵敏性和可靠性，尺寸小型化，适应模拟和数字控制的要求等。

学习活动 1　明确工作任务

【学习目标】

（1）能通过阅读设备维护（保养）记录单，明确学习任务、课时等要求。

（2）能准确记录工作现场的环境条件。

（3）了解特种电动机的结构特点及分类情况，懂得特种电动机的工作原理。

（4）掌握特种电动机的正确使用与维护方法。

【学习课时】

2 课时。

一、工作任务

在接到电动机维护（保养）任务后，机电维修人员应全面检查电动机运行时的工况参数，了解电动机维护（保养）前的运行情况，确定维护（保养）具体任务。重点是电动机的使用与操作。

二、相关理论知识

(一) 伺服电动机

伺服电动机在自动控制系统中用作执行元件，故又称为执行电动机，它的任务是将电信号转换为轴上的角位移或角速度的变化，具有一种服从控制信号的要求而动作的职能。在信号到来之前，转子静止不动；信号到来之后，转子立即转动；当信号消失，转子能及时自行停转。伺服电动机广泛应用于须精密控制行程的电气传动系统中，如数控系统。伺服电动机通过编码器反馈回来的脉冲判断电动机转距（转过的角度）和转向，然后再通过计算，得知电动机的转速和所控制机械的位置。

常用的伺服电动机有两大类，以交流电源工作的称为交流伺服电动机，以直流电源工作的称为直流伺服电动机。

1. 结构与原理

1）交流伺服电动机

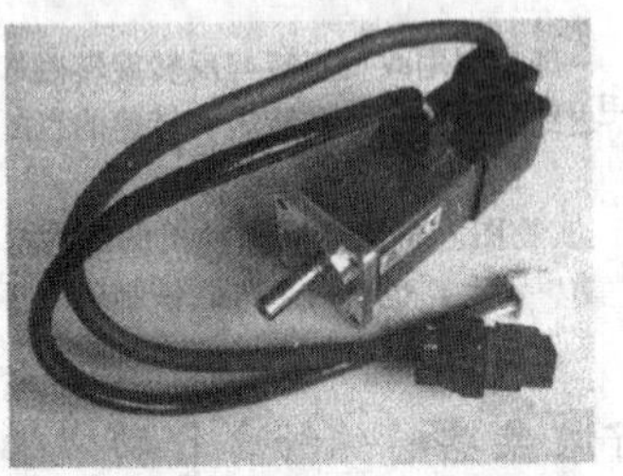

图 3-1　交流伺服电动机实物图

（1）结构。交流伺服电动机的实物图和结构图分别如图 3-1 和图 3-2 所示。

交流伺服电动机的定子绕组多制成两相的，它们在空间相差 90°电角度。定子有内、外两个铁心，均用硅钢片叠成。在外定子铁心的圆周上装有两个对称绕组，一个称为励磁绕组，与交流电源相连，由固定电压励磁；另一个称为控制绕组，接在伺服放大器的输入信号电压端，所以交流伺服电动机又称两相伺服电动机。

转子采用了空心杯转子，其电阻比一般异步电动机大得多。转子细而长，装在内、外定子之间，由铝或铝合金的非磁性金属制成，壁厚 0.2~0.8 mm，用转子支架装在转轴上。其惯性小，能极迅速和灵敏地启动、旋转和停止。

（2）工作原理。交流伺服电动机的工作原理与单相异步电动机相似，当它在系统中运行时，励磁绕组 L_L 固定地接到交流电源上，通过改变控制绕组 L_K 上的控制电压来控制转子的转动。图 3-3 为交流伺服电动机工作原理图。

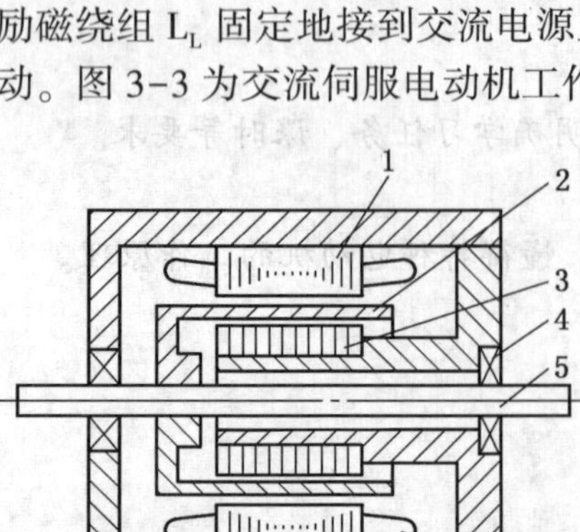

1—外定子；2—空心杯转子；3—内定子铁心；
4—轴承；5—转轴；6—绕组

图 3-2　交流伺服电动机的内部结构

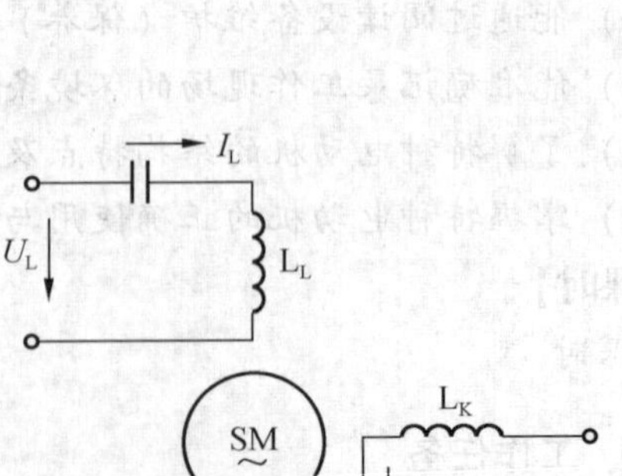

图 3-3　交流伺服电动机工作原理图

(3)“自转”现象的防止。两相异步电动机正常运行时，若转子电阻较小，当控制电压变为零时，电动机便成为单相异步电动机会继续运行（称为“自转”现象)，而不能立即停转。而伺服电动机在自动控制系统中是起执行命令的作用的，因此，不仅要求它在静止状态下能服从控制电压的命令而转动，而且要求它在受控启动以后，一旦信号消失，即控制电压等于零，电动机能立即停转。

增大转子电阻可以防止“自转”现象的发生，当转子电阻增大到足够大时，两相异步电动机的一相断电（控制电压等于零）时电动机会停转。

为了使转子具有较大的电阻和较小的转动惯量，交流伺服电动机采用以下三种形式的转子：高电阻率导条的笼型转子、非磁性空心转子和铁磁性空心转子。

(4) 交流伺服电动机的控制方法。交流伺服电动机的控制方法有以下三种：

①幅值控制，即保持控制电压的相位不变，仅仅改变其幅值来进行控制。

②相位控制，即保持控制电压的幅值不变，仅仅改变其相位来进行控制。

③幅—相控制，即同时改变幅值和相位来进行控制。

这三种方法的实质与单相异步电动机一样，都是利用改变正转与反转旋转磁通大小的比例来改变正转和反转电磁转矩的大小，从而达到改变合成电磁转矩和转速的目的。

2) 直流伺服电动机

(1) 结构。图 3-4 为直流伺服电动机实物图。直流伺服电动机的结构与普通小型直流电动机相同，不过由于直流伺服电动机的功率不大，可由永久磁铁制成磁极，可省去励磁绕组。其励磁方式几乎只采取他励式。

(2) 原理。直流伺服电动机的工作原理和普通直流电动机相同。只要在其励磁绕组中有电流通过且产生了磁通，当电枢绕组中通过电流时，这个电枢电流就与磁通相互作用产生转矩使伺服电动机投入工作。这两个绕组其中一个断电时，电动机停转。它不像交流伺服电动机那样有“自转”现象，所以直流伺服电动机也是自动控制系统中一种很好的执行元件。图 3-5 为电磁式直流伺服电动机接线图。

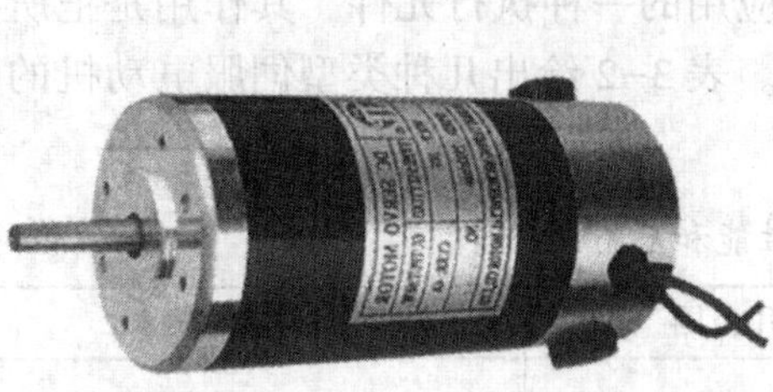

图 3-4　直流伺服电动机实物图

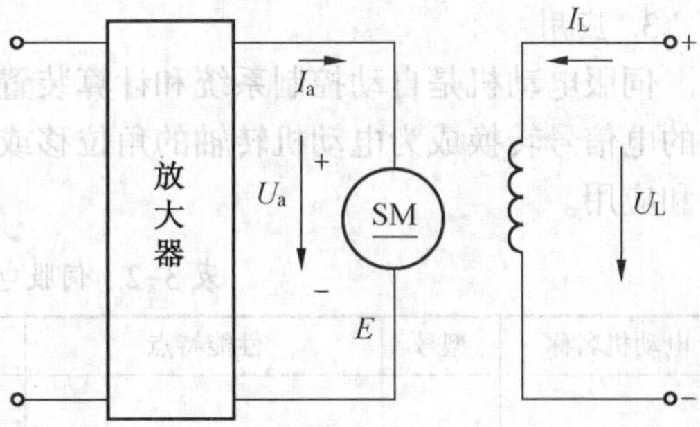

图 3-5　电磁式直流伺服电动机接线图

2. 工作特性

伺服电动机的工作特性由机械特性和调节特性来表征，见表 3-1。

表 3-1 伺服电动机工作特性

伺服电动机种类	工作特性	
	机械特性图及特性描述	调节特性图及特性描述
交流伺服电动机	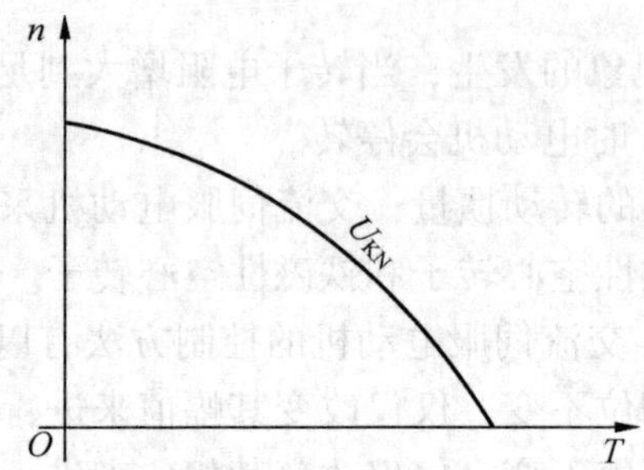 控制电压一定时，负载增加转速下降	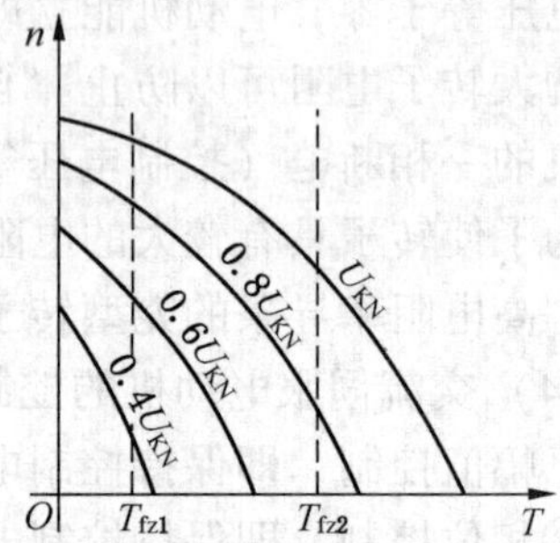 负载一定时，控制电压越高，转速越高
直流伺服电动机	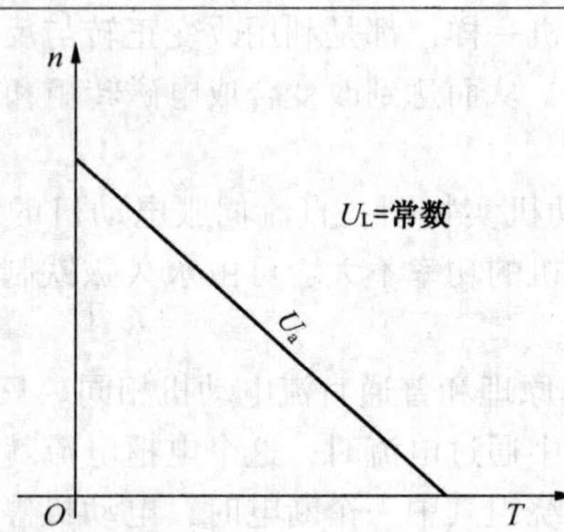 励磁电压和电枢电压一定时，负载增加转速下降	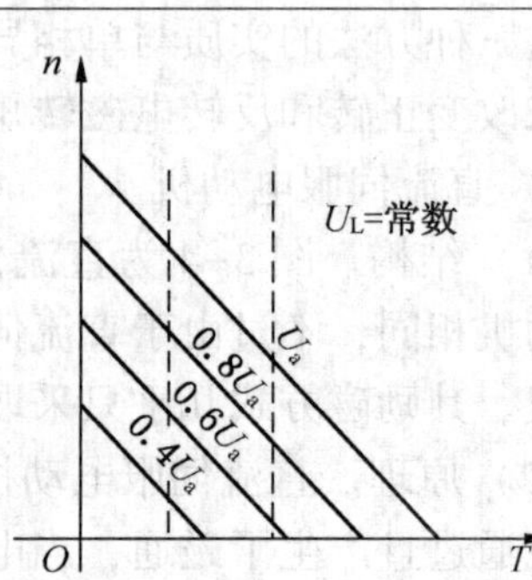 在一定负载转矩下，当磁通不变时，电枢电压升高，转速升高

3. 应用

伺服电动机是自动控制系统和计算装置中广泛应用的一种执行元件，其作用是把所接收的电信号转换成为电动机转轴的角位移或角速度。表 3-2 给出几种类型伺服电动机的性能和应用。

表 3-2 伺服电动机的性能和应用

电动机名称	型号	性能特点	适用范围	外形图
一般直流伺服电动机	SY SZ	该电动机具有体积小、质量轻、伺服性能好、力能指标高等优点	广泛用于自动控制系统中作执行元件，亦可作驱动元件	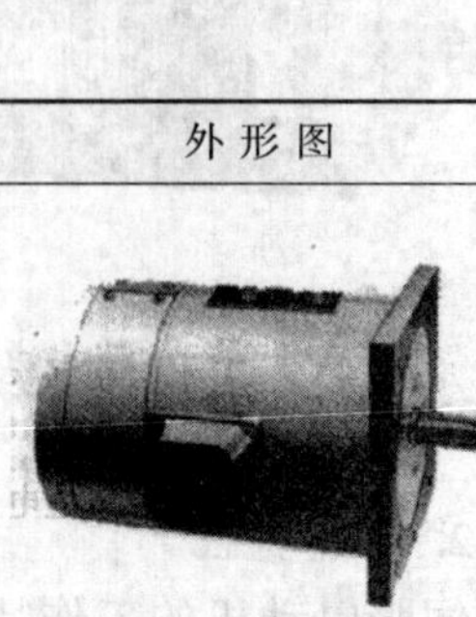

表3-2（续）

电动机名称	型号	性能特点	适用范围	外形图
杯形电枢永磁直流伺服电动机	SYK	转动惯量和电动机时间常数小，总损耗小，效率高，启动、停止迅速，换向性能好，运行平稳	广泛应用于计算机外部设备、音响设备、办公设备、仪器仪表、电影摄影机和录像机等	
永磁交流伺服电动机	ST	具有良好的控制性能，系统的动态和静态性能好。电动机能够在四象限宽调速运行	适用于精密数控机床、工业机器人、雷达以及特殊环境条件控制的关键执行部件	
笼型转子交流伺服电动机	SL	具有良好的可控性，电动机运行平稳、结构简单、成本低、运行可靠	广泛应用于各种自动控制系统、随动系统和计算装置中	

4. 伺服电动机的使用和维护

1）直流伺服电动机的使用和维护

（1）直流伺服电动机的特性与温度有关，寿命与使用环境温度、海拔、湿度、空气质量、冲击、振动及轴上负载等有关，选择时应综合考虑。

（2）电磁式电枢控制直流伺服电动机在使用时，要先接通励磁电源，然后再施加电枢控制电压。电动机运行过程中，一定要避免励磁绕组断电，以免电枢电流过大和超速。

（3）采用晶闸管整流电源时，要带滤波装置。

（4）输入控制信号的放大器的输出阻抗要小，防止机械特性变软。

（5）运行中的直流伺服电动机，当控制电压消失或减小时，为了提高系统的快速响应性能，可以在电枢两端并联一个电阻，以便和电枢形成回路。

2）交流伺服电动机的使用和维护

交流伺服电动机没有电刷之类的滑动接触，机械强度高，可靠性好，寿命长。只要选用恰当，使用正确，故障率通常很低。但要注意以下几点：

（1）励磁绕组经常接在电源上，要防止过热现象。为此，交流伺服电动机要安装在有足够大散热面积的金属固定面板上，电动机与散热板应紧密接触，通风良好，必要时可以用风扇冷却。电动机与其他发热器件尽量隔开一定距离。

（2）输入控制信号的放大器的输出阻抗要小，防止机械特性变软。

（3）信号频率不能超过其额定范围，否则，机械特性也会变软，还可能产生“自转”现象。

（二）步进电动机

一般电动机是连续旋转的，而步进电动机是一种“一步一步”地转动的电动机，因其转矩性质和同步电动机的电磁转矩性质一样，所以本质上也是一种磁阻式同步电动机或永

图 3-6　步进电动机实物图

磁式同步电动机。由于电源输入是一种电脉冲（脉冲电压），电动机接受一个电脉冲就相应地转过一个固定角度，故而也称脉冲电动机。图 3-6 为步进电动机实物图。在自动控制系统中，利用步进电动机所具有的这种特性，可将电脉冲信号转变为转角位移量。因为控制精度高，所以步进电动机常用于较为精密的电气传动控制系统，例如裁线机、烫印机等行程要求较为准确的控制场合。

1. 步进电动机的结构和种类

1）基本结构

步进电动机主要由定子、转子、端盖等构成，如图 3-7 所示。一般定子相数为 2～6 相，每相两个绕组套在一对定子磁极上，称为控制绕组，转子上是无绕组的铁心。三相步进电动机定子和转子上分别有 6 个和 4 个磁极，如图 3-8 所示。

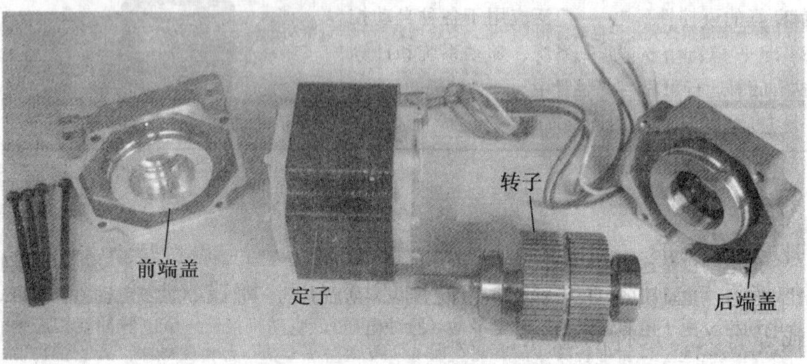

图 3-7　步进电动机实物解体图

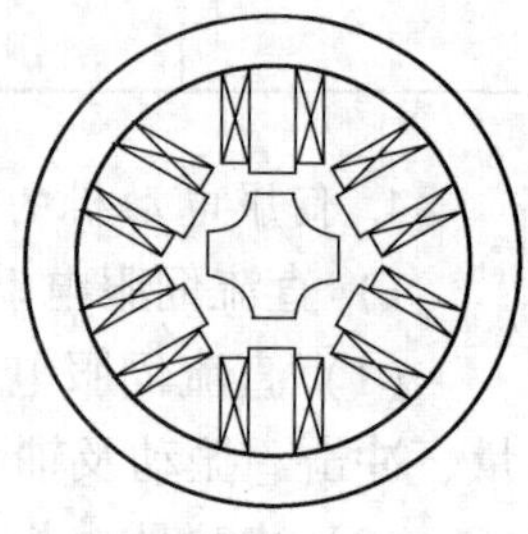

图 3-8　步进电动机结构示意图

2）步进电动机的种类

步进电动机的结构形式和分类方法较多，通常按励磁方式分为反应式、永磁式、感应子式（混合式）三大类，见表 3-3。

表 3-3　步进电动机的种类

种类	结构图示	特点说明
反应式	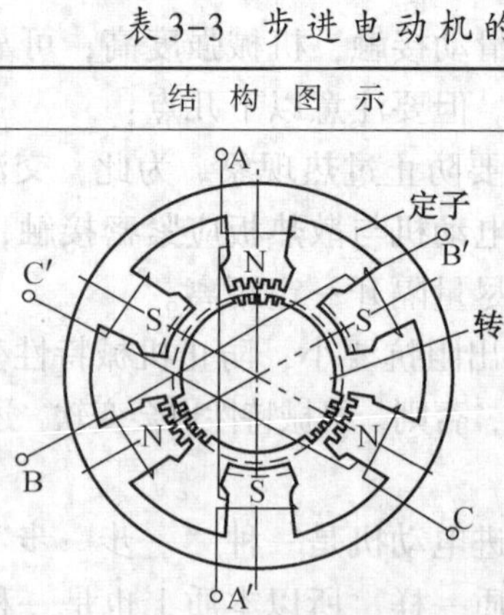	反应式转子为软磁材料，无绕组，定、转子开小齿，步距角小，应用最广

表 3-3（续）

种类	结构图示	特点说明
永磁式	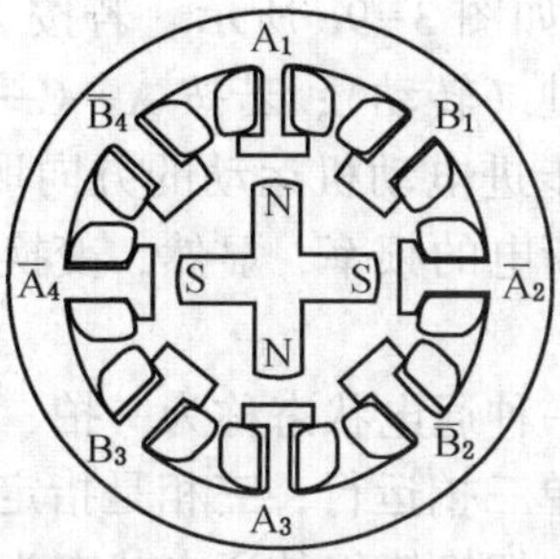	永磁式转子为永磁材料，转子的极数等于每相定子极数，不开小齿，步距角较大，力矩较大
感应子式（混合式）	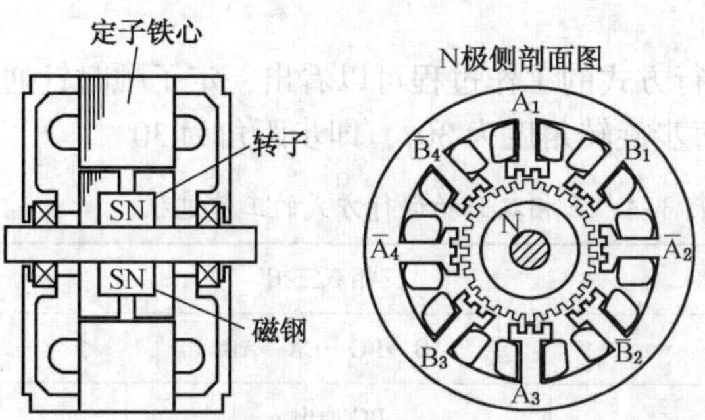	感应子式转子为永磁式，两段，开小齿，兼具反应式与永磁式的优点：转矩大，动态性能好，步距角小。但结构复杂，成本较高

2. 步进电动机的工作原理

下面以反应式步进电动机为例分析其工作原理。

图 3-9 是三相反应式步进电动机原理示意图。当 A 相绕组通电时，转子将受到磁阻转矩作用，必然转到其磁极轴线与定子极轴线对齐，磁力线便通过磁阻最小的路径。此时两轴线间夹角为零，磁阻转矩为零，即转子极 1、3 磁极轴线与 A 相绕组轴线重合，这时转

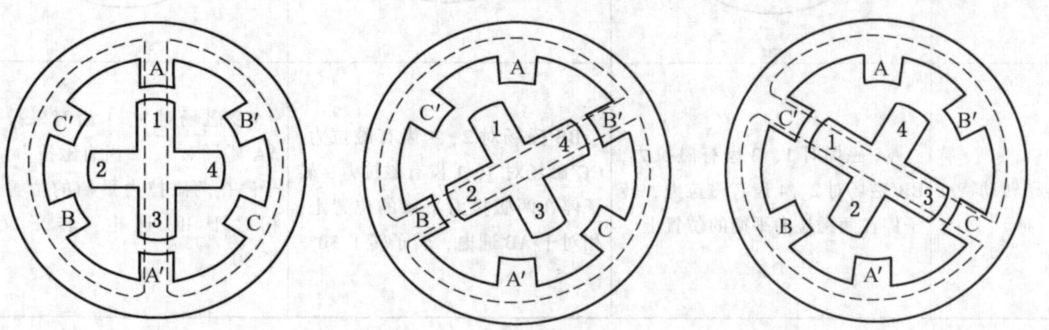

(a)　　(b)　　(c)

图 3-9　三相反应式步进电动机原理图

子停止转动，位置如图 3-9a 所示。当 A 相断电、B 相通电时，根据同样的机理，转子将按逆时针方向旋转，转过空间角 30°，使得转子 2、4 磁极轴线与 B 相绕组轴线重合，如图 3-9b 所示。同样，B 相断电、C 相通电时，转子再按逆时针方向转过空间角 30°，使转子 1、3 磁极轴线与 C 相绕组轴线重合，如图 3-9c 所示。若按 A—B—C 顺序轮流给三相绕组通电，转子就逆时针一步一步地前进（转动）；若按 A—C—B 顺序通电，转子就按顺时针方向一步一步地转动。由此可知，步进电动机运动的方向取决于控制绕组通电的顺序。而转子转动的速度取决于控制绕组通断电的频率，显然，变换通电状态的频率（电脉冲的频率）越高，转子转得越快。

通常把由一种通电状态转换到另一种通电状态称为一拍，每一拍转子转过的角度称为步距角 θ_s。上述的通电方式称为三相单三拍运行，三相是指定子为三相绕组，单是指每拍只有一相绕组通电，三拍是指经过三次切换绕组的通电状态为一个循环。

三相步进电动机除了三相单三拍运行方式外，还有三相双三拍、三相单双六拍运行方式。

从表 3-4 三相双三拍运行方式的工作过程可以看出，定子顺时针通电一周后，转子逆时针转了 1/4（4 极）周，每步旋转角度为 30°，即步距角为 30°。

表 3-4　三相双三拍运行方式的工作过程

运行方式	三相双三拍		
通电顺序	AB→BC→CA→AB		
工作过程	AB 通电	BC 通电	CA 通电
图示	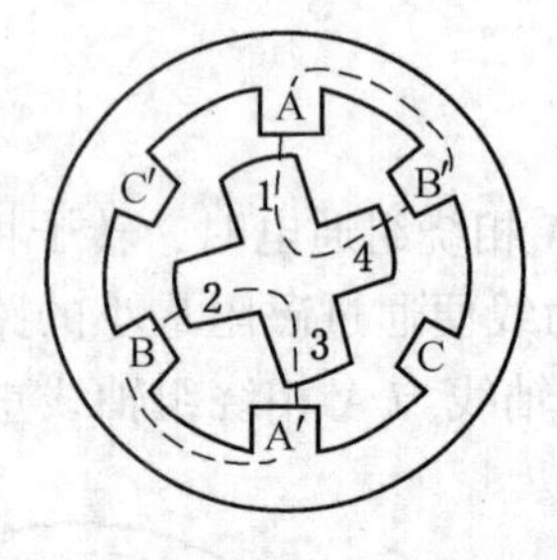		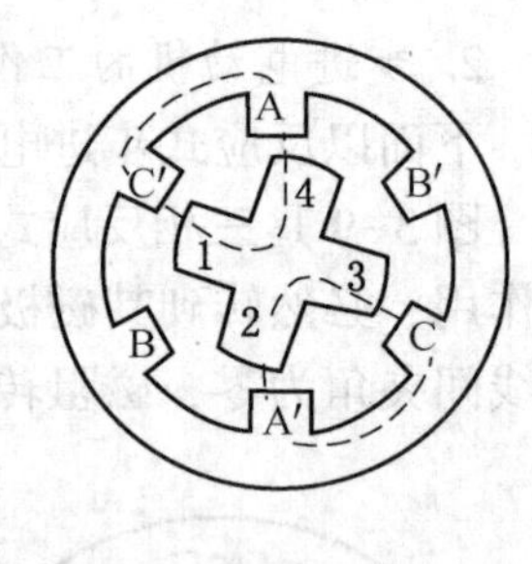
转子转动特点	AA′磁场对 1、3 齿有磁拉力，BB′磁场对 2、4 齿有磁拉力，转子停在两磁拉力平衡的位置上	BB′磁场对 2、4 齿有磁拉力，CC′磁场对 3、1 齿有磁拉力，转子停在两磁拉力平衡的位置上。相对于 AB 通电，转子转了 30°	CC′磁场对 3、1 齿有磁拉力，AA′磁场对 4、2 齿有磁拉力，转子停在两磁拉力平衡的位置上。相对于 BC 通电，转子又转了 30°

从表 3-5 三相单双六拍运行方式的工作过程可以看出，定子顺时针通电一周后，转子逆时针转了$\frac{1}{4}$（4 极）周，每步旋转角度为 15°，即步距角为 15°。

表 3-5　三相单双六拍运行方式的工作过程

运行方式	三相单双六拍			
通电顺序	AB→B→BC→C→CA→A→AB			
工作过程	AB 通电	B 通电	BC 通电	“C→CA→A” 略
图示	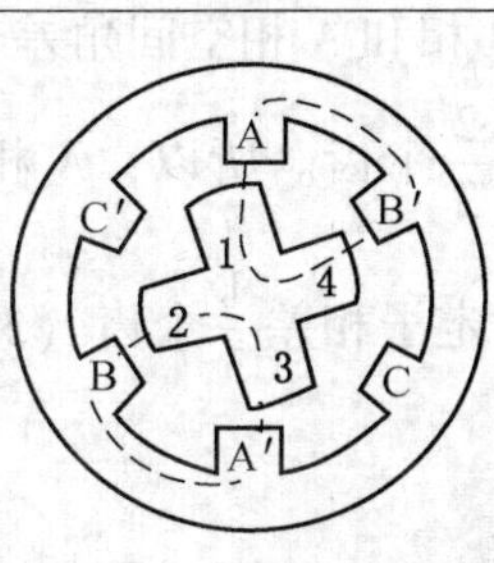			总之，每个循环周期有 6 种通电状态，所以称为三相六拍，步距角为 15°
转子转动特点	AA′磁场对 1、3 齿有磁拉力，BB′磁场对 2、4 齿有磁拉力，转子停在两磁拉力平衡的位置上	BB′磁场对 2、4 齿有磁拉力，转子 2、4 齿和 B 相对齐。相对于 AB 通电，转子转了 15°	BB′磁场对 2、4 齿有磁拉力，CC′磁场对 1、3 齿有磁拉力，转子停在两磁拉力平衡的位置上。相对于 B 通电，转子又转了 15°	

3. 小步距角的步进电动机

上述的三相反应式步进电动机的步距角太大，通常不能满足生产中小位移的要求，为此必须增加拍数和转子齿数。实际采用的步进电动机的步距角多为 3°和 1.5°，步距角越小，机加工的精度越高。下面介绍一种最常见的小步距角三相反应式步进电动机。

三相反应式步进电动机的典型结构如图 3-10 所示。定子仍然为 3 对，每相 1 对，不

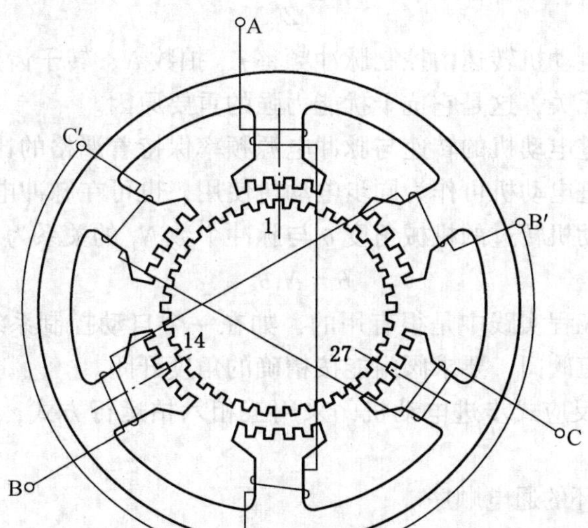

（图中状态为 A 相通电时位置）

图 3-10　三相反应式步进电动机结构图

过每个定子磁极的极靴上各有 5 个小齿，转子圆周上均匀分布着 40 个小齿，转子的齿距等于 36°/4 = 9°，齿宽、齿槽各 4.5°。为使转、定子的齿对齐，定子磁极上的小齿、齿宽和齿槽与转子相同。

假设是三相单三拍通电工作方式：

A 相通电时，定子 A 相的 5 个小齿和转子对齐。此时，B 相和 A 相空间角差 120°，含 $\frac{120^\circ}{9^\circ}=13\frac{1}{3}$个齿。A 相和 C 相空间角相差 240°，含$\frac{240^\circ}{9^\circ}=26\frac{2}{3}$个齿。所以，A 相的转子、定子的 5 个小齿对齐时，B 相、C 相不能对齐，B 相的转子、定子相差$\frac{1}{3}$个齿（3°），C 相的转子、定子相差$\frac{2}{3}$个齿（6°）。

A 相断电、B 相通电后，转子只需转过$\frac{1}{3}$个齿（3°），使 B 相转子、定子对齐。

同理，C 相通电再转 3°……

若工作方式改为三相六拍，则每通一个电脉冲，转子只转 1.5°。

由工作原理可知，每改变定子绕组的 1 次通电状态，转子就转过 1 个步距角 θ_S。若转子齿数为 Z_R，步距角 θ_S 的大小与转子齿数 Z_R 和拍数 N 的关系如下：

$$\theta_S = \frac{360^\circ}{Z_R N}$$

每输入一个脉冲，转子转过$\frac{1}{Z_R N}$转，若脉冲电源的频率为 f，则步进电动机的转速为：

$$n = \frac{60f}{Z_R N}$$

上式说明，步进电动机转速由控制脉冲频率 f、拍数 N、转子齿数 Z_R 决定，与电源电压、绕组电阻及负载无关，这是它抗干扰能力强的重要原因。

由上式可见，步进电动机的转速与脉冲电源频率保持着严格的比例关系。因此在恒定脉冲电源作用下，步进电动机可作为同步电动机使用，也可在脉冲电源控制下很方便地实现速度调节。步进电动机转过的机械角度 θ 与脉冲个数 N_1 的关系为

$$\theta = N_1 \theta_S$$

这个特点在许多工程实践中是很有用的，如在一个自动控制系统中，为了控制流量，用步进电动机带动管道阀门，要求阀门能按精确的角度开闭。

【例】 一台三相反应式步进电动机，采用三相六拍运行方式，转子齿数 $Z_R=40$，脉冲电源频率为 800 Hz。

（1）写出一个循环的通电顺序。

（2）求步进电动机的步距角 θ_S。

（3）求步进电动机的转速 n。

（4）求步进电动机每秒转过的机械角度 θ。

解 （1）该步进电动机采用三相六拍运行方式，完成一个循环的通电顺序为：AB-

B-BC-C-CA-A。

（2）三相六拍运行方式时，$N=6$，故步距角为：

$$\theta_S = \frac{360°}{Z_R N} = \frac{360°}{40 \times 6} = 1.5°$$

（3）步进电动机的转速：

$$n = \frac{60f}{Z_R N} = \frac{60 \times 800}{40 \times 6} = 200\ \text{r/min}$$

（4）每秒转过的机械角度：

$$\theta = 800 \times 1.5° = 1200°$$

4. 步进电动机的特点和应用

步进电动机在近十年中发展很快，这是由于电力电子技术的发展解决了步进电动机的电源问题。最近新型永磁材料研制上的突破，又促进步进电动机的进一步发展。由于步进电动机的步距（转速）不受电压波动和负载变化的影响，也不受环境条件（温度、压力、冲击和振动等）的限制，而只与脉冲频率成正比，所以它能按照控制脉冲数的要求，立即启动、停止、反转。在不丢步运行的情况下，角位移的误差不会长期积累，所以步进电动机主要用于开环系统，能实现高精度的角度开环控制。目前步进电动机的应用范围已很广，在数控、工业控制、数模转换和计算机外围设备、工业自动线、印刷机、遥控指示装置、航空系统中，都已成功地应用了步进电动机。

学习活动 2　工作前的准备

【学习目标】

（1）能通过阅读步进电动机说明书，掌握步进电动机拆装方法。

（2）掌握步进电动机的使用方法与注意事项。

一、工具

电工工具、万用表。

二、设备

步进电动机。

学习活动 3　现　场　施　工

【学习目标】

（1）能熟练掌握本活动安全知识，并能按照安全要求进行操作。

（2）能正确进行步进电动机的拆装操作。

（3）了解步进电动机的检测方法。

一、步进电动机的拆卸

步进电动机的拆卸步骤见表 3-6。

表 3-6　步进电动机的拆卸步骤

步骤	图　示	说　明
拆卸前端盖螺钉		准备一台小型步进电动机，其型号为57BYGH250A。用螺钉旋具将步进电动机前端盖的 4 个螺钉拆卸下来
取出前端盖		待螺钉取下后，顺着转轴方向将端盖拔出来。在前端盖与轴承分离过程中，轴承簧垫可能会掉下来，应当注意将其妥善保管好
拆卸转子		待前端盖拆卸后取出转子，因转子是永磁铁心，所以在拔取过程中应注意用力的方向
拆卸后端盖		待前端盖和转子拆卸后就只剩定子和后端盖了。用手轻摇后端盖便可将定子和后端盖分离出来
拆卸完毕清点部件	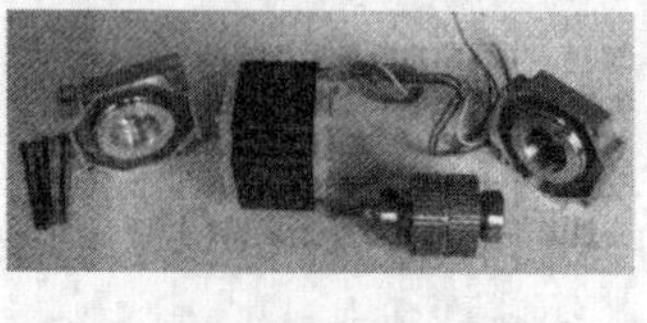	拆卸完毕将各部件摆放整齐并进行清点，以便减少重装过程中的困难
研究步进电动机定子结构	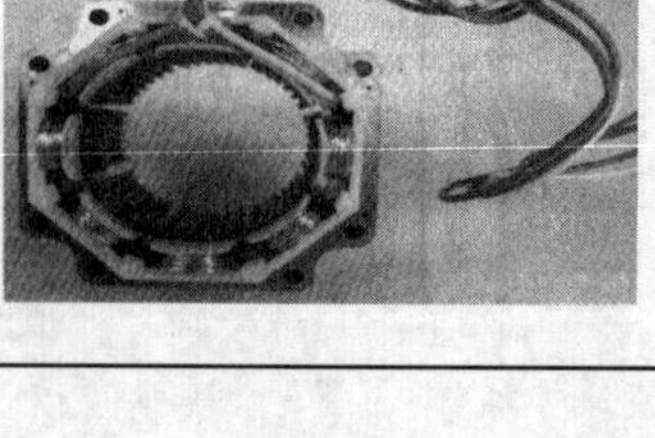	认真观察步进电动机的定子，留意其绕组和铁心的结构（图中明显是两相绕组），并清点定子铁心磁极个数

表 3-6（续）

步骤	图　示	说　明
研究步进电动机转子结构		认真观察步进电动机的转子，清点铁心磁极个数，结合定子铁心磁极个数和步进电动机工作原理分析其结构特点
研究步进电动机端盖结构		端盖的机械工艺要求很高，因为它直接影响转轴同心度和间隙。在观察过程中应注意保持端盖的洁净度

二、步进电动机的装配

步进电动机的装配步骤见表 3-7。

表 3-7　步进电动机的装配步骤

步骤	图　示	说　明
机械性能试验	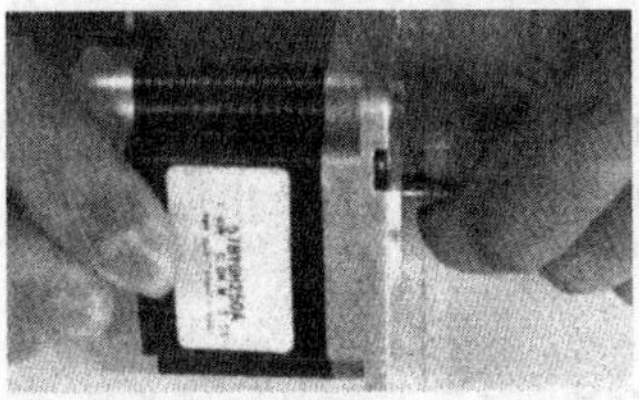	待步进电动机重新安装好后，首先要对转轴的灵活性进行试验，方法很简单，即用手旋转转轴看转动是否灵活。值得注意的是，因其转子是永磁铁，所以在转动时力度可能稍大些
绕组直流电阻值测试	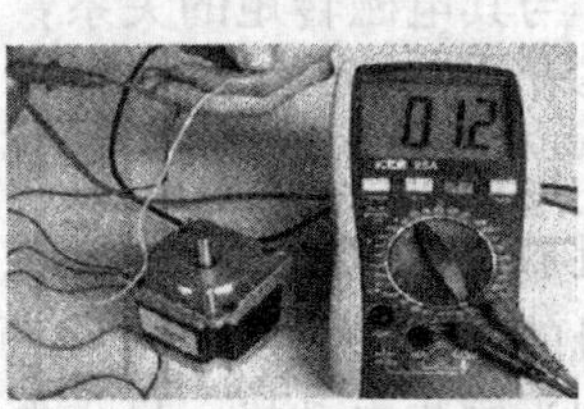	在拆卸与安装过程中绕组有可能会损坏，因此在安装好后对绕组的完好性进行检测是必要的。分别测量两相绕组的直流电阻值（图中测得其中一相绕组直流电阻值为 1.2 Ω，属正常范围）
绕组对外壳的绝缘电阻值测试	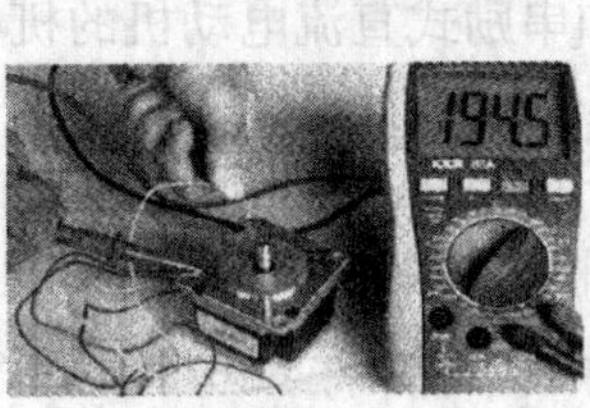	用万用表的“×200 MΩ”挡简易测量两相绕组各自对外壳的绝缘电阻值（图中测得其中一相绕组对外壳的绝缘电阻值为 194.5 MΩ，属正常范围）

模块二 电气控制线路原理、安装与维修

在生产实践中，各种生产机械工作性质和加工工艺的不同，导致它们对电动机的控制要求不同，需要的电器类型和数量不同，构成的控制线路也就不同，有的比较简单，有的相当复杂，但任何复杂的控制线路都是由一些基本控制线路有机组合起来的。本模块主要学习电动机的机械特性和常见的基本控制线路、多地控制线路、降压启动控制线路、制动控制线路和调速控制线路等。

学习任务四 电动机机械特性

本学习任务为中级工、高级工及技师等级应掌握的技能。

【学习目标】

(1) 掌握异步电动机的机械特性及特性曲线图。

(2) 掌握异步电动机的电气制动运行。

(3) 掌握异步电动机调速方法。

【建议课时】

中级工 6 课时，高级工 8 课时，技师 6 课时。

【相关理论知识】

一、电动机的机械特性

电动机的机械特性是指电动机的转速 n 与其电磁转矩的关系：

$$n = f(M)$$

机械特性是电动机机械性能的主要表现，是生产机械选择电动机的主要依据。矿山常用的几种电动机的机械特性如图 4-1 所示。图中 1、2、3、4 分别为同步电动机、异步电动机、他励式直流电动机和串励式直流电动机的机械特性。

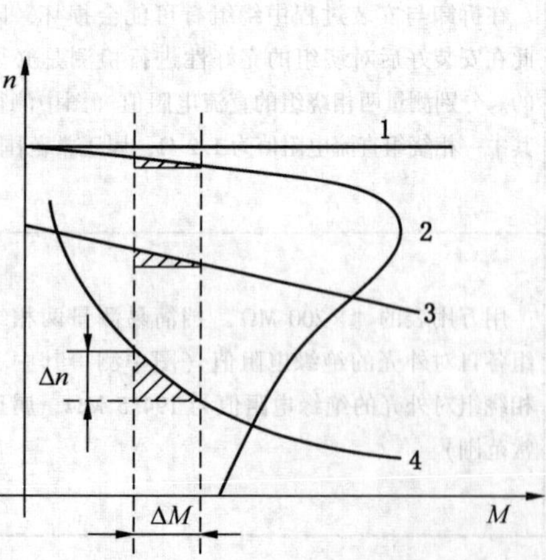

图 4-1 常用电动机的机械特性

为了表征电动机的特点，引入了机械特性“硬度”的概念。所谓“硬度”系指电动机转矩的改变引起转速变化的程度，通常用硬度系数 α 表示。特性曲线上任一点的硬度系数定义为该点转矩变化的百分数与转速变化的百分数之比，即

$$\alpha = \frac{\Delta M\%}{\Delta n\%}$$

不同类型的电动机，在相同的 ΔM 下 Δn 不同，因此 α 也不同。根据硬度系数 α 的大小，电动机的机械特性可分为三种类型：

1. 绝对硬特性

当转矩变化时电动机的转速恒定不变，$\Delta n=0$，硬度系数 $\alpha=\infty$。同步电动机具有这种机械特性。

2. 硬特性

当转矩变化时，电动机的转速变化不大，Δn 较小，硬度系数较大，α 为 $-40\sim-10$。异步电动机特性曲线的稳定工作部分和他励式直流电动机具有此类特性。

3. 软特性

当转矩变化时，电动机转速变化很大，Δn 很大，硬度系数小，α 为 $-5\sim-1$。直流串励电动机具有这种机械特性。

在生产实践中，选用哪一种机械特性的电动机，取决于生产机械的要求。例如空气压缩机，要求恒速运转，选用绝对硬特性的电动机；矿井提升机、水泵及大多数采掘机械选用硬特性的电动机；矿用电机车则选用软特性的电动机。

二、异步电动机的机械特性

1. 固有机械特性

异步电动机的电磁转矩 M 与磁通 Φ、转子电流 I_2 及转子功率因数 $\cos\varphi_2$ 成正比，设比例常数为 C_M，则

$$M=C_M\varphi I_2\cos\varphi_2$$

对上式进行推导，可以得出电动机转矩与各工作参数间的关系式

$$M=C\frac{Sr_2U_1^2}{r^2+(SX_{20})^2}$$

式中　C——常数；

U_1——定子线电压；

r_2——转子绕组每相电阻；

X_{20}——转子转速为零时的每相电抗；

S——转差率。

当电源电压 U_1 和转子电阻 r_2 给定以后就可以绘出异步电动机的转矩特性曲线 $M=f(s)$，如图 4-2 所示。

通常习惯于用 $n=f(M)$ 来表示电动机的机械特性，为此将横坐标改为 M，纵坐标改为与 S 对应的转速 n，就得到了异步电动机的机械特性曲线。使定子电压 U_1、电源频率 f 为额定值，按规定方法接线，转子回路短路时的机械特性叫异步电动机的固有机械特性，如图 4-3 所示。图中有四个特殊工作点：

(1) 启动点 A：刚启动时转速 $n=0$，转差率 $S=1$，这点的电磁转矩叫启动转矩 M_{st}，它是表征电动机工作性能好坏的重要指示之一。将 $S=1$ 代入特性方程式得

$$M_{st}=C\frac{r_2U_1^2}{r_2^2+(X_{20})^2}$$

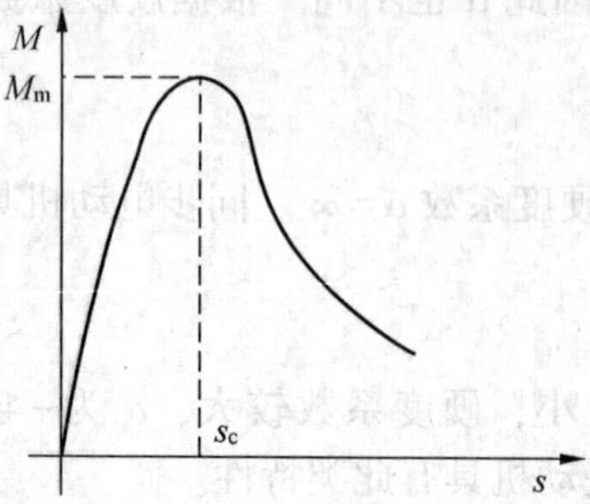

图 4-2 异步电动机的转矩特性

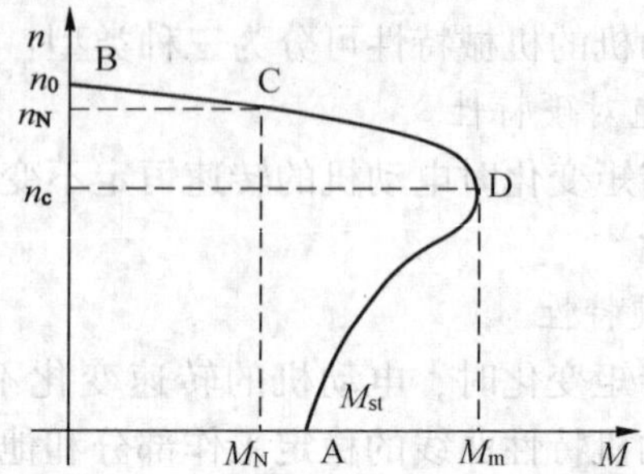

图 4-3 异步电动机的固有机械特性

由上式可见，启动转矩 M_{st} 的大小与电源电压的平方成正比，与转子回路电阻大小有关。

（2）同步点 B：这一点电动机转速为 n_0，转差率 $S=0$，电磁转矩为零，电动机做电动运转时工作点达不到此处。

（3）额定点 C：额定工作点是人为规定的工作点，在规定环境中，工作在此点时电动机的温升为规定值。这点的转矩为 M_N，转速为 n_N，转差率为 S_N，根据电动机铭牌的额定功率 P_N 可得：

$$M_N = 9.95\frac{P_N}{n_N}$$

（4）临界点 D：这一点电磁转矩为最大值 M_m（又叫临界转矩），所对应的转差率叫临界转差率 S_c。异步电动机的最大转矩也与电源电压的平方成正比。当电动机带额定负载工作时，电源电压可能波动，假如附近的电动机启动，电压 U_1 下降，会使电动机的最大转矩 M_m 下降，若 $M_m < M_L$，则会迫使电动机停转。所以一般电动机的额定转矩要比最大转矩小，把 M_m 与 M_N 的比值称作电动机的过载系数，用 λ 表示，即

$$\lambda = \frac{M_m}{M_N}$$

一般三相异步电动机的过载系数为 1.6~2.5。

2. 人为机械特性

改变电源参数或改变电动机参数，可以得到不同的人为机械特性。

1）转子回路加电阻的人为机械特性

绕线式异步电动机的转子回路串入附加电阻后的人为机械特性如图 4-4 所示。由图 4-4 看出，异步电动机转子回路串电阻后机械特性有以下几个特点：

（1）理想空载转速 n_0 不变，人为机械特性通过 n_0 点。

（2）串电阻后特性变软。所串电阻越大，特性越软，曲线的稳定工作段越陡。

（3）最大转矩的值不变。最大转矩与所串电阻大小无关，但临界转差率 S_c 却随所串电阻的增加而增大。

（4）启动转矩 M_{st} 随所串电阻而变。在电阻较小时所串电阻越大，M_{st} 越大，在附加电阻为 R_2 时，启动转矩最大，$M_{st}=M_m$。可见绕线式异步电动机可以做到启动转矩很大，有

利于重载启动。进一步加大附加电阻，启动转矩又减小，如 R_1 线所示，因而可以人为地改变所串电阻的大小来调整启动转矩。在启动矿井提升绞车时，适当地选择所串电阻，使电动机的启动转矩等于或略小于负载转矩，电动机微动一下但又转不起来，用于紧绳和消除齿轮啮合间隙。

2）降低电源电压的人为机械特性

异步电动机降低供电电压时的人为机械特性如图 4-5 所示。由图 4-5 看出，U_1 下降后异步电动机的人为特性有以下特点：

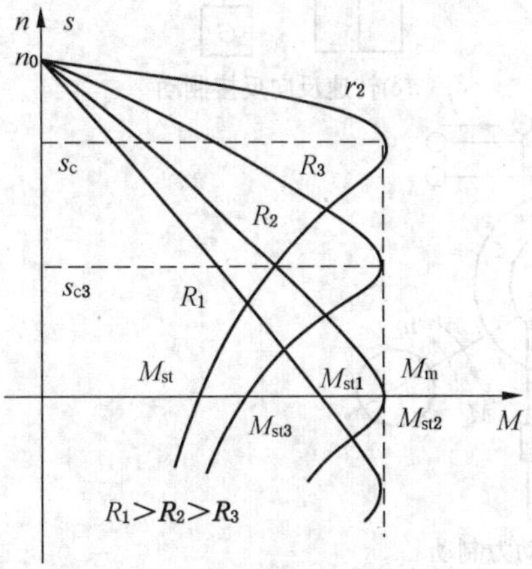

图 4-4　异步电动机转子回路串电阻的人为机械特性

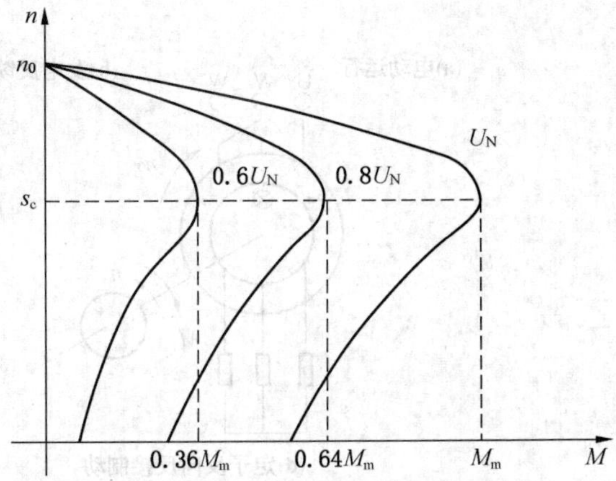

图 4-5　异步电动机降低电源电压的人为机械特性

（1）理想空载转速 n_0 不变，人为机械特性通过 n_0 点。

（2）特性变软，电压越低特性越软。

（3）由于异步电动机转矩与电压的平方成正比，因此降压后最大转矩和启动转矩都大幅度减小，但临界转差率 S_c 不变。

三、电气制动运行方式

异步电动机制动有发电制动、反接制动和动力制动三种方式。

异步电动机电动运行的特点是电动机的转矩 M 的方向与转速 n 的方向相同，M 为拖动转矩，用以带动负载，如图 4-6a 所示。

在电动运行状态下，$n < n_0$、$0 \leqslant S \leqslant 1$，机械特性位于第一、三象限。在第三象限电动机处于反向旋转工作状态，电动机从电网吸取电能，输出机械能。

制动状态的特点是电动机的转矩与转速的方向相反，工作范围处于第二、四象限。M 为制动转矩，如图 4-6b、c、d、e 所示。制动时电动机轴吸取生产机械的机械能，变成电能反馈回电网或消耗在电阻上。

笼型电动机与绕线型电动机的制动状态相同，但由于笼型电动机转子回路不能串电阻，制动性能差，因此拖动煤矿机械的笼型电动机大都不采用电气制动。

下面仅以绕线型异步电动机为例来分析其制动运行状态。

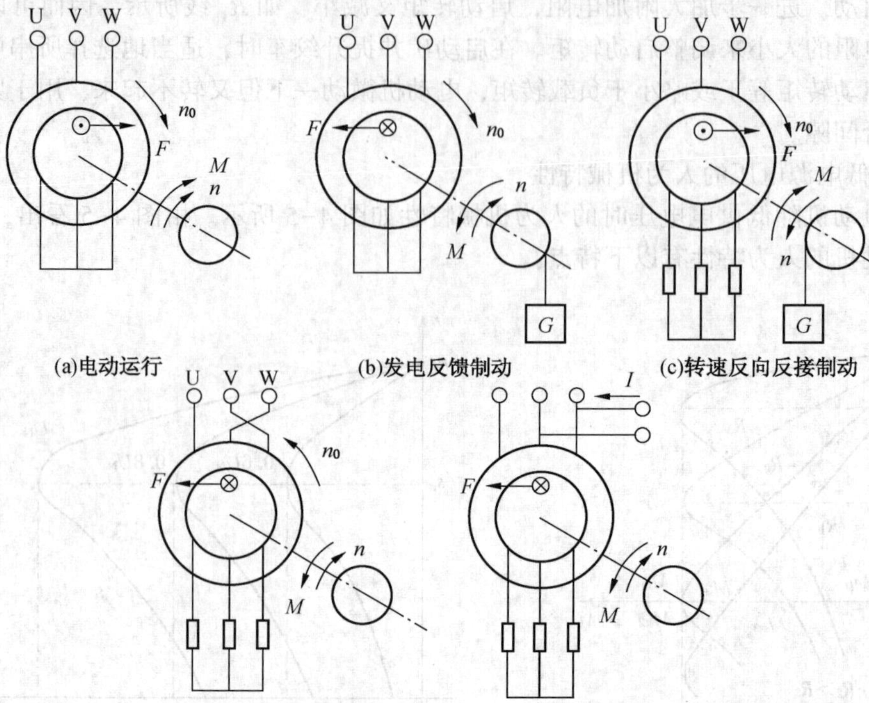

(a)电动运行 (b)发电反馈制动 (c)转速反向反接制动 (d)定子反向反接制动 (e)动力制动

图 4-6 绕线型异步电动机的各种运行状态

1. 发电反馈制动

电动机在负载转矩的作用下，转速 n 超过 n_0 时，可以实现发电反馈制动。

例如矿井提升机下放重物时，使电动机旋转磁场 n_0 的方向与重物下放的方向相同，起初，$n<n_0$，转子导体以逆时针方向切割磁场，感应电流产生的转矩 M 的方向与 n 相同，电动机工作于电动运行状态，如图 4-6a 所示。电动机在电磁转矩 M 和负载转矩 M_L 的共同作用下沿 n 的方向加速，如图 4-7 中的 Qn_0 段。随着 n 的升高，M 逐渐减小，$n=n_0$ 时，$M=0$。但由于 M_L 的作用电动机仍在加速，于是出现了 $n>n_0$，转子顺时针方向切割磁场，感应电流的方向改变，电磁转矩 M 的方向随之改变，成为负值，从顺时针变为逆时针方向，与 n 的方向相反，变成制动转矩，如图 4-6b 所示。在图 4-7 中，工作点移到第二象限。此后，随着转速 n 的升高制动转矩 M 加大，直到 $M=M_L$ 在 Q' 点稳定运转，匀速下放重物。

发电反馈制动的优点是不需要改变电动机的正常接线方式和增加任何设备电动机变成发电机，向电网送出电能，有较好的经济效益。缺点是只能用于下放重物不能减速停车。

2. 反接制动

匀速下放重物也可以用反接制动实现。与发电反馈制动不同的是，反接制动使电动机旋转磁场 n_0 的方向与重物下放的方向相反，转子回路串以较大的电阻，如图 4-6c 所示。

串入电阻后工作点移到人为特性曲线上，如图 4-8 所示。如果从静止开始下放，则一开始工作点为 Q''，这时向上的电磁转矩 M 小于向下放的负载转矩 M_L，电动机沿下放的方向加速，M 逐渐加大，最后在 Q'''点达平衡，重物低速下放，工作点在第四象限。

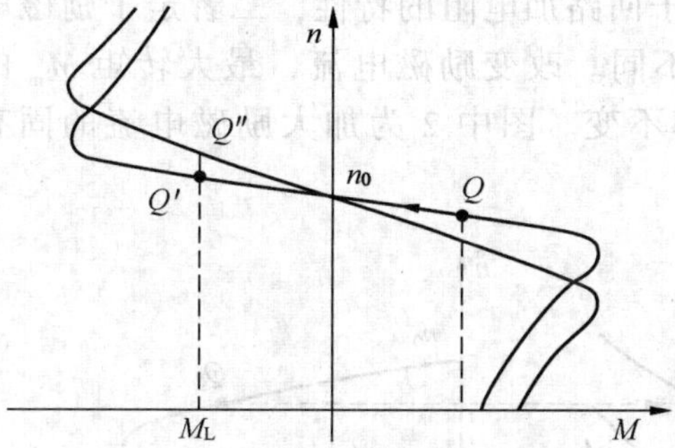

图 4-7　异步电动机发电反馈制动特性

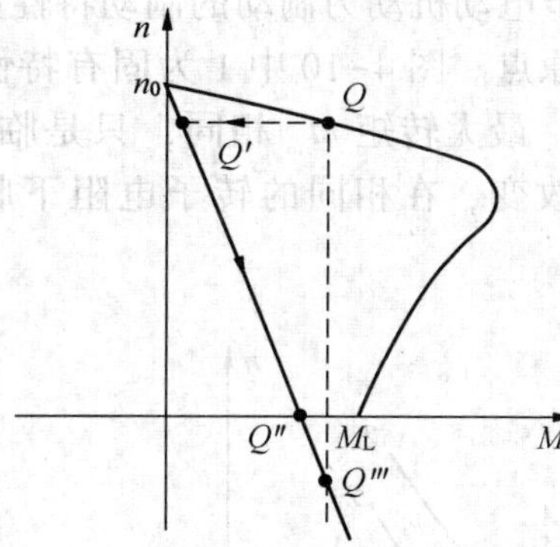

图 4-8　异步电动机转速反向的反接制动特性

可以看出，这种制动方式为转速反向的反接制动，其优点是下放速度可以很低，缺点是电能消耗大，不经济。

转速反向的反接制动也可以用于减速停车。在图 4-6c 中设重物正在提升，工作点为图 4-8 中的 Q 点，这时突然给转子回路串入电阻，工作点移到 Q''，$M<M_L$，电动机减速。这期间工作点在第一象限，电动机处于电动工作状态，由于 $M<M_L$，转速降低，客观上起了制动作用。这种制动方法还不如给电动机停电，让电动机自由停车停得快（自由停车时 $M=0$）。

异步电动机也可以用定子反向的反接制动方法，将正在旋转的电动机定子的两相电源突然交换，转子回路串以大电阻，如图 4-6d 所示。

设在制动前 n_0、n、M 均为顺时针方向，由于 $n<n_0$，相当于转子逆时针切割磁场。制动时 n_0 变为逆时针方向，n 不能突变，成为转子顺时针方向切割磁场。转子导体切割磁场的方向变了，感应电流 I_2 的方向也变了，电磁转矩 M 的方向随之改变，成为逆时针方向，与 n 相反，起制动作用。

制动特性如图 4-9 所示，与他励电动机电枢反接的反接制动相同，这里就不再分析了。

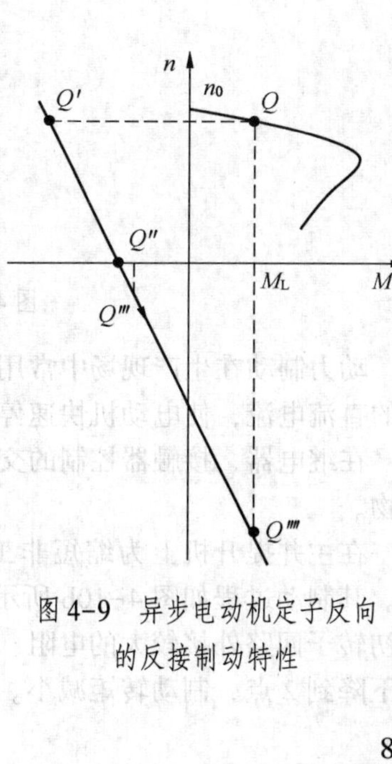

图 4-9　异步电动机定子反向的反接制动特性

3. *动力制动*

动力制动也称能耗制动，是生产机械中应用最多的制动方式，其接线如图 4-6e 所示。

所谓动力制动就是将正在电动运行的电动机从三相电网上断开，并在定子绕组中通入直流电流，产生一个静止不动的磁场。具有惯性的电动机转子继续沿原方向转动，切割固定磁场而产生感应电动势和电流，此电流的方向与电动运行时方向相反并与固定磁场作用产生制动转矩。此时的电动机相当于一台三相交流发电机，在转子中产生三相交流电流，利用余速发电，并把发出的电能消耗在转子回路的电阻上。

异步电动机动力制动的制动特性如图 4-10a 所示。因为电源电压 $U_1=0$，故 $n_0=0$，特性过原点。图 4-10 中 1 为固有特性，3 为转子回路加电阻的特性，二者定子励磁电流相同，最大转矩 M_m 相同，只是临界转差率不同。改变励磁电流，最大转矩 M_m 的值随之改变，在相同的转子电阻下临界转差率不变。图中 2 为加大励磁电流的固有特性。

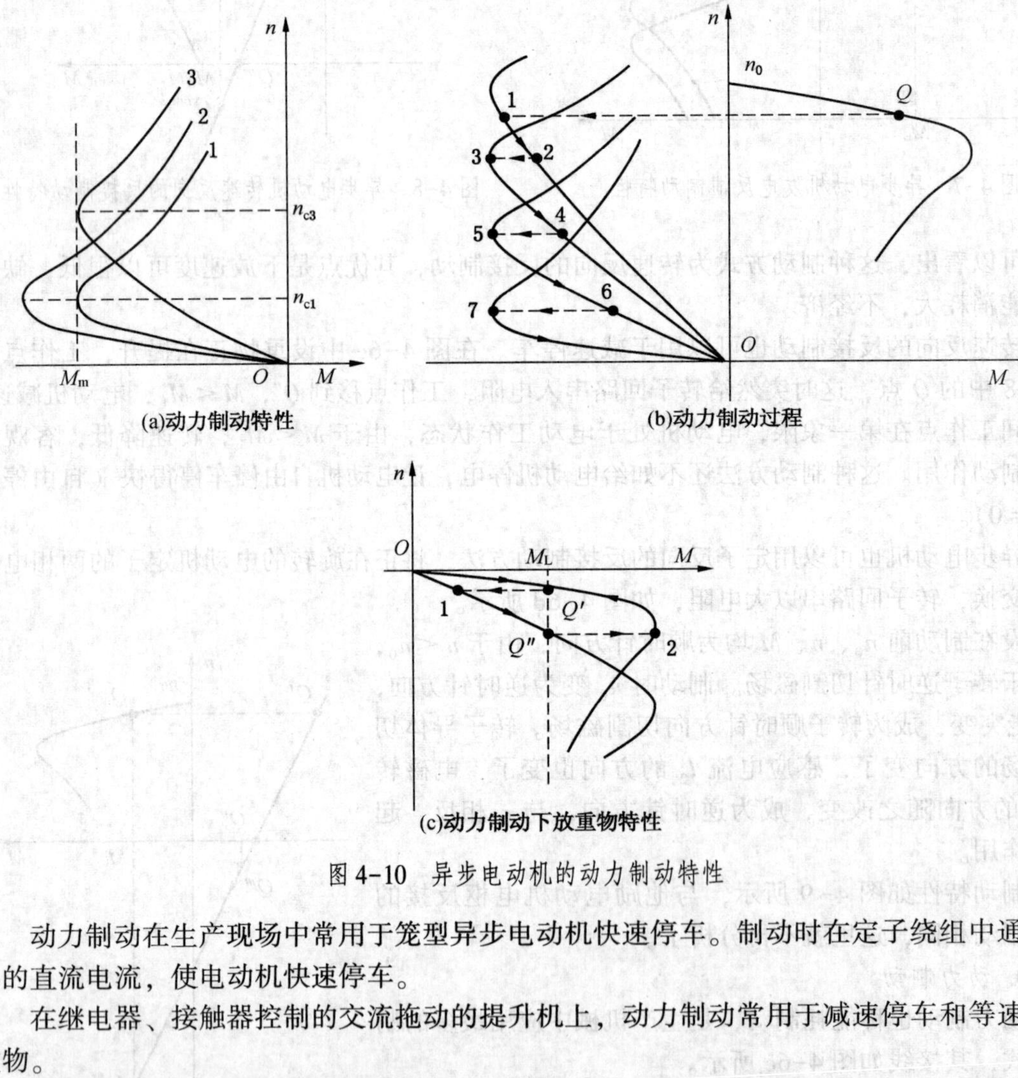

图 4-10　异步电动机的动力制动特性

动力制动在生产现场中常用于笼型异步电动机快速停车。制动时在定子绕组中通入较小的直流电流，使电动机快速停车。

在继电器、接触器控制的交流拖动的提升机上，动力制动常用于减速停车和等速下放重物。

在主井提升机上为缩短非工作时间，提高生产率，往往采用动力制动，用来减速停车。其制动过程如图 4-10b 所示。电动运行于 Q 点，当需要动力制动时，投入动力制动，起初转子回路外接较大的电阻，由于惯性的作用转速 n 不能突变，工作点过渡到 1 点，转速下降到 2 点，制动转矩减小。这时切去一段电阻，工作点移到 3 点，转速下降到 4 点，再切去一段电阻，工作点移到5点最后在O点停车。

副井提升机可采用动力制动下放重物，如图4-10c所示。制动时定子通直流电励磁后松开机械闸，电动机在重物带动下加速，制动转矩逐渐加大，工作点从O移向Q'到达Q'时给转子回路加入电阻，工作点移到1，转速进一步提高，最后停在Q''点，匀速下放。重物快到井底时需要减速，这时可减小转子电阻，工作点从Q''移到2，$M > M_L$。注意此时M_L为正，与下放方向n相同，M为正，n为负，M与n方向相反，是一个向上卷的转矩，$M > M_L$，使转速降低，工作点移向Q'最后用机械闸停车。

四、异步电动机的调速方法

由电动机原理可知，异步电动机的转速n与电网电压的频率f及定子的磁极对数p有关：

$$n = \frac{60f}{p}(1 - S)$$

在给定负载转矩M_L的前提下调节异步电动机的转速，可以从p、f、S三方面着手：

（1）改变磁极对数p。

（2）改变电源的频率f。

（3）改变转差率S。改变转差率S又有两种方法，即转子回路串电阻及转子回路串附加电势。

1. 转子回路串电阻调速

转子回路串电阻的调速方法只适用于绕线型异步电动机。转子回路串电阻后，临界转差率增大，最大转矩不变，因而人为机械特性变软，在额定负载下，只能得到低于额定转速的速度，属于恒转矩调速。调速上限为n_0，下限受到硬度的限制，故调速范围较小，$D = 2 \sim 3$，稳定性差，平滑性不好。

调速过程如图4-11所示。正常运行时电动机稳定运行于Q点，串电阻后，由于惯性作用转速不能突变，工作点移到人为特性曲线上的1点。这时电动机产生的转矩M小于负载转矩M_L，转速下降，工作点沿人为特性曲线下移，到Q'点，$M = M_L$，在新的转速下稳定运行。

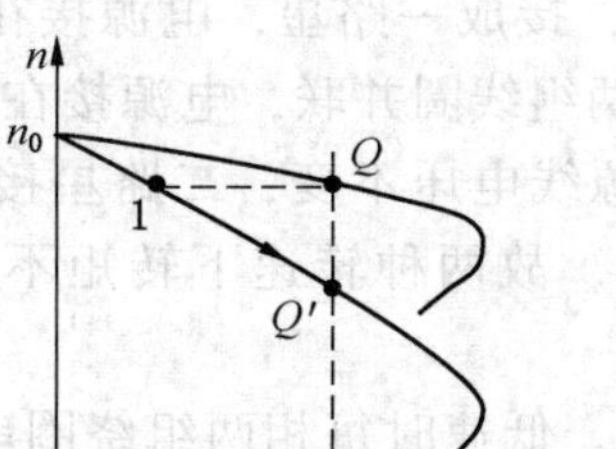

图4-11　异步电动机转子回路串电阻的调速特性

这种调速方法的优点是方法简单，可以与启动合用一套电阻器和控制设备，故被交流拖动的矿井提升机广泛采用。

2. 变极调速

由式 $n_0=60f/p$ 看出，改变电动机的磁极对数 p 可以改变同步转速 n_0，当然也就改变了电动机转子的转速。改变定子绕组"极相组"间的连线可以达到此目的。这种方法一般只用于笼型电动机。因为极数的改变必须在定子和转子上同时进行。改变后绕组的引出线增多，对于转子很不适宜，而笼型电动机只需改接定子即可，转子的极数跟随定子自然形成。

改接定子绕组的接线而改变磁极对数的原理图，如图 4-12 所示。图 4-12a 中绕组 1 和 2 顺向串联，根据电流的方向可知极对数 p 等于 2，磁场转速 $n_0=1500$ r/min；改为反向串联（图 4-12b）和并联（图 4-12c）后，第二个绕组电流的方向变了，极数减半，p 等于 1，$n_0=3000$ r/min。因此只要将定子绕组的有关接头引出，从外部改变接法，就可以得到两种不同的极数，从而获得两种不同的转速。

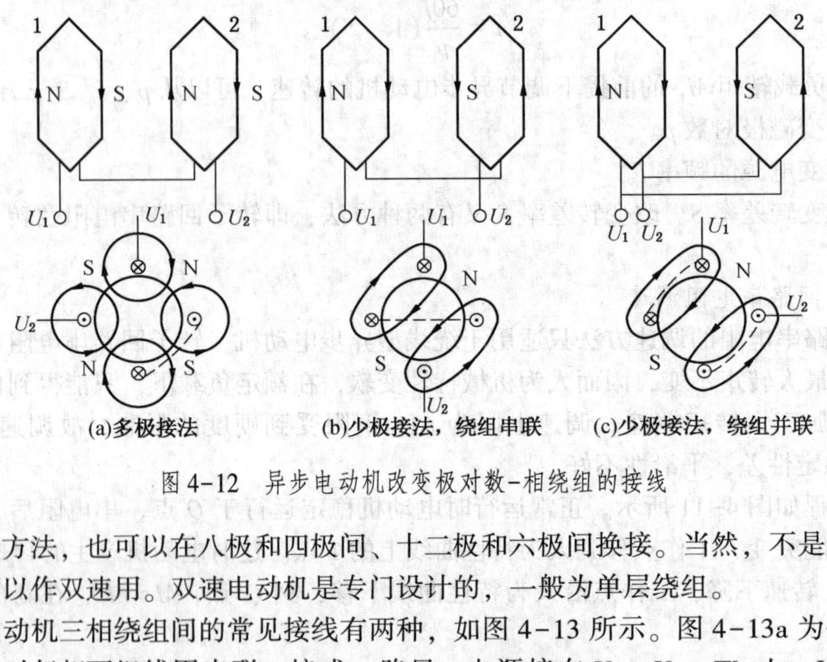

(a)多极接法　(b)少极接法，绕组串联　(c)少极接法，绕组并联

图 4-12　异步电动机改变极对数-相绕组的接线

同样的方法，也可以在八极和四极间、十二极和六极间换接。当然，不是所有的异步电动机都可以作双速用。双速电动机是专门设计的，一般为单层绕组。

双速电动机三相绕组间的常见接线有两种，如图 4-13 所示。图 4-13a 为一路星改二路星。低速时每相两组线圈串联，接成一路星，电源接在 U_1、V_1、W_1 上，V_2、U_2、W_2 开路；高速时改为二路星，每相两组线圈并联，电源接在 U_2、V_2、W_2 上，并将 V_1、U_1、W_1 接成星点。这种换接法，电源线电压不变，二路星接时额定电流加倍，故高速时额定功率也加倍。由于转速也加倍，故两种转速下转矩不变。这种双速电机属于恒转矩调速。

图 4-13b 为一路角改二路星。低速时每相两组绕圈串联，接成一路角。电源接 U_1、V_1、W_1，U_2、V_2、W_2 开路；高速时改为每相两组线圈并联，接成二路星，电源接在 U_2、V_2、W_2 上，将 U_1、V_1、W_1 接成星点。这种接法在电源线电压不变时，低速时角接，线电流为相电流的$\sqrt{3}$倍；高速时二路星接，额定线电流为每组线圈额定电流的 2 倍，二者相差不多。故两种速度下额定功率近似相等（高速时功率略大一些），可以认为是恒功率调速。

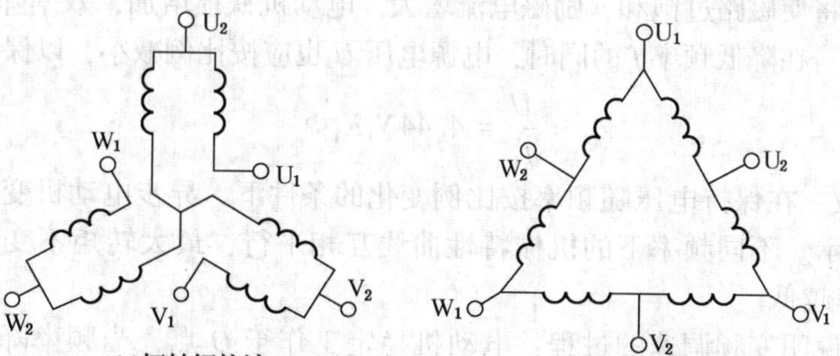

图 4-13　异步电动机变级调速、三相绕组接线

从式 $p=\frac{Mn}{9.55}$ 看出，对于恒功率调速，M 与 n 成反比，高速时允许负载转矩小，低速时允许负载转矩大。

两种调速的机械特性如图 4-14 所示。

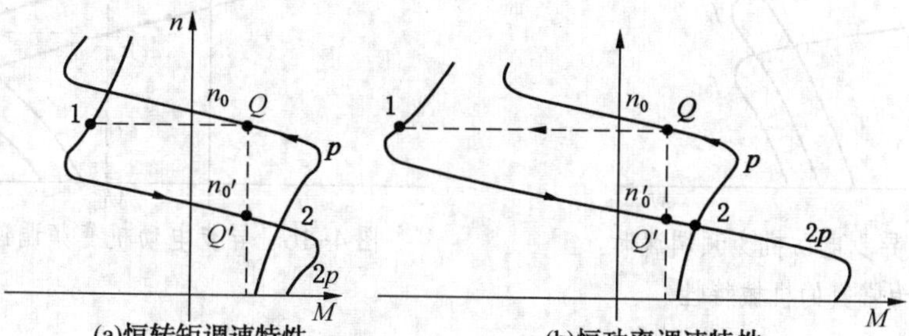

图 4-14　异步电动机变极调速的调速特性

除了双速电动机外，还有三速、四速电动机。多速电动机的定子具有较多的抽头或采用两套绕组，因而使得电动机体积比同容量的单速电动机稍大，价格略高。这种调速方法，转速只能成倍数变化，调速平滑性差，但由于结构简单，附加设备少，所以常用在机床上作有级调速。

3. 变频调速

变频调速属于改变电源参数的调速，既适用于笼型电动机，也适用于绕线型电动机。随着电子技术的发展，在煤矿生产中，变频调速系统将得到越来越广的应用。

异步电动机的电压 U 与电源频率 f_1 及工作磁通 Φ 间的关系为

$$U = 4.44 f_1 N_1 K_1 \Phi$$

式中　K_1——电动机定子绕组系数；

N_1——定子绕组每相串联匝数；

U——电动机的相电压。

在给定电动机后，K_1、N_1 是不变的，如果在变频时电源电压 U 不变，那么当频率降低时势必造成工作磁通 Φ 的增大。由于正常运行时电动机的磁路是接近饱和的，磁通 Φ 已无增加的余地，这将使磁路过饱和，励磁电流增大，电动机铁损增加，效率降低。为了保证磁路工作状态合理，在降低频率 f 的同时，电源电压 U 也应按比例减小，以保持磁通不变，即

$$\frac{U}{f_1}=4.44N_1K_1\Phi$$

U/f_1 为常数。在保持电压随频率按比例变化的条件下，异步电动机变频调速的机械特性如图 4-15 所示。不同频率下的机械特性曲线互相平行，最大转矩不变，在同一转矩下频率越低，转速越低。

用图 4-16 说明变频调速的过程：电动机稳定工作于 Q 点，当频率降到 f' 时，由于电动机转速不能突变，工作点移到人为特性曲线上的 1 点，电动机工作于发电制动状态，转速沿人为特性曲线下降。转速低于 n_0' 后，进入电动运行状态，$M<M_L$，电动机继续减速，直到 $M=M_L$ 的 Q' 点，在新的转速下又稳定运行，向高处调速时 f' 变为 f，经 2 点过渡到 Q 点。

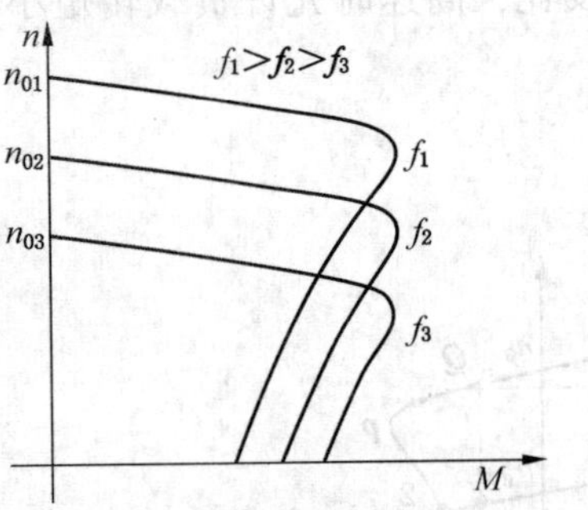

图 4-15 异步电动机变频调速时 U/f 为常数的机械特性

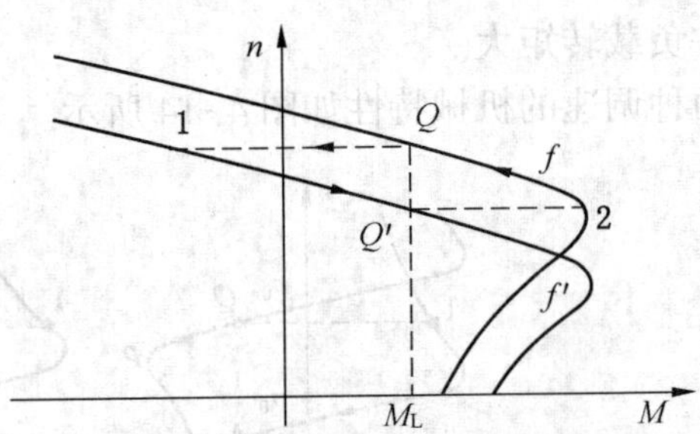

图 4-16 异步电动机变频调速特性

变频调速时转子回路不串电阻，减速过程中有一段发电制动，很经济。频率 f 连续变化时，调速平滑性好，低速特性硬度不变，调速范围可达 $D=10\sim12$，稳定性好。

变频调速需要专用的变频设备。

学习任务五 低 压 电 器

凡是用来接通和断开电路，以达到控制、调节、转换和保护目的的电气设备都称为电器。工作在交流 1000 V 及以下与直流 1200 V 及以下电路中的电器称为低压电器。低压电器作为基本元器件广泛应用于发电厂、变电所、工矿企业、交通运输和国防工业等的电力输配电系统和电力拖动控制系统中。随着工农业生产的不断发展，供电系统的容量不断扩大，低压电器的额定电压等级范围有相应提高的趋势。同时，电子技术也将日益广泛地用于低压电器中。

子任务一 熔 断 器

本学习任务为中级工、高级工应掌握的技能，技师等级的也应该掌握。

【学习目标】

(1) 能根据任务要求和实际情况，合理制定工作（学习）计划。

（2）熟悉熔断器结构、作用、型号、工作原理、文字符号及图形符号。

（3）能正确识别、安装、使用熔断器。

（4）能够正确判断、处理熔断器常见故障。

【工作情景描述】

某矿机修厂电源断电，经查是电源熔断器熔断，机电维护人员接到设备维护（保养）记录单后，按要求完成相关工作。

学习活动1　明确工作任务

【学习目标】

（1）能通过阅读设备维护（保养）记录单，明确学习任务、课时等要求。

（2）能准确记录工作现场的环境条件。

（3）掌握熔断器结构、功能、工作原理。

一、工作任务

在接到熔断器维护（检修）任务后，机电维修人员应全面检查熔断器运行的工况参数，了解维护（检修）前熔断器的运行情况，确定维护（检修）具体任务。

二、相关理论知识

1. 熔断器的用途

低压熔断器的作用是在线路中作短路保护，通常简称为熔断器。短路是由于电气设备或导线的绝缘损坏而导致的一种电气故障。

2. 熔断器的结构及符号

熔断器主要由熔体、安装熔体的熔管和熔座三部分组成，如图5-1a所示。熔体是熔断器的核心，常做成丝状、片状或栅状，制作熔体的材料一般有铅锡合金、锌、铜、银等，根据受保护电路的要求而定。熔管是熔体的保护外壳，用耐热绝缘材料制成，在熔体熔断时兼有灭弧作用。熔座是熔断器的底座，用于固定熔管和外接引线。电气符号如图5-1b所示，文字符号为FU。

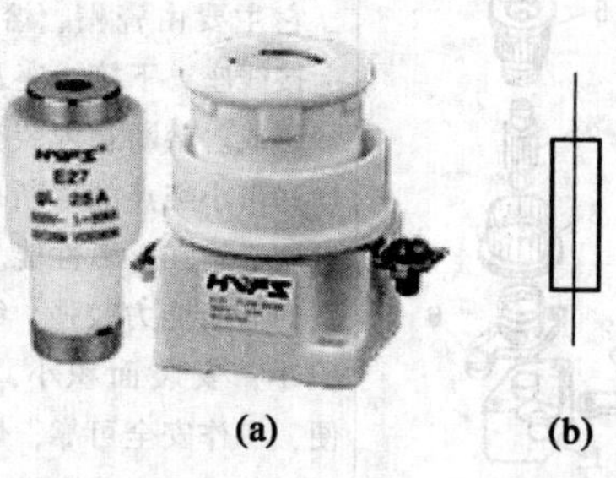

(a)　　(b)

图5-1　低压熔断器（RL6系列螺旋式熔断器）

3. 工作原理

使用时，熔断器应串联在被保护的电路中。正常情况下，熔断器的熔体相当于一段导线；当电路发生短路故障时，熔体能迅速熔断电路，从而起到保护线路和电气设备的作用。熔断器的结构简单，价格便宜，动作可靠，使用维护方便，因而得到了广泛应用。

4. 熔断器的型号

熔断器型号及含义如下：

□ □ □-□/□

- 熔体额定电流 (A)
- 熔断器额定电流 (A)
- 设计代号
- 型式：C—瓷插式；L—螺旋式；M—无填料密封管式；T—有填料密封管式；S—快速式；Z—自复式
- R– 熔断器

如型号为 RC1A-15/10 熔断器，R 表示熔断器，C 表示瓷插式，设计代号为 1A，熔断器额定电流是 15 A，熔体额定电流是 10 A。

5. 熔断器的类型（表 5-1）

表 5-1 熔 断 器 的 类 型

名称	结构示意图	特 点	应 用 场 合
RC1A 系列 瓷插式熔断器	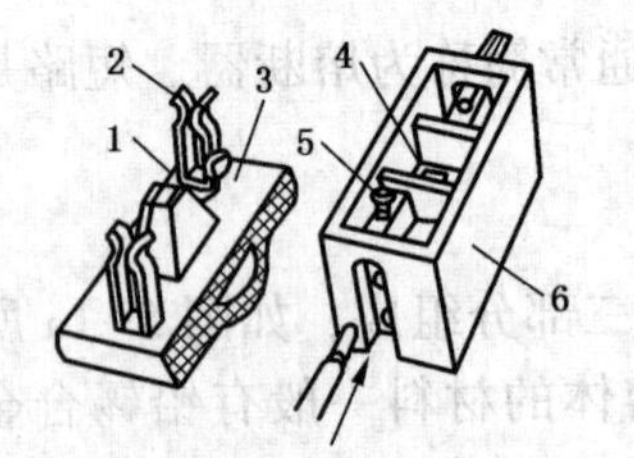 1—熔丝；2—动触头；3—瓷盖； 4—空腔；5—静触头；6—瓷座	它由瓷座、瓷盖、动触头、静触头及熔丝五部分组成，其特点是结构简单，价格低廉，更换方便，使用时将瓷盖插入瓷座，拔下瓷盖便可更换熔丝。但该熔断器极限分断能力较差，由于为半封闭结构，熔丝熔断时有声光现象，在易燃易爆的工作场合应禁止使用	主要用于交流 50 Hz、额定电压 380 V 及以下、额定电流为 5 ~ 200 A 的低压线路末端或分支电路中，作线路和用电设备的短路保护，在照明线路中还可起过载保护作用
RL1 系列 螺旋式熔断器	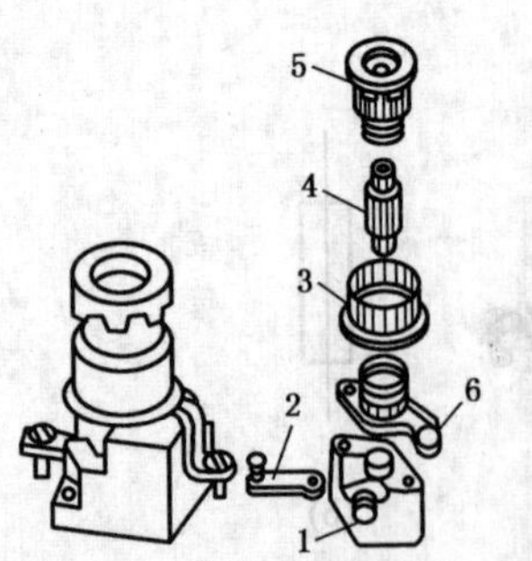 (a) 外形 (b) 结构 1—瓷座；2—下接线座；3—瓷套； 4—熔断管；5—瓷帽；6—上接线座	它主要由瓷帽、熔断管、瓷套、上接线座、下接线座及瓷底座等部分组成。熔断管内装有石英砂、熔丝和带小红点的熔断指示器，石英砂用于增强灭弧性能。该系列熔断器的分断能力较强，结构紧凑，体积小，安装面积小，更换熔体方便，工作安全可靠，熔丝熔断后有明显指示。当从瓷帽玻璃窗口观测到带小红点的熔断指示器自动脱落时，表示熔丝已经熔断	广泛应用于控制箱、配电箱、机床设备及振动较大的场合，在交流额定电压 500 V、额定电流 200 A 及以下的电路中，作为短路保护器件

表5-1（续）

名称	结构示意图	特　点	应用场合
RM10系列封闭管式熔断器	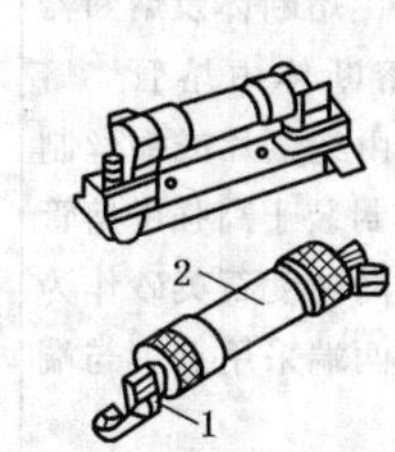 (a) 外形 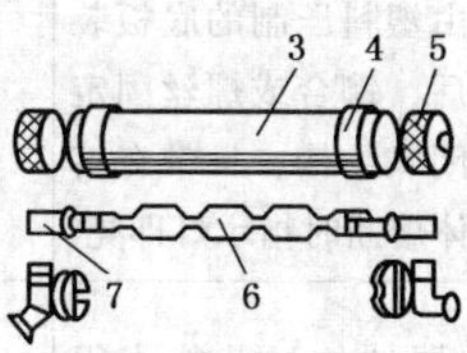 (b) 结构 1—夹；2—熔断管；3—钢纸管；4—黄铜套管；5—黄铜帽；6—熔体；7—刀形夹头	它由熔断管、熔体、夹头及夹座等部分组成。熔断管为钢纸制成，两端为黄铜制成的可拆式管帽，管内熔体为变截面的熔片，更换熔体较方便。RM10系列的极限分断能力比RC1A熔断器有提高	主要用于交流额定电压380 V及以下、直流440 V及以下、电流在600 A以下的电力线路中，作导线、电缆及电气设备的短路和连续过载保护
RT0系列有填料封闭管式熔断器	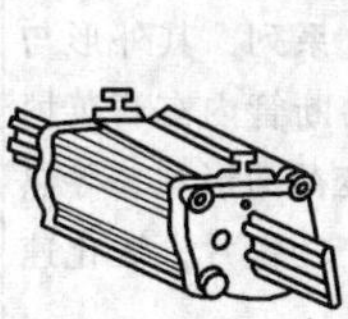 (a) 外形 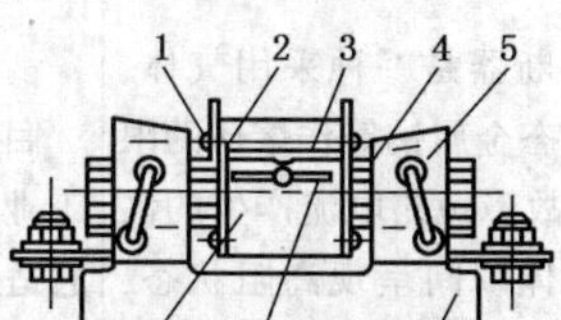 (b) 结构 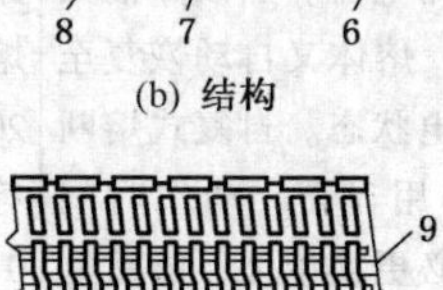 (c) 锡桥 1—熔断指示；2—石英砂填料；3—指示器熔丝；4—夹头；5—夹座；6—底座；7—熔体；8—熔管；9—锡桥	主要由熔管、底座、夹头、夹座等部分组成。它的熔管用高频电工瓷制成，熔体是两片网状紫铜片，中间用锡桥连接。熔体周围填满石英砂起灭弧作用，该熔断器的分断能力比同容量的RM10型大2.5~4倍。该系列熔断器配有熔断指示装置，熔体熔断后，显示出醒目的红色熔断信号，并可用配备的专用绝缘手柄在带电的情况下更换熔管，装取方便，安全可靠	广泛用于交流380 V及以下、短路电流较大的电力输配电系统中，作为线路及电气设备的短路保护及过载保护

表 5-1（续）

名称	结构示意图	特　　点	应 用 场 合
NG30 系列有填料封闭管式圆筒帽形熔断器		该系列熔断器由熔断体及熔断器支持件组成。熔断体由熔管、熔体、填料组成，由纯铜片或铜丝制成的变截面熔体封装于高强度熔管内，熔管内充满高纯度石英砂作为灭弧介质，熔体两端采用点焊与端帽牢固连接 熔断器支持件由底板、载熔体、插座等组成，由塑料压制的底板装上载熔体插座后，铆合或螺丝固定而成，为半封闭式结构，且带有熔断指示灯。熔体熔断时指示灯即亮	用于交流 50 Hz、额定电压 380 V、额定电流 63 A 及以下工业电气装置的配电线路中，作为线路的短路保护及过载保护
RS0、RS3 系列有填料快速熔断器（又叫半导体器件保护用熔断器）		电力半导体器件的过载能力很差，采用熔断器保护时，要求过载或短路时必须快速熔断，一般在 6 倍额定电流时，熔断时间不大于 20 ms。故快速熔断器的主要特点是熔断时间短，动作迅速（小于 5 ms）。RS0、RS3 系列，其外形与 RT0 系列相似，熔断管内有石英填料，熔体也采用变截面形状、导热性能强、热容量小的银片，熔化速度快	主要用于半导体硅整流元件的过电流保护。常用的有 RLS、RS0、RS3 等系列。RLS 系列主要用于小容量硅元件及成套装置的短路保护；RS0 和 RS3 系列主要用于大容量晶闸管元件的短路和过载保护，它们的结构相同，但 RS3 系列的动作更快，分断能力更强
自复式熔断器	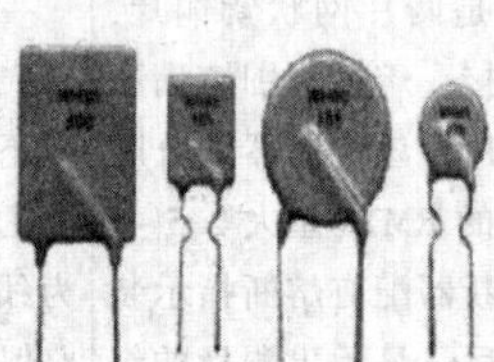 PTC 聚合物自复熔断器	自复式熔断器是一种采用气体、超导体或液态金属钠等作熔体的限流元件。在故障短路电流产生的高温下，使熔体瞬间呈现高阻状态，从而限制了短路电流。当故障消失后，温度下降，熔体又自动恢复至原来的低阻导电状态。自复式熔断器具有限流作用显著、动作时间短、动作后不必更换熔体、能重复使用、能实现自动重合闸等优点，所以在生产中的应用范围广泛	目前自复式熔断器的工业产品有 RZ1 系列，它适用于交流 380 V 的电路中与断路器配合使用。熔断器的电流有 100 A、200 A、400 A、600 A4 个等级，在功率因数 $\lambda \leqslant 0.3$ 时的分断能力为 100 kA

6. 主要参数

（1）额定电压：指熔断器长期工作所能承受的电压。如果熔断器的实际工作电压大于其额定电压，熔体熔断时可能会发生电弧不能熄灭的危险。

（2）额定电流：指保证熔断器能长期正常工作的电流。它由熔断器各部分长期工作时允许的温升决定。

（3）分断能力：规定的使用和性能条件下，在规定电压下熔断器能分断的预期分断电流值。常用极限分断电流值来表示。

（4）时间-电流特性：也称为安-秒特性或保护特性，是指在规定的条件下，表征流过熔体的电流与熔体熔断时间的关系曲线，如图5-2所示。从特性上可以看出，熔断器的熔断时间随电流的增大而缩短，是反时限特性。

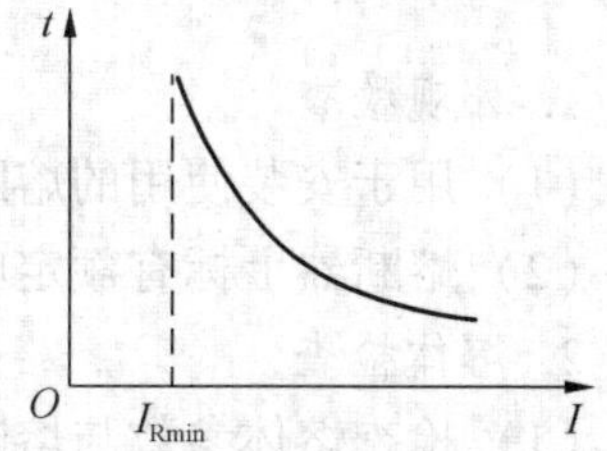

图5-2 熔断器的时间-电流特性

另外，在时间-电流特性曲线中有一个熔断电流与不熔断电流的分界线，与此相对应的电流称为最小熔化电流或临界电流，用 I_{Rmin} 表示。往往以在1~2 h内能熔断的最小电流值作为最小熔断电流。

根据对熔断器的要求，熔体在额定电流 I_N 下绝对不应熔断，所以最小熔化电流 I_{Rmin} 必须大于额定电流 I_N。一般熔断器的熔断电流 I_s 与熔断时间 t 的关系见表5-2。

表5-2 熔断器的熔断电流与熔断时间的关系

熔断电流 I_s/A	$1.25I_N$	$1.6I_N$	$2.0I_N$	$2.5I_N$	$3.0I_N$	$4.0I_N$	$8.0I_N$	$10.0I_N$
熔断时间 t/s	∞	3600	40	8	4.5	2.5	1	0.4

由表5-2看出，熔断器对过载的反应是很不灵敏的，当电气设备发生轻度过载时，熔断器将持续很长时间才能熔断，有时甚至不熔断。因此，除照明和电加热电路外，熔断器一般不宜用作过载保护电器，主要用于短路保护。

学习活动2 工作前的准备

【学习目标】

熟悉各种工器具及仪表的功能、结构、原理及使用方法。

一、工具

尖嘴钳、螺钉旋具。

二、仪表

万用表一只。

三、器材

在RC1A、RL1、RT0、RT18、RS0系列中，各选取不少于两种规格型号的熔断器。

学习活动3 现场施工

【学习目标】

（1）能熟练掌握本活动安全知识，并能按照安全要求进行操作。

（2）能正确使用相关工器具及仪表。

(3) 能正确识别、安装、使用熔断器。

一、检查元件

1. 外观检查

(1) 用于安装使用的熔断器应完整无损，表面无裂纹，清洁无污物。

(2) 熔断器上标有额定电压、额定电流值。

2. 熔体检查

(1) 检查熔体参数与熔断器参数是否匹配。

(2) 检查熔体是否完好。

二、熔断器的识别

1. 熔断器的识别训练

(1) 在教师指导下，仔细观察各种不同类型、规格的熔断器外形和结构特点。

(2) 由指导教师从所给熔断器中任选 5 只，用胶布盖住其型号并编号，由学生根据实物写出其名称、型号规格及主要组成部分，填入表 5-3 中。

表5-3 熔断器识别

序号	1	2	3	4	5
名称					
型号规格					
主要结构					

2. 更换 RC1A 系列和 RL1 系列熔断器的熔体

(1) 检查所给熔断器的熔体是否完好。对于 RC1A 系列可拔下瓷盖进行检查，对于 RL1 系列应首先查看其熔断指示器。

(2) 若熔体已熔断，应按原规格选配熔体。

(3) 更换熔体。对于 RC1A 系列熔断器，安装熔丝时，熔丝缠绕方向一定要正确，安装过程中不得损伤熔丝。对于 RL1 系列熔断器，熔断管不能倒装。

(4) 用万用表检查更换熔体后的熔断器各部分接触是否良好。

三、安装

(1) 熔断器安装时应保证熔体与夹头、夹头与夹座接触良好。瓷插式熔断器应垂直安装。螺旋式熔断器接线时，电源线应接在下接线座上，负载线应接在上接线座上，以保证能安全地更换熔管。

(2) 熔断器内要安装合格的熔体，不能用多根小规格的熔体并联代替一根大规格的熔体。在多级保护的场合，各级熔体应相互配合，上级熔断器的额定电流等级以大于下级熔断器的额定电流等级两级为宜。

(3) 更换熔体或熔管时，必须切断电源，尤其不允许带负荷操作，以免发生电弧灼伤。管式熔断器的熔体应用专用的绝缘插拔器进行更换。

（4）对 RM10 系列熔断器，在切断 3 次相当于分断能力的电流后，必须更换熔断管，以保证能可靠地切断所规定分断能力的电流。

（5）熔体熔断后，应分析原因排除故障后，再更换新的熔体。在更换新的熔体时，不能轻易改变熔体的规格，更不能使用铜丝或铁丝代替熔体。

（6）熔断器兼作隔离器件使用时，应安装在控制开关的电源进线端；若仅作短路保护用，应装在控制开关的出线端。

四、故障处理

熔断器的常见故障及处理方法见表 5-4。

表 5-4　熔断器的常见故障及处理方法

故障现象	可能原因	处理方法
电路接通瞬间熔体熔断	熔体电流等级选择过小	更换熔体
	负载侧短路或接地	排除负载故障
	熔体安装时受机械损伤	更换熔体
熔体未熔断，但电路不通	熔体或接线座接触不良	重新连接

子任务二　低　压　开　关

本学习任务为中级工、高级工应掌握的技能，技师等级的也应该掌握。

【学习目标】

（1）熟悉低压开关结构、作用、型号、工作原理、文字符号及图形符号。

（2）能正确识别、安装、使用低压开关。

（3）能够正确判断、处理低压开关的常见故障。

（4）能根据任务要求和实际情况，合理制定工作（学习）计划。

【工作情景描述】

某矿办公楼断电，经查是电源低压断路器故障，机电维护人员接到设备维护（保养）记录单后，按要求完成相关工作。

学习活动 1　明确工作任务

【学习目标】

（1）能通过阅读设备维护（保养）记录单，明确学习任务、课时等要求。

（2）能准确记录工作现场的环境条件。

（3）掌握低压开关结构、功能、工作原理。

一、工作任务

在接到低压断路器维护（检修）任务后，机电维修人员应全面检查低压断路器运行的工况参数，了解维护（检修）前低压断路器的运行情况，确定维护（检修）具体任务。

二、相关理论知识

低压开关一般为非自动切换电器，主要用于隔离、转换、接通和分断电路。

在电力拖动中，低压开关多数用作机床电路的电源开关和局部照明电路的控制开关，有时也可用来直接控制小容量电动机的启动、停止和正反转。

下面介绍几种常用的低压开关：低压断路器、负荷开关和组合开关。

1. 低压断路器

1）低压断路器的功能

低压断路器又叫自动空气开关或自动空气断路器，简称断路器。它集控制和多种保护功能于一体，在线路工作正常时，它作为电源开关接通和分断电路；当电路中发生短路、过载和失压等故障时，它能自动跳闸切断故障电路，从而保护线路和电气设备。

低压断路器具有操作安全、安装使用方便、工作可靠、动作值可调、分断能力较强、兼作多种保护、动作后不需要更换元件等优点，因此得到广泛应用。

2）低压断路器的分类

低压断路器按结构形式可分为塑壳式（又称装置式）、万能式（又称框架式）、限流式、直流快速式、灭磁式和漏电保护式等六类；按操作方式可分为人力操作式、动力操作式和储能操作式；按极数可分为单极、二极、三极和四极式；按安装方式又可分为固定式、插入式和抽屉式；按断路器在电路中的用途可分为配电用断路器、电动机保护用断路器和其他负载（如照明）用断路器等。

通常使用较多的是按结构形式分类，几种塑壳式和万能式低压断路器的外形如图 5-3 所示。在电力拖动系统中常用的是 DZ 系列塑壳式低压断路器。

(a) DZ5 系列塑壳式　(b) DZ15 系列塑壳式　(c) NH2-100 隔离开关

(d) DW15 系列万能式　(e) DW16 系列万能式

图 5-3　低压断路器

3）低压断路器结构及原理

DZ5 系列低压断路器的结构如图 5-4a 所示。它由触头系统、灭弧装置、操作机构、热脱扣器、电磁脱扣器及绝缘外壳等部分组成。

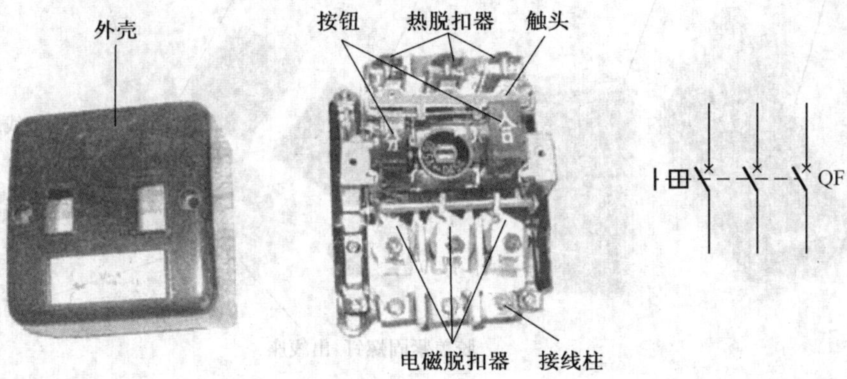

(a) 结构　　(b) 符号

图 5-4　低压断路器的结构和符号

DZ5 系列断路器有三对主触头，一对常开辅助触头和一对常闭辅助触头。使用时三对主触头串联在被控制的三相电路中，用以接通和分断主回路的大电流。按下绿色“合”按钮时接通电路；按下红色“分”按钮时切断电路。当电路出现短路、过载等故障时，断路器会自动跳闸切断电路。

断路器的热脱扣器用于过载保护，整定电流的大小由电流调节装置调节。

电磁脱扣器用作短路保护，瞬时脱扣整定电流的大小由电流调节装置调节。出厂时，电磁脱扣器的瞬时脱扣整定电流一般整定为 $10I_N$（I_N 为断路器的额定电流）。

欠压脱扣器用作零压和欠压保护。具有欠压脱扣器的断路器，在欠压脱扣器两端无电压或电压过低时不能接通电路。

4）低压断路器的符号及型号含义

断路器的电气图形符号和文字符号如图 5-4b 所示。DZ5 系列低压断路器的型号及含义如下：

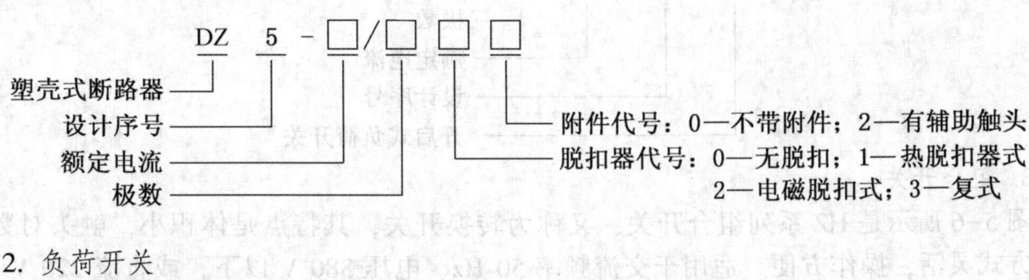

2. 负荷开关

下面只介绍开启式负荷开关。

1）功能

图 5-5 所示就是生产中常用的 HK 系列开启式负荷开关，又称为瓷底胶盖刀开关，简称刀开关。它结构简单，价格便宜，手动操作，适用于交流频率 50 Hz、额定电压单相

220 V或三相380 V、额定电流10~100 A的照明、电热设备及小容量电动机等不需要频繁接通和分断电路的控制线路，并起短路保护作用。

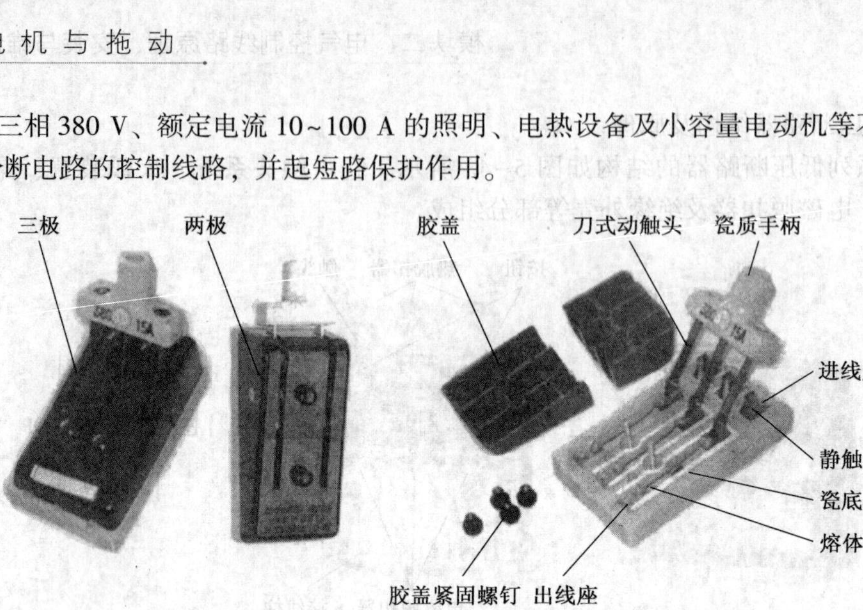

(a) 外形　(b) 结构

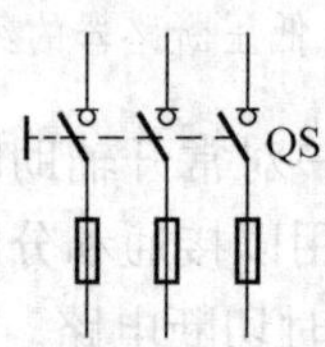

(c) 符号

图5-5 HK系列开启式负荷开关

2）结构与符号

开启式负荷开关的结构与符号如图5-5b、c所示。开关的瓷底座上装有进线座、静触头、熔体、出线座和带瓷质手柄的刀式动触头，上面盖有胶盖，以防止人员操作时触及带电体或开关分断时产生的电弧飞出伤人。

开启式负荷开关的型号及含义如下：

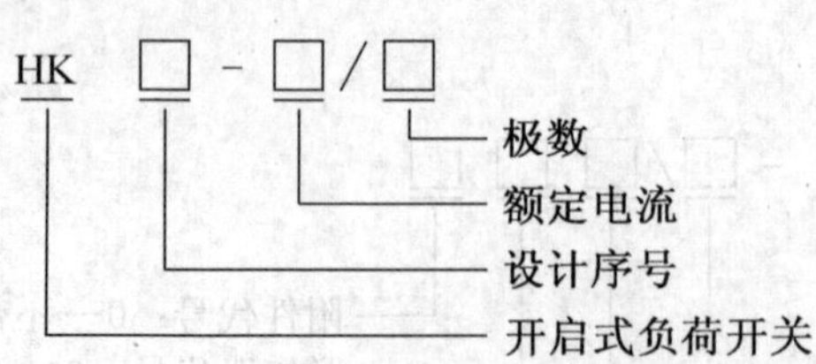

3. 组合开关

图5-6所示是HZ系列组合开关，又称为转换开关，其特点是体积小，触头对数多，接线方式灵活，操作方便。适用于交流频率50 Hz、电压380 V以下，或直流220 V及以下的电气线路中，用于手动不频繁地接通和分断电路、换接电源和负载，或控制5 kW以下小容量电动机启动、停止和正反转。

1）组合开关的结构与型号含义

组合开关的种类很多，常用的有HZ5、HZ10、HZ15等系列。HZ10-10/3型组合开关的结构如图 5-6b 所示，其静触头装在绝缘垫板上，并附有接线柱用于与电源及负载相连，动触头装在能随转轴转动的绝缘垫板上，手柄和转轴能沿顺时针或逆时针方向转动 90°，带动三个动触头分别与静触头接触或分离，实现接通和分断电路。开关采用了扭簧储能结构，能快速闭合及分断开关。其符号如图 5-6c 所示。

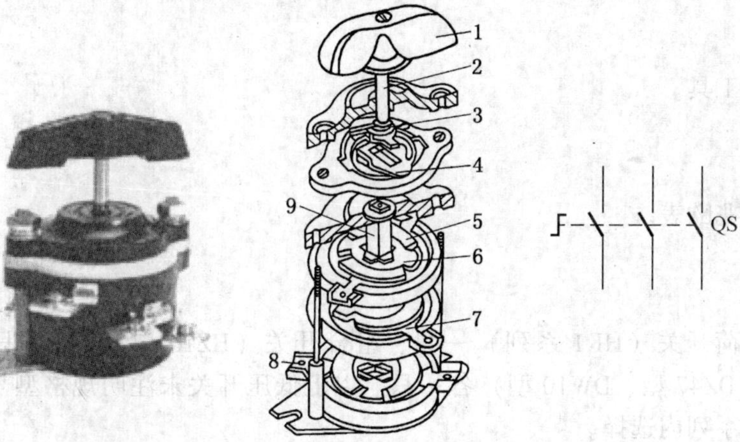

(a) 外形　　(b) 结构　　(c) 符号

1—手柄；2—转轴；3—弹簧；4—凸轮；5—绝缘垫板；
6—动触头；7—静触头；8—接线端子；9—绝缘方轴

图 5-6　HZ10-10/3 型组合开关

HZ10 系列组合开关的型号及含义如下：

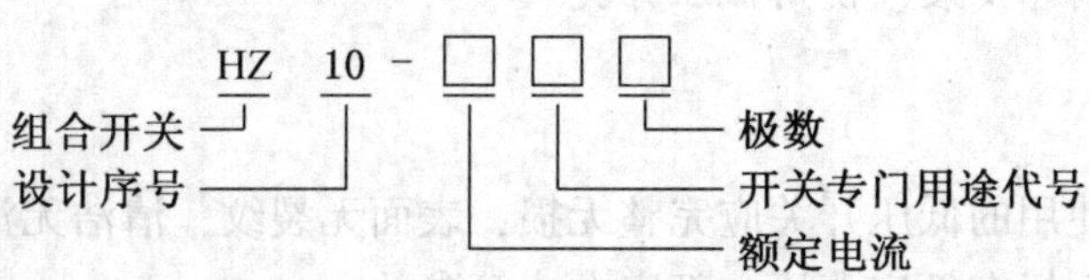

2）倒顺开关

图 5-7a 所示是倒顺开关的外形图。倒顺开关是组合开关的一种，也称可逆转换开关，是专为控制小容量三相异步电动机的正反转而设计生产的。开关的手柄有“倒”“停”“顺”三个位置，手柄只能从“停”的位置左转或右转 45°，其图形符号如图 5-7b 所示。

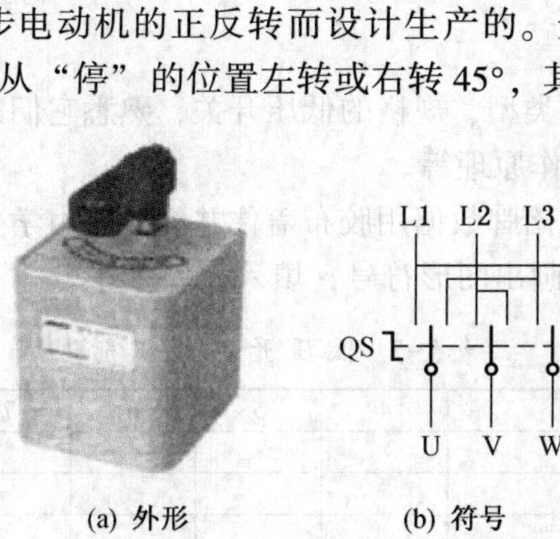

(a) 外形　　(b) 符号

图 5-7　倒顺开关

学习活动2 工 作 前 的 准 备

【学习目标】

熟悉各种工器具及仪表的功能、结构、原理及使用方法。

一、工具

电工常用工具。

二、仪表

万用表、兆欧表。

三、器材

开启式负荷开关（HK1 系列）一只、组合开关（HZ10-25 型）一只、低压断路器（DZ4-20 型、DZ47 型、DW10 型）各一只。以上低压开关未注明规格型号的，可根据实际情况在规定系列内选择。

学习活动3 现 场 施 工

【学习目标】

（1）能熟练掌握本活动安全知识，并能按照安全要求进行操作。

（2）能正确使用相关工器具及仪表。

（3）能正确识别、安装、使用低压开关。

一、检查元件

（1）用于安装使用的低压开关应完整无损，表面无裂纹，清洁无污物。

（2）低压开关上标有额定电压、额定电流等参数。

二、低压开关的识别与检测

1. 识别低压开关

（1）仔细观察各种不同类型、规格的低压开关，熟悉它们的外形、型号、主要技术参数的意义、功能、结构及工作原理等。

（2）将所给低压开关的铭牌数据用胶布盖住并编号，由学生根据实物写出各开关的名称、型号规格及文字符号，画出图形符号，填入表5-5中。

表5-5 低压开关的识别

序号	1	2	3	4	5	6	7	8	9	10
名称										
型号规格										
文字符号										
图形符号										

2. 检测低压开关

将低压开关的手柄扳到合闸位置，用万用表的电阻挡测量各对触头之间的接触情况。再用兆欧表测量每两相触头之间的绝缘电阻。

3. 熟悉低压断路器的结构和原理

将一只 D24-20 型塑壳式低压断路器的外壳拆开，认真观察其结构，理解其控制和保护原理，并将主要部件的作用和有关参数填入表 5-6 中。

表 5-6　低压断路器的结构

主要部件名称	作用	参数
电磁脱扣器		
热脱扣器		
触头		
按钮		

三、安装与使用

1. 低压断路器的安装与使用

（1）低压断路器应垂直安装，电源线接在上端，负载线接在下端。

（2）低压断路器用作电源总开关或电动机的控制开关时，在电源进线侧必须加装刀开关或熔断器等，以形成明显的断开点。

（3）低压断路器使用前应将脱扣器工作面上的防锈油脂擦掉，以免影响其正常工作。同时应定期检修，清除断路器上的积尘，给操作机构添加润滑剂。

（4）各脱扣器的动作值调整好后，不允许随意变动，并应定期检查各脱扣器的动作值是否满足要求。

（5）断路器的触头使用一定次数或分断短路电流后，应及时检查触头系统，如果触头表面有毛刺、颗粒等，应及时维修或更换。

2. 开启式负荷开关的安装与使用

（1）开启式负荷开关必须垂直安装在控制屏或开关板上，且在合闸状态时手柄应朝上，不允许倒装或平装，以防发生误合闸事故。

（2）开启式负荷开关用于控制照明和电热负载时，要装接熔断器作短路保护和过载保护。接线时应把电源进线接在静触头一边的进线座，负载接在动触头一边的出线座。

（3）开启式负荷开关用作电动机的控制开关时，应将开关的熔体部分用铜导线直接连接，并在出线端另外加装熔断器作短路保护。

（4）在分闸和合闸操作时，应动作迅速，使电弧尽快熄灭。更换熔体时，必须在闸刀断开的情况下按原规格更换。

3. 组合开关的安装与使用

（1）HZ10 系列组合开关应安装在控制箱或壳体内，其操作手柄最好伸出在控制箱的前面或侧面。开关为断开状态时应使手柄在水平旋转位置。倒顺开关外壳上的接地螺钉应可靠接地。

（2）若需在箱内操作，开关应装在箱内右上方，并且在它的上方不安装其他电器，否则应采取隔离或绝缘措施。

（3）组合开关的通断能力较低，不能用来分断故障电流。

（4）当操作频率过高或负载功率因数较低时，应降低开关的容量，以延长其使用寿命。

四、故障处理

1. 低压断路器的常见故障及处理方法

低压断路器的常见故障及处理方法见表5-7。

表5-7　低压断路器的常见故障及处理方法

故障现象	可能原因	处理方法
不能合闸	欠压脱扣器无电压或线圈损坏	检查施加电压或更换线圈
	储能弹簧变形	更换储能弹簧
	反作用弹簧力过大	重新调整
	操作机构不能复位再扣	调整再扣接触面至规定值
电流达到整定值，断路器不动作	热脱扣器双金属片损坏	更换双金属片
	电磁脱扣器的衔铁与铁心距离太大或电磁线圈损坏	调整衔铁与铁心的距离或更换断路器
	主触头熔焊	检查原因并更换主触头
启动电动机时断路器立即分断	电磁脱扣器瞬时整定值过小	调高整定值至规定值
	电磁脱扣器的某些零件损坏	更换脱扣器
断路器闭合后一定时间自行分断	热脱扣器整定值过小	调高整定值至规定值
断路器温升过高	触头压力过小	调整触头压力或更换弹簧
	触头表面过分磨损或接触不良	更换触头或修整接触面
	两个导电零件连接螺钉松动	重新拧紧

2. 开启式负荷开关常见故障及处理方法

开启式负荷开关最常见的故障是触头接触不良，造成电路开路或触头发热，可根据情况整修或更换触头。

3. 组合开关的常见故障及处理方法

组合开关的常见故障及处理方法见表5-8。

表5-8　组合开关的常见故障及处理方法

故障现象	可能原因	处理方法
手柄转动后，内部触头未动	手柄上的轴孔磨损变形	调换手柄
	绝缘杆变形（由方形磨为圆形）	更换绝缘杆
	手柄与方轴，或轴与绝缘杆配合松动	紧固松动部件
	操作机构损坏	修理更换

表5-8（续）

故障现象	可能原因	处理方法
手柄转动后，动静触头不能按要求动作	组合开关型号选用不正确	更换开关
	触头角度装配不正确	重新装配
	触头失去弹性或接触不良	更换触头或清除氧化层或尘污
接线柱间短路	因铁屑或油污附着在接线柱间，形成导电层，将胶木烧焦，绝缘损坏而形成短路	更换开关

子任务三　主　令　电　器

本学习任务为中级工、高级工应掌握的技能，技师等级的也应该掌握。

【学习目标】

（1）熟悉各种主令电器结构、作用、型号、工作原理、文字符号及图形符号。

（2）能正确识别、安装、使用各种主令电器。

（3）能够正确判断、处理各种主令电器常见故障。

（4）能根据任务要求和实际情况，合理制定工作（学习）计划。

【工作情景描述】

某矿一电动机启动按钮发生故障，机电维护人员接到设备维护（保养）记录单后，按要求完成相关工作。

学习活动1　明确工作任务

【学习目标】

（1）能通过阅读设备维护（保养）记录单，明确学习任务、课时等要求。

（2）能准确记录工作现场的环境条件。

（3）掌握各种主令电器结构、功能、工作原理。

一、工作任务

在接到按钮维护（检修）任务后，机电维修人员应全面检查按钮运行的工况参数，了解维护（检修）前按钮的运行情况，确定维护（检修）具体任务。

二、相关理论知识

主令电器是用作接通或断开控制电路，以发出指令或用于程序控制的开关电器。主要学习按钮、行程开关等几种常用的主令电器。

1. 按钮

1）按钮的功能

按钮是一种用人体某一部分（一般为手指或手掌）施加力而操作，并具有弹簧储能复位的控制开关，是一种最常用的主令电器。按钮的触头允许通过的电流较小，一般不超过5 A。因此，一般情况下，它不直接控制主电路（大电流电路）的通断，而是在控制电路（小电流电路）中发出指令或信号，控制接触器、继电器等电器，再由它们去控制主电路的通断、功能转换或电气联锁。图 5-8 所示为几款按钮的外形。

(a) LA10 系列　(b) LA19 系列　(c) LAY5 系列　(d) BS 系列　(e) COB 系列

图 5-8　几款按钮的外形

2）按钮的结构与符号

按钮一般由按钮帽、复位弹簧、桥式动触头、静触头、支柱连杆及外壳等部分组成，如图 5-9 所示。

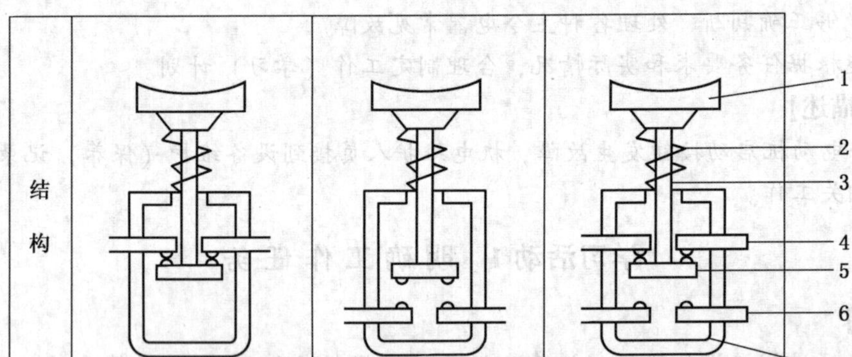

1—按钮帽；2—复位弹簧；3—支柱连杆；4—常闭静触头；5—桥式动触头；6—常开静触头；7—外壳

图 5-9　按钮的结构与符号

按不受外力作用（即静态）时触头的分合状态，按钮分为启动按钮（即常开按钮）、停止按钮（即常闭按钮）和复合按钮（即常开、常闭触头组合为一体的按钮），各种按钮的结构与符号如图 5-9 所示。不同类型和用途的按钮符号如图 5-10 所示。

(a) 急停按钮　(b) 钥匙操作式按钮

图 5-10　不同类型和用途的按钮符号

3）按钮的型号及含义

按钮的型号及含义如下：

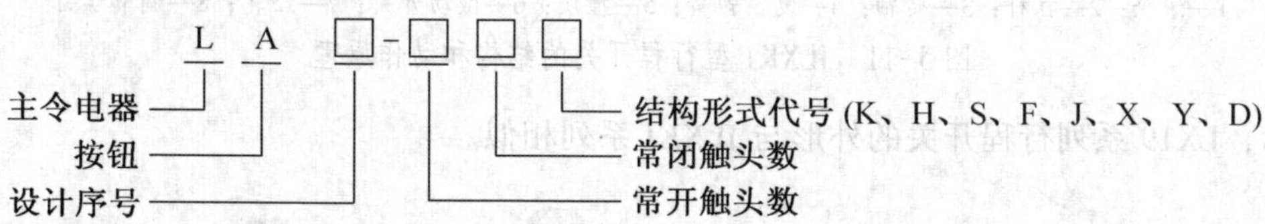

其中结构形式代号的含义如下：

K—开启式，嵌装在操作面板上；

H—保护式，带保护外壳，可防止内部零件受机械损伤或人偶然触及带电部分；

S—防水式，具有密封外壳，可防止雨水侵入；

F—防腐式，能防止腐蚀性气体进入；

J—紧急式，带有红色大蘑菇钮头（突出在外），作紧急切断电源用；

X—旋钮式，用旋钮旋转进行操作，有通和断两个位置；

Y—钥匙操作式，用钥匙插入进行操作，可防止误操作或供专人操作；

D—光标按钮，按钮内装有信号灯，兼作信号指示。

2. 行程开关

1）行程开关的功能

行程开关是一种利用生产机械某些运动部件的碰撞来发出控制指令的主令电器。主要用于控制生产机械的运动方向、速度、行程大小或位置，是一种自动控制电器。

行程开关的作用原理与按钮相同，区别在于它不是靠手指的按压，而是利用生产机械运动部件的碰压使其触头动作，从而将机械信号转变为电信号，使运动机械按一定的位置或行程实现自动停止、反向运动、变速运动或自动往返运动等。

2）行程开关的结构原理、符号、型号含义及技术数据

机床中常用的行程开关有 LX19 和 JLXK1 等系列，各系列行程开关的基本结构大体相同，都是由操作机构、触头系统和外壳组成，如图 5-11a 所示。行程开关在电路图中的符号如图 5-11c 所示。

以某种行程开关元件为基础，装设不同的操作机构，可得到各种不同形式的行程开关，常见的是按钮式（直动式）和旋转式（滚轮式）。JLXK1 系列行程开关的外形如图 5-

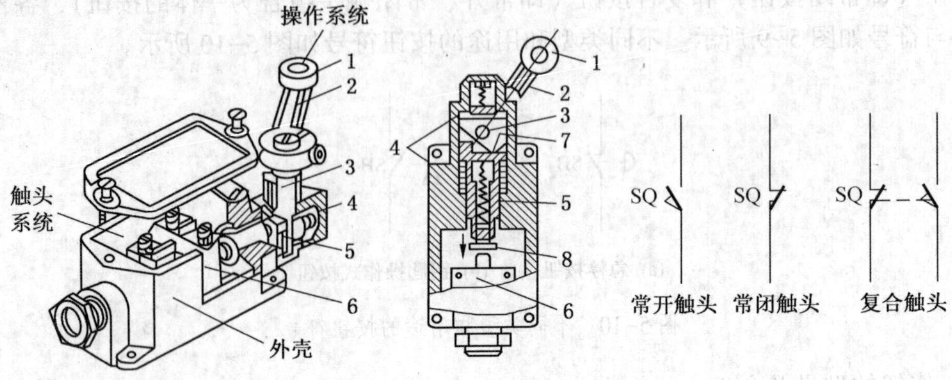

(a) 结构　　(b) 动作原理　　(c) 符号

1—滚轮；2—杠杆；3—转轴；4—复位弹簧；5—撞块；6—微动开关；7—凸轮；8—调节螺钉

图 5-11　JLXK1 型行程开关的结构和动作原理

12 所示，LX19 系列行程开关的外形与 JLXKI 系列相似。

(a) 按钮式　　(b) 单轮旋转式　　(c) 双轮旋转式

图 5-12　JLXK1 系列行程开关

JLXK1 系列行程开关的动作原理如图 5-11b 所示。当运动部件的挡铁碰压行程开关的滚轮 1 时，杠杆 2 连同转轴 3 一起转动，使凸轮 7 推动撞块 5。当撞块被压到一定位置时，推动微动开关 6 快速动作，使其常闭触头断开，常开触头闭合。

行程开关的触头类型有一常开一常闭、一常开二常闭、二常开一常闭、二常开二常闭等形式。动作方式可分为瞬动式、蠕动式和交叉从动式三种。动作后的复位方式有自动复位和非自动复位两种。

LX19 系列和 JLXK1 系列行程开关的型号及含义如下：

L X 19 □-□□□

- L：主令电器
- X：行程开关
- 19：设计序号
- 第 1 个□：K 表示开启式，无字母表示保护式
- 第 2 个□：0—无滚轮；1—单滚轮；2—双滚轮
- 第 3 个□：0—直动式；1—滚轮装在传动杆内侧；2—滚轮装在传动杆外侧；3— 滚轮装在传动杆凹槽内或内外各有一个滚轮
- 第 4 个□：1—能自动复位；2—不能自动复位

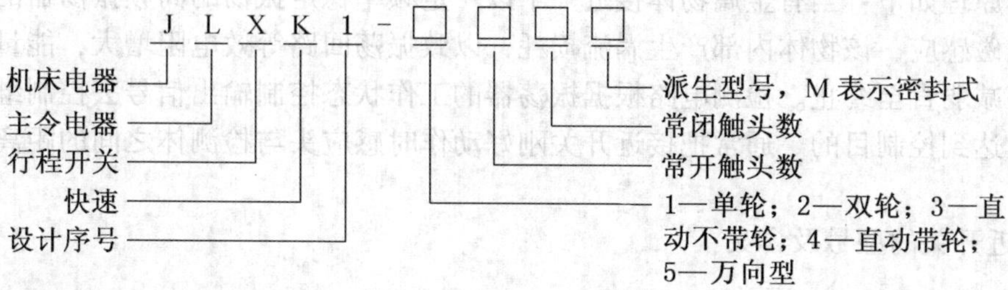

3. 接近开关

1）接近开关的功能

行程开关是有触点开关，在操作频繁时，易产生故障，工作可靠性较低。图 5-13a 所示的是接近开关，又称为无触点行程开关，是一种与运动部件无机械接触而能操作的行程开关。也可以说它是一种开关型位置传感器，既有行程开关、微动开关的特性，同时又具有传感性能，且动作可靠，性能稳定，频率响应快，使用寿命长，抗干扰能力强，并具有防水、防震、耐腐蚀等特点，目前应用范围越来越广泛。

2）接近开关的分类

接近开关按电磁特性分为电感式、电容式、霍尔式等，按电源种类分为交流型和直流型，按结构形式分为圆柱形、方形、普通形、分离形、槽形等。它除了用于行程控制和限位保护外，还可用于检测金属体的存在、高速计数、测速、定位、变换运动方向、检测零件尺寸、液面控制及用作无触点按钮等。接近开关的符号如图 5-13b 所示。

(a) 外形　　(b) 符号

图 5-13　接近开关

3）接近开关的工作原理

接近开关按工作原理分，有高频振荡型、感应电桥型、霍尔效应型、光电型、永磁及磁敏元件型、电容型和超声波型等多种类型，其中以高频振荡型最为常用。高频振荡型接近开关原理方框图如图 5-14 所示。

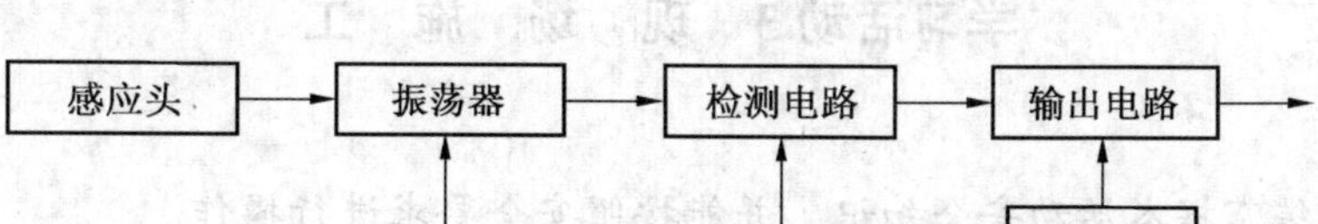

图 5-14　接近开关原理方框图

其工作原理如下：当有金属物体接近一个以一定频率稳定振荡的高频振荡器的感应头时，由于电磁感应，该物体内部产生涡流损耗，以致振荡回路等效电阻增大，能量损耗增加，使振荡减弱直至终止。检测电路根据振荡器的工作状态控制输出信号去控制继电器或其他电器，达到控制目的。通常把接近开关刚好动作时感应头与检测体之间的距离称为检测距离。

4）接近开关的型号及含义

LJ □□ □－□ □ / □□

代号	结构形式	感应形式	检测距离	电源种类	输出形式
LJ—电感式； CJ—电容式； SJ—霍尔式	M—圆柱形； B—小方形； C—大方形； D—普通型； E—槽形； F—分离型	T—埋入式； A—非埋入式； G—分离式； S—左侧； K—右侧； I—顶端；		Z—直流； J—交流；	NK—NPN常开； NH—NPN常闭； NU—NPN 一常开一常闭； PK—PNP常开； PH—PNP常闭； PU—PNP 一常开一常闭； W—继电器输出

例如，LJM18T-5Z/NK 表示为电感式接近开关，外形为 M18 圆柱形，T 为埋入式，5Z 表示直流型检测距离为 5 mm，NK 表示 NPN 常开。

学习活动 2 工作前的准备

【学习目标】

熟悉各种工、器具及仪表的功能、结构、原理及使用方法。

一、工具

电工常用工具。

二、仪表

ZC24-3 型兆欧表（500 V、0~500 MΩ）、MF47 型万用表。

三、器材

LA18-22 型、LA18-22J 型、LA18-22X 型、LA18-22Y 型、LA19-11D 型、LA19-11DJ 型、LA20-22D 型按钮各一只，JLXK1-311 型、JLXKL-211 型、JLXKL-111 型行程开关各一只。

学习活动 3 现场施工

【学习目标】

（1）能熟练掌握本活动安全知识，并能按照安全要求进行操作。

（2）能正确使用相关工器具及仪表。

（3）能正确识别、安装、使用各种主令电器。

一、检查元件

（1）用于安装使用的各主令电器应完整无损，表面无裂纹，清洁无污物。

（2）主令电器上标有额定电压、额定电流等参数。

二、主令电器的识别与检测

1. 主令电器的识别

（1）仔细观察各种不同种类、不同结构形式的主令电器，熟悉它们的外形、型号及主要技术参数的意义、功能、结构及工作原理等。

（2）由指导教师从所给主令电器中任选 8 种，用胶布盖住型号并编号，由学生根据实物写出各电器的名称、型号及文字符号，画出图形符号，填入表 5-9 中。

表 5-9　主令电器的识别

序号	1	2	3	4	5	6	7	8
名称								
型号								
文字符号								
图形符号								

2. 主令电器的检测

拆开按钮和行程开关外壳观察其内部结构，比较按钮和行程开关的相似和不同之处，理解常开触头、常闭触头和复合触头的动作情况，用万用表的电阻挡测量各对触头之间的接触情况，分辨常开触头和常闭触头。

三、安装与使用

1. 按钮的安装与使用

（1）按钮安装在面板上时，应布置整齐，排列合理，如根据电动机启动的先后顺序，从上到下或从左到右排列。

（2）同一机床运动部件有几种不同的工作状态时（如上、下，前、后，松、紧等），应使每一对相反状态的按钮安装在一组。

（3）按钮的安装应牢固，安装按钮的金属板或金属按钮盒必须可靠接地。

（4）按钮的触头间距较小，如有油污等极易发生短路故障，应注意保持触头间的清洁。

（5）光标按钮一般不宜用于需长期通电显示的地方，以免塑料外壳过度受热而变形，导致更换灯泡困难。

2. 行程开关的安装与使用

（1）行程开关安装时，其位置要准确，安装要牢固。滚轮的方向不能装反，挡铁与其碰撞的位置应符合控制线路的要求，并确保能可靠地与挡铁碰撞。

（2）行程开关在使用中，要定期检查和保养，除去油垢及粉尘，清理触头，经常检查其动作是否灵活、可靠，及时排除故障，防止因行程开关触头接触不良或接线松脱而产生误动作，导致设备和人身安全事故。

四、故障处理

1. 按钮的常见故障及处理方法

按钮的常见故障及处理方法见表5-10。

表5-10 按钮的常见故障及处理方法

故障现象	可能原因	处理方法
触头接触不良	触头烧损	修整触头或更换产品
	触头表面有尘垢	清洁触头表面
	触头弹簧失效	重绕弹簧或更换产品
触头间短路	塑料受热变形导致接线螺钉相碰短路	查明发热原因，排除故障并更换产品
	杂物或油污在触头间形成通路	清洁按钮内部

2. 行程开关常见故障及处理方法

行程开关的常见故障及处理方法见表5-11。

表5-11 行程开关的常见故障及处理方法

故障现象	可能原因	处理方法
挡铁碰撞行程开关后，触头不动作	安装位置不准确	调整安装位置
	触头接触不良或接线松脱	清刷触头或紧固接线
	触头弹簧失效	更换弹簧
杠杆已经偏转，或无外界机械力作用，但触头不复位	复位弹簧失效	更换弹簧
	内部撞块卡阻	清扫内部杂物
	调节螺钉太长，顶住开关按钮	检查调节螺钉

子任务四 接触器

本学习任务为中级工、高级工应掌握的技能，技师等级的也应该掌握。

【学习目标】

（1）熟悉接触器结构、作用、型号、工作原理、文字符号及图形符号。

（2）能正确识别、安装、使用各种型号的接触器。

（3）能够正确判断、处理接触器常见故障。

（4）能根据任务要求和实际情况，合理制定工作（学习）计划。

【工作情景描述】

某矿一电动机无法启动，经查是接触器故障所致，机电维护人员接到设备维护（保养）记录单后，按要求完成相关工作。

学习活动1　明 确 工 作 任 务

【学习目标】

（1）能通过阅读设备维护（保养）记录单，明确学习任务、课时等要求。

（2）能准确记录工作现场的环境条件。

（3）掌握接触器结构、功能、工作原理等。

一、工作任务

在接到接触器维护（检修）任务后，机电维修人员应全面检查接触器运行的工况参数，了解维护（检修）前接触器的运行情况，确定维护（检修）具体任务。

二、相关理论知识

低压开关、主令电器等电器，都是依靠手直接操作来实现触头接通或断开的电路，属于非自动切换电器。在电力拖动系统中，广泛应用一种自动切换电器——接触器来实现电路的自动控制。图 5-15 所示为几款常用的交流接触器的外形。

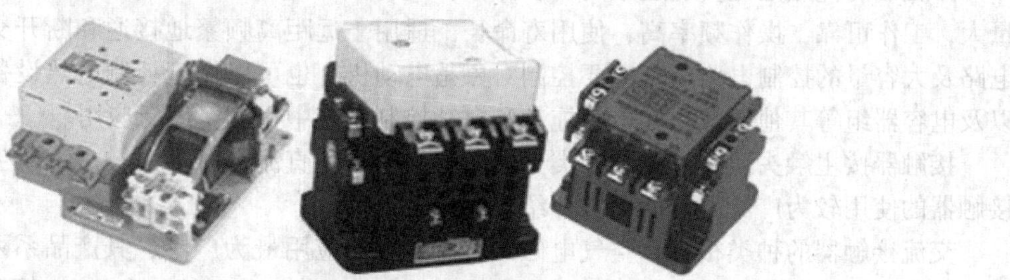

(a) CJ10(CJT1) 系列

(b) CJ20 系列

(c) CJ40 系列

(d) CJX1(3TB、3TF) 系列

图 5-15　常用交流接触器

接触器实际上是一种自动的电磁式开关。触头的通断不是由手来控制，而是电动操作。如图 5-16 所示，电动机通过接触器主触头接入电源，接触器线圈与启动按钮串接后接入电源。按下启动按钮，线圈得电使静铁心被磁化产生电磁吸力吸引动铁心带动主触头闭合接通电路；松开启动按钮，线圈失电，电磁吸力消失，动铁心在反作用弹簧（图中未画出）的作用下释放，带动主触头复位切断电路。

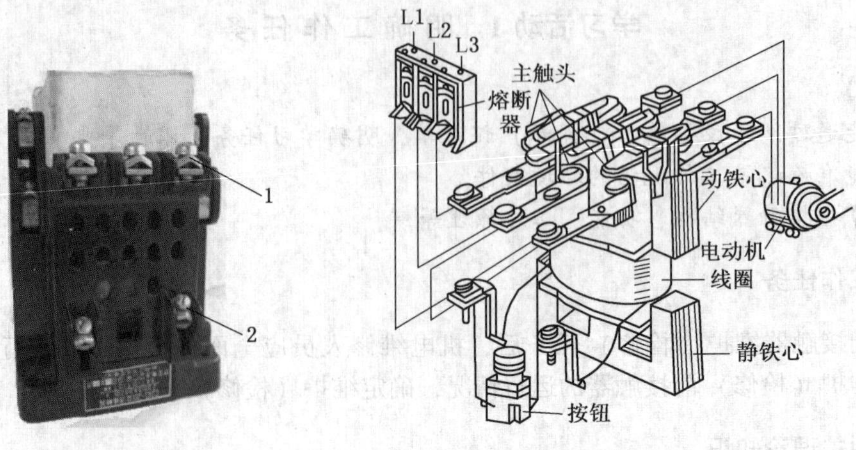

(a) 外形　　　　(b) 结构

1—主触头接线柱；2—线圈接线柱

图 5-16　用接触器控制电动机运转

接触器的优点是能实现远距离自动操作，具有欠压和失压自动释放保护功能，控制容量大，工作可靠，操作频率高，使用寿命长，适用于远距离频繁地接通和断开交、直流主电路及大容量的控制电路。其主要控制对象是电动机，也可以用于控制电热设备、电焊机以及电容器组等其他负载，在电力拖动和自动控制系统中得到了广泛应用。

接触器按主触头通过电流的种类分为交流接触器和直流接触器两类。煤矿生产中交流接触器的使用较为广泛。下面重点介绍交流接触器。

交流接触器的种类很多，空气电磁式交流接触器应用最为广泛，其产品系列、品种最多，结构和工作原理基本相同。常用的有国产的 CJ10(CJT1)、CJ20 和 CJ40 等系列，引进国外先进技术生产的 CJX1(3TB 和 3TF) 系列、CJX8(B) 系列、CJX2 系列等。下面以 CJ10 系列为例介绍交流接触器。

1. 交流接触器的型号及含义

交流接触器的型号及含义如下：

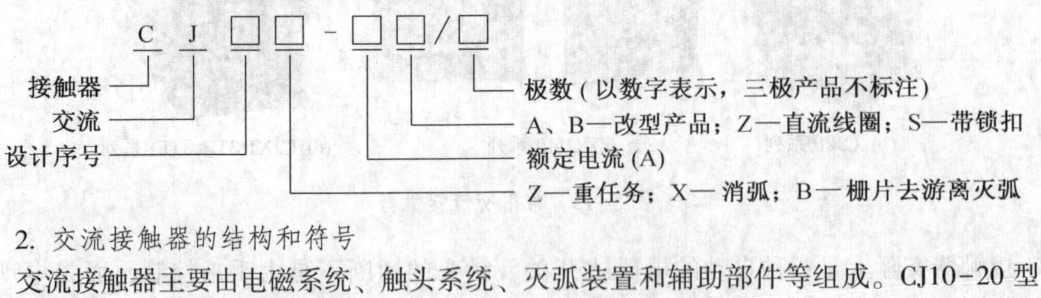

2. 交流接触器的结构和符号

交流接触器主要由电磁系统、触头系统、灭弧装置和辅助部件等组成。CJ10-20 型交流接触器的结构如图 5-17 所示。

1) 电磁系统

电磁系统主要由线圈、静铁心和动铁心（衔铁）三部分组成。静铁心在下，动铁心在上，线圈装在静铁心上。铁心是交流接触器发热的主要部件，静、动铁心一般用 E 形硅钢

(a) 电磁系统及辅助部件

(b) 触头系统和灭弧罩

图 5-17　交流接触器的结构

片叠压而成，以减少铁心的磁滞和涡流损耗，避免铁心过热。另外在 E 形铁心的中柱端面留有 0.1~0.2 mm 的气隙，以减小剩磁影响，避免线圈断电后衔铁黏住不能释放。铁心的两个端面上嵌有短路环，如图 5-18 所示，用以消除电磁系统的振动和噪声。线圈做成粗而短的圆筒形，且在线圈和铁心之间留有空隙，以增强铁心的散热效果。

交流接触器利用电磁系统中线圈的通电或断电，使静铁心吸合或释放衔铁，从而带动动触头与静触头闭合或分断，实现电路的接通或断开。

CJ10 列交流接触器的衔铁运动方式有两种：对于额定电流为 40 A 及以下的接触器，采用衔铁直线运动的螺管式，如图 5-19a 所示；对于额定电流为 60 A 及以上的接触器，采用衔铁绕轴转动的拍合式，如图 5-19b 所示。

图 5-18　交流接触器铁心的短路环

2）触头系统

交流接触器的触头按通断能力可分为主触头和辅助触头，如图 5-17b 所示。主触头用以通断电流较大的主电路，一般由三对常开触头组成。辅助触头用以通断电流较小的控制电路，一般由两对常开

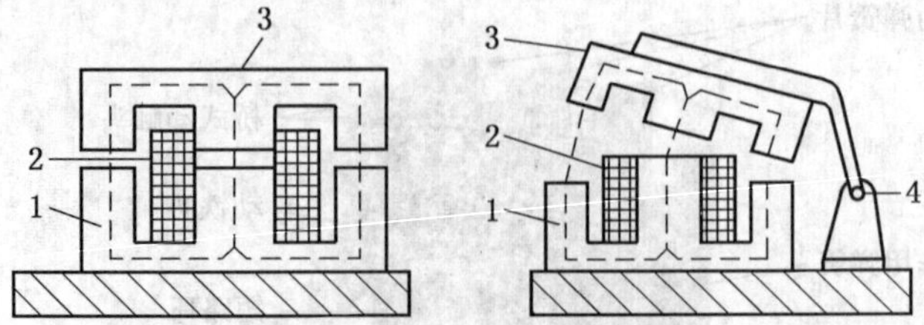

(a) 衔铁直线运动的螺管式　　(b) 衔铁绕轴转动的拍合式

1—静铁心；2—线圈；3—动铁心（衔铁）；4—轴

图 5-19　交流接触器电磁系统结构图

触头和两对常闭触头组成。所谓触头的常开和常闭，是指电磁系统未通电动作前触头的状态。常开触头和常闭触头是联动的。当线圈通电时，常闭触头先断开，常开触头随后闭合，中间有一个很短的时间差。当线圈断电后，常开触头先恢复断开，随后常闭触头恢复闭合，中间也存在一个很短的时间差。这个时间差虽短，但对分析线路的控制原理却很重要。

交流接触器的触头按接触情况可分为点接触式、线接触式和面接触式三种，如图 5-20 所示；按触头的结构形式可分为桥式触头和指形触头两种，如图 5-21 所示。CJLO 系列交流接触器的触头一般采用双断点桥式触头，其动触头用紫铜片冲压而成，在触头桥的两端镶有银基合金制成的触头块，以避免接触点由于产生氧化铜而影响其导电性能。静触头一般用黄铜板冲压而成，一端镶焊触头块，另一端为接线柱。在触头上装有压力弹簧片，用以减小接触电阻及消除开始接触时产生的有害振动。

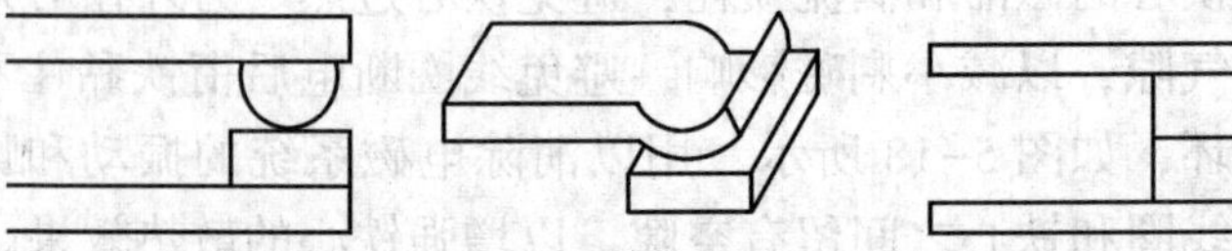

(a) 点接触　　(b) 线接触　　(c) 面接触

图 5-20　触头的三种接触形式

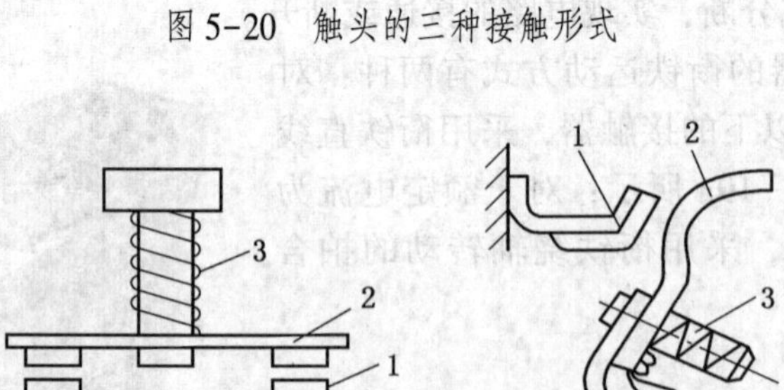

(a) 双断点桥式触头　　(b) 指形触头

1—静触头；2—动触头；3—触头压力弹簧

图 5-21　触头的结构形式

3）灭弧装置

交流接触器在断开大电流或高电压电路时，会在动、静触头之间产生很强的电弧。电弧是触头间气体在强电场作用下产生的放电现象，它一方面会灼伤触头，减少触头的使用寿命；另一方面会使电路切断时间延长，甚至造成弧光短路或引起火灾事故。因此触头间的电弧应尽快熄灭。

灭弧装置的作用是熄灭触头分断时产生的电弧，以减轻对触头的灼伤，保证可靠地分断电路。交流接触器常采用的灭弧装置有双断口结构电动力灭弧装置、纵缝灭弧装置和栅片灭弧装置，如图 5-22 所示。对于容量较小的交流接触器，如 CJ10-10 型，一般采用双断口结构电动力灭弧装置；CJ10 系列交流接触器额定电流在 20 A 及以上的，常采用纵缝灭弧装置灭弧；对于容量较大的交流接触器，多采用栅片灭弧装置来灭弧。

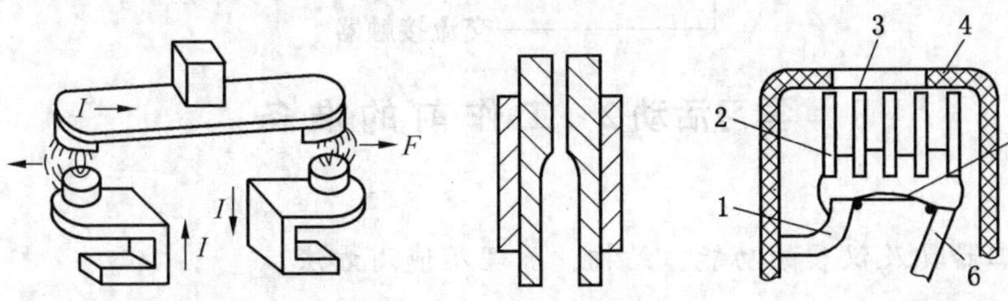

(a) 双断口结构电动力灭弧装置　(b) 纵缝灭弧装置　(c) 栅片灭弧装置

1—静触头；2—短电弧；3—灭弧栅片；4—灭弧罩；5—电弧；6—动触头

图 5-22　常用的灭弧装置

4）辅助部件

交流接触器的辅助部件有反作用弹簧、缓冲弹簧、触头压力弹簧片、传动机构及底座、接线柱等，如图 5-17 所示。反作用弹簧安装在衔铁和线圈之间，其作用是线圈断电后，推动衔铁释放，带动触头复位；缓冲弹簧安装在静铁心和线圈之间，其作用是缓冲衔铁在吸合时对静铁心和外壳的冲击力，保护外壳；触头压力弹簧片安装在动触头上面，其作用是增加动、静触头间的压力，从而增大接触面积，以减少接触电阻，防止触头过热损伤；传动机构的作用是在衔铁或反作用弹簧的作用下，带动动触头实现与静触头的接通或分断。

交流接触器在电路图中的符号如图 5-23 所示。

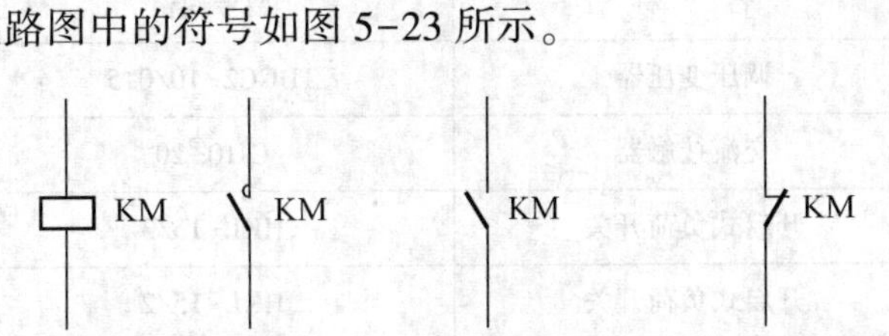

(a) 线圈　(b) 主触头　(c) 辅助常开触头　(d) 辅助常闭触头

图 5-23　接触器的符号

3. 交流接触器的工作原理

当接触器的线圈通电后，线圈中的电流产生磁场，使静铁心磁化产生足够大的电磁吸力，克服反作用弹簧的反作用力将衔铁吸合，衔铁通过传动机构带动辅助常闭触头先断开，三对常开主触头和辅助常开触头后闭合；当接触器线圈断电或电压显著下降时，由于铁心的电磁吸力消失或过小，衔铁在反作用弹簧力的作用下复位，并带动各触头恢复到原始状态。

CJ10 系列交流接触器的替代产品是 CJT1 系列，适用于交流频率 50 Hz 或 60 Hz、电压 380 V，电流 150 A 的电力线路中，供远距离接通和分断电路之用，并适用于频繁启动、停止和反转交流电动机。其型号及其含义如下：

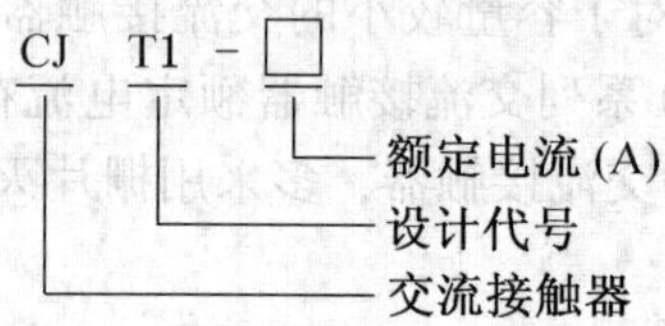

学习活动2 工 作 前 的 准 备

【学习目标】

熟悉各种工器具及仪表的功能、结构、原理及使用方法。

一、工具

电工常用工具、镊子等。

二、仪表

兆欧表（500 V、0~500 MΩ）、钳形电流表、电流表、电压表、万用表。

三、器材

CJ10(CJT1)、CJ20、CJ40、CJX1(3TB 和 3TF)、CJX2 和 CJX8(B) 系列等常用交流接触器，其型号规格自定。其他器材见表 5-12。

表 5-12 其他器材明细表

代　号	名　称	型号规格	数　量
T	调压变压器	TDGC2-10/0.5	1
KM	交流接触器	CJ10-20	1
QS1	开启式负荷开关	HKL-15/3	1
QS2	开启式负荷开关	HKL-15/2	1
EL	指示灯	220 V、25 W	3
	控制板	500 mm×400 mm×30 mm	1
	连接导线	BVR-1.0	若干

学习活动3　现　场　施　工

【学习目标】

(1) 能熟练掌握本活动安全知识，并能按照安全要求进行操作。

(2) 能正确使用相关工器具及仪表。

(3) 能正确识别、安装、使用各种型号的接触器。

一、检查元件

(1) 检查接触器铭牌与线圈的技术数据（如额定电压、电流、操作频率等）是否符合实际使用要求。

(2) 检查接触器外观，应无机械损伤；用手推动接触器可动部分时，接触器应动作灵活，无卡阻现象；灭弧罩应完整无损，固定牢固。

(3) 将铁心极面上的防锈油脂或黏在极面上的铁垢用煤油擦净，以免多次使用后衔铁被黏住，造成断电后不能释放。

(4) 测量接触器的线圈电阻和绝缘电阻。

二、交流接触器的识别

(1) 在教师指导下，仔细观察各种不同系列、规格的交流接触器，熟悉它们的外形、型号及主要技术参数的意义、结构、工作原理及主触头、辅助常开触头和常闭触头、线圈的接线柱等。

(2) 用胶布盖住型号并编号，由学生根据实物写出各接触器的系列名称、型号、文字符号，画出图形符号，填入表5-13中，并简述接触器的主要结构和工作原理。

表5-13　接触器的识别

序号	1	2	3	4	5	6
系列名称						
型号						
文字符号						
图形符号						
主要结构						
工作原理						

三、CJ10-20型交流接触器的拆装与检修

1. 拆卸

(1) 卸下灭弧罩的紧固螺钉，取灭弧罩。

(2) 拉紧主触头定位弹簧夹，取下主触头及主触头压力弹簧片。拆卸主触头时必须将

主触头侧转 45°后取下。

(3) 松开辅助常开静触头的线桩螺钉，取下常开静触头。

(4) 松开接触器底部的盖板螺钉，取下盖板。在松开盖板螺钉时，要用手按住螺钉并慢慢放松。

(5) 取下静铁心缓冲绝缘纸片及静铁心。

(6) 取下静铁心支架及缓冲弹簧。

(7) 拔出线圈接线端的弹簧夹片，取下线圈。

(8) 取下反作用弹簧、衔铁和支架。

(9) 从支架上取下动铁心定位销，取下动铁心及缓冲绝缘纸片。

2. 检修

(1) 检查灭弧罩有无破裂或烧损，清除灭弧罩内的金属飞溅物。

(2) 检查触头的磨损程度，磨损严重时应更换触头。若不需更换，则清除触头表面上烧毛的颗粒。

(3) 清除铁心端面的油垢，检查铁心有无变形及端面接触是否平整。

(4) 检查触头压力弹簧及反作用弹簧是否变形或弹力不足，如有需要则更换弹簧。

(5) 检查电磁线圈是否有短路、断路及发热变色现象。

3. 装配

与拆卸顺序相反。

4. 自检

用万用表的欧姆挡检查线圈及各触头是否良好；用兆欧表测量各触头间及主触头对地电阻是否符合要求；用手按动主触头检查运动部分是否灵活，以防产生接触不良、振动和噪声。

四、交流接触器的校验及触头压力的调整

1. 校验

(1) 将装配好的接触器按图 5-24 接入校验电路。

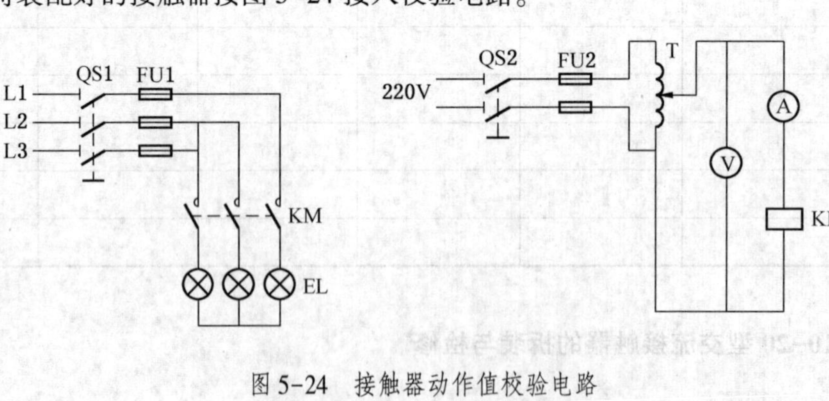

图 5-24　接触器动作值校验电路

(2) 选好电流表、电压表量程并调零，将调压变压器输出置于零位。

(3) 合上 QS1 和 QS2，均匀调节调压变压器，使电压上升到接触器铁心吸合为止，此

时电压表的指示值即为接触器的动作电压值。该电压应小于或等于 85% U_N（U_N 为吸引线圈的额定电压）。

（4）保持吸合电压值，分合开关 QS2，做两次冲击合闸试验，以校验动作的可靠性。

（5）均匀地降低调压变压器的输出电压直至衔铁分离，此时电压表的指示值即为接触器的释放电压，释放电压值应大于 50% U_N。

（6）将调压变压器的输出电压调至接触器线圈的额定电压，观察铁心有无振动及噪声，从指示灯的明暗可判断主触头的接触情况。

2. 触头压力的测量及调整

（1）将一张厚约 0.1 mm、比触头稍宽的纸条夹在触头间，使触头处于闭合位置。

（2）用手拉动纸条，若稍用力纸条即可拉出，则触头压力合适；若纸条很容易被拉出，则触头压力不够，需调整或更换触头弹簧直至符合要求；若纸条被拉断，则触头压力过大，需调整或更换触头弹簧直至符合要求。

五、接触器的常见故障及处理方法

接触器的常见故障及处理方法见表 5-14。

表 5-14　接触器的常见故障及处理方法

故障现象	可能原因	处理方法
吸不上或吸不足（即触头已闭合而铁心尚未完全吸合）	电源电压太低或波动过大	调高电源电压
	操作回路电源容量不足或发生断线、配线错误及触头接触不良	增加电源容量，更换线路，修理控制触头
	线圈技术参数与使用条件不符	更换线圈
	产品本身受损	更换新品
	触头弹簧压力过大	按要求调整触头参数
不释放或释放缓慢	触头弹簧压力过小	调整触头参数
	触头熔焊	排除熔焊故障，更换触头
	机械可动部分被卡阻，转轴生锈或歪斜	排除卡阻现象，修理受损零件
	反力弹簧损坏	更换反力弹簧
	铁心极面黏有油垢或尘埃	清理铁心极面
	铁心磨损过大	更换铁心
电磁铁（交流）噪声大	电源的电压过低	提高操作回路电压
	触头弹簧压力过大	调整触头弹簧压力
	短路环断裂	更换短路环
	铁心极面有污垢	清除铁心极面
	磁系统歪斜或机械卡阻，使铁心不能吸平	排除机械卡阻故障
	铁心极面过度磨损而不平	更换铁心

表 5-14（续）

故障现象	可能原因	处理方法
线圈过热或烧坏	电源电压过高或过低	调整电源电压
	线圈技术参数与实际使用条件不符	调换线圈或接触器
	操作频率过高	选择其他合适的接触器
	线圈匝间短路	排除短路故障，更换线圈
触头灼伤或熔焊	触头压力过小	调高触头弹簧压力
	触头表面有金属颗粒异物	清理触头表面
	操作频率过高，或工作电流过大，断开容量不够	调换容量较大的接触器
	长期过载使用	调换合适的接触器
	负载侧短路	排除短路故障，更换触头

子任务五　继　电　器

本学习任务为中级工、高级工应掌握的技能，技师等级的也应该掌握。

【学习目标】

（1）熟悉各种类型继电器结构、作用、型号、工作原理、文字符号及图形符号。

（2）能正确识别、安装、使用各种类型的继电器。

（3）能够正确判断、处理不同类型继电器的常见故障。

（4）能根据任务要求和实际情况，合理制定工作（学习）计划。

【工作情景描述】

某矿一电动机为 Y-△降压启动，需运行时无法启动，经查为时间继电器发生故障，机电维护人员接到设备维护（保养）记录单后，按要求完成相关工作。

学习活动1　明确工作任务

【学习目标】

（1）能通过阅读设备维护（保养）记录单，明确学习任务、课时等要求。

（2）能准确记录工作现场的环境条件。

（3）掌握不同继电器结构、功能、工作原理。

一、工作任务

在接到时间继电器维护（检修）任务后，机电维修人员应全面检查时间继电器运行的工况参数，了解维护（检修）前时间继电器的运行情况，确定维护（检修）具体任务。

二、相关理论知识

继电器是一种根据输入信号（电量或非电量）的变化，来接通或分断小电流电路（如控制电路），实现自动控制和保护电力拖动装置的电器。图 5-25 所示的是几种常用的继电器。一般情况下，继电器不直接控制电流较大的主电路，而是通过控制接触器或其他电器的线圈来实现对主电路的控制。

(a) JZ14 系列中间继电器　(b) JR36 系列热过载继电器　(c) JS6-A 系列时间继电器

图 5-25　几种常用的继电器

继电器的种类很多，按输入信号的性质可分为电压继电器、电流继电器、时间继电器、温度继电器、速度继电器、压力继电器等；按工作原理可分为电磁式继电器、电动式继电器、感应式继电器、晶体管式继电器和热继电器等；按输出方式可分为有触点继电器和无触点继电器。

任何一种继电器，不论它们的动作原理、结构形式、使用场合如何，都主要由感测机构、中间机构和执行机构三部分组成。感测机构把感测到的电量或非电量传递给中间机构，并将它与预定值（整定值）相比较，当达到预定值（过量或欠量）时，中间机构便使执行机构动作，从而接通或断开电路。

下面介绍在电力拖动系统中较为常用的几种继电器。

1. 电磁式继电器

电磁式继电器的结构和工作原理与接触器基本相同，其典型结构如图 5-26 所示，它由电磁机构和触头系统组成。按吸引线圈电流的种类，可分为直流电磁式继电器和交流电磁式继电器；按其在电路中的作用，可分为中间继电器、电流继电器和电压继电器。

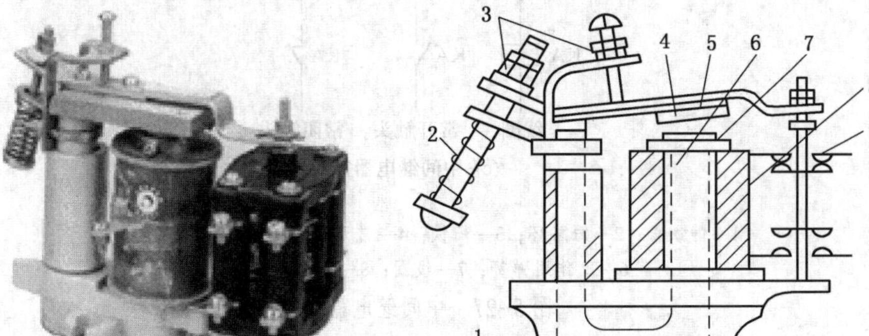

(a) JT3 系列外形图　(b) 结构示意图

1—底座；2—反作用弹簧；3—调节螺钉；4—非磁性垫片；
5—衔铁；6—铁心；7—极靴；8—线圈；9—触头

图 5-26　电磁式继电器的典型结构

随着技术的进步，智能保护器已经成为主要的保护设备，这里重点介绍中间继电器。

1）功能

中间继电器是用来增加控制电路中的信号数量或将信号放大的继电器。其输入信号是线圈的通电和断电，输出信号是触头的动作。由于触头的数量较多，所以当其他电器的触头数或触点容量不够时，可借助中间继电器作中间转换来控制多个元件或回路。

2）结构原理、符号及型号含义

中间继电器的结构及工作原理与接触器基本相同，因而中间继电器又称接触器式继电器。但中间继电器的触头对数多，且没有主、辅触头之分，各对触头允许通过的电流大小相同，多数为 5 A。因此，对于工作电流小于 5 A 的电气控制线路，可用中间继电器代替接触器来控制。

图 5-27a、b 所示为 JZ7 系列交流中间继电器的外形和结构，中间继电器在电路图中的符号如图 5-27c 所示。

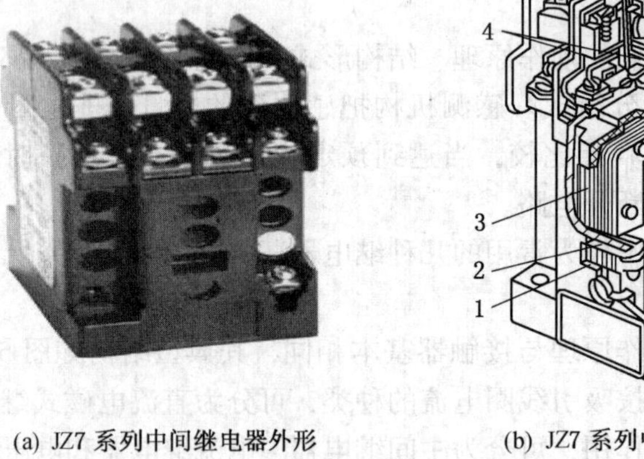

(a) JZ7 系列中间继电器外形

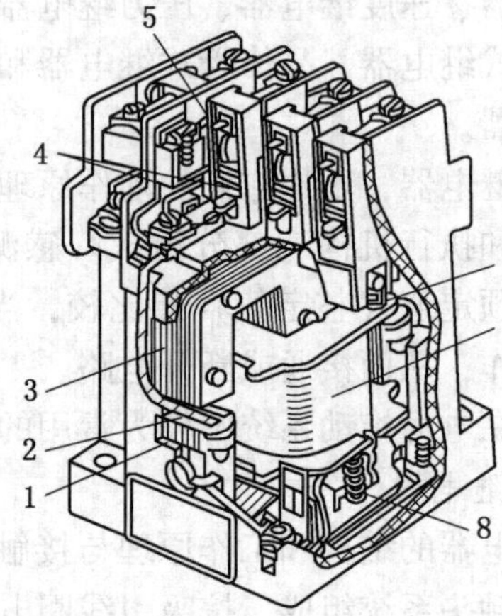

(b) JZ7 系列中间继电器结构

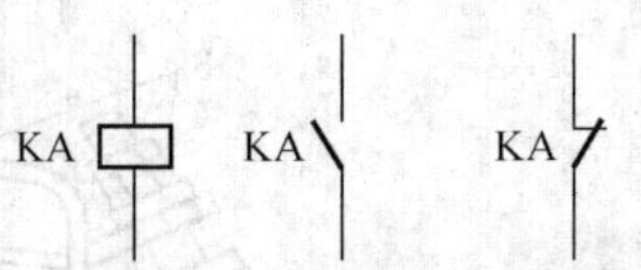

(c) 中间继电器符号

1—静铁心；2—短路环；3—衔铁；4—常开触头；5—常闭触头；
6—反作用弹簧；7—线圈；8—缓冲弹簧

图 5-27　中间继电器

JZ14 系列中间继电器有交流操作和直流操作两种，采用螺管式电磁系统和双断点式桥式触头，其基本结构为交直流通用，交流铁心为平顶形，直流铁心与衔铁为圆锥形接触面，触头采用直列式分布，对数达 8 对，可按 6 常开、2 常闭，4 常开、4 常闭或 2 常开、6 常闭组合。该系列继电器带有透明外罩，可防止尘埃进入内部而影响工作的可靠性。其外形如图 5-25a 所示。

中间继电器的型号含义如下：

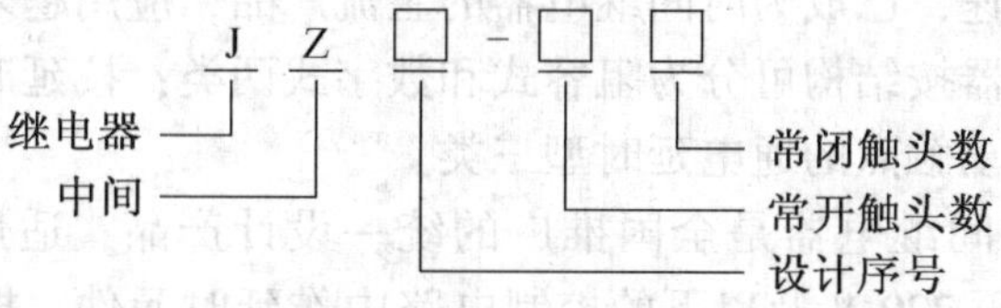

2. 时间继电器

时间继电器是一种利用电磁原理或机械动作原理来实现触头延时闭合或分断的自动控制电器。它从得到动作信号到触头动作有一定的延时，因此广泛应用于需要按时间顺序进行自动控制的电气线路中。

时间继电器的种类很多，常用的主要有电磁式、电动式、空气阻尼式、晶体管式等类型，目前在电力拖动控制线路中，应用较多的是空气阻尼式和晶体管式时间继电器。图5-28 所示是几款时间继电器的外形图。

(a) JS7-A 系列空气阻尼式　(b) JS20 系列晶体管式　(c) JS14S 系列数显式

图 5-28　时间继电器

时间继电器在电路图中的符号如图 5-29 所示。

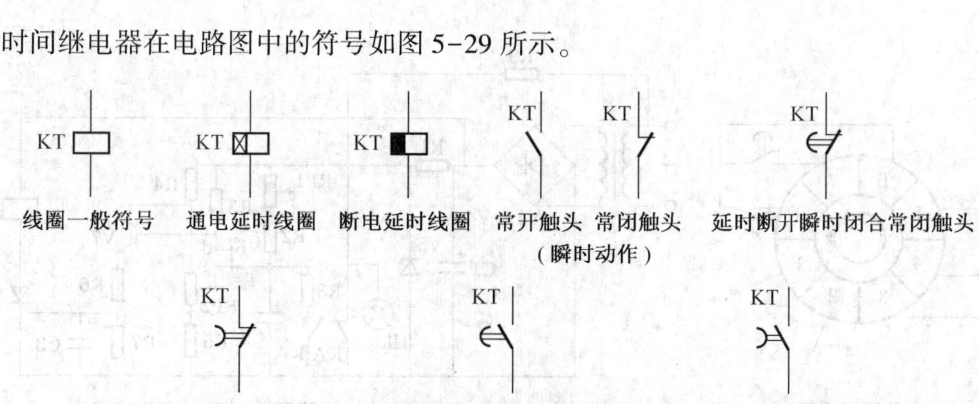

图 5-29　时间继电器的符号

下面以 JS20 系列晶体管式时间继电器为例介绍。

晶体管式时间继电器也称为半导体时间继电器或电子式时间继电器，具有机械结构简单、延时范围宽、整定精度高、体积小、耐冲击、耐振动、消耗功率小、调整方便及寿命长等优点，所以发展迅速，已成为时间继电器的主流产品，应用越来越广泛。

晶体管式时间继电器按结构可分为阻容式和数字式两类；按延时方式可分为通电延时型、断电延时型及带瞬动触点的通电延时型三类。

JS20 系列晶体管时间继电器是全国推广的统一设计产品，适用于交流 50 Hz、电压 380 V 及以下或直流电压 220 V 及以下的控制电路中作延时元件，按预定的时间接通或分断电路。它具有体积小、质量轻、精度高、寿命长、通用性强等优点。

1）结构

JS20 系列晶体管时间继电器的外形如图 5-28b 所示，它具有保护外壳，其内部结构采用印刷电路组件。安装和接线采用专用的插接座，并配有带插脚标记的下标牌作接线指示，上标盘上还带有发光二极管作为动作指示。结构形式有外接式、装置式和面板式三种。外接式的整定电位器可通过插座导线接到所需的控制板上；装置式具有带接线端子的胶木底座；面板式采用通用八字脚插座，可直接安装在控制台的面板上，另外还带有延时刻度和延时旋钮供整定延时时间用。JS20 系列通电延时型时间继电器的接线图如图 5-30a 所示。

2）工作原理

JS20 系列通电延时型时间继电器的电路图如图 5-30b 所示。它由电源、电容充放电电路、电压鉴别电路、输出和指示电路五部分组成。电源接通后，经整流滤波和稳压后的直流电，经过 RP1 和 R2 向电容 C2 充电。当场效应管 V6 的栅源电压 U_{gs} 低于夹断电压 U_p 时，V6 截止，因而 V7、V8 也处于截止状态。随着充电的不断进行，电容 C2 的电位按指数规律上升，当 U_{gs} 高于 U_p 时，V6 导通，V7、V8 也导通，继电器 KA 吸合，输出延时信号。同时电容 C2 通过 R8 和 KA 的常开触头放电，为下次动作做好准备。切断电源时，继电器 KA 释放，电路恢复原始状态，等待下次动作。调节 RP1 和 RP2 即可调整延时时间。

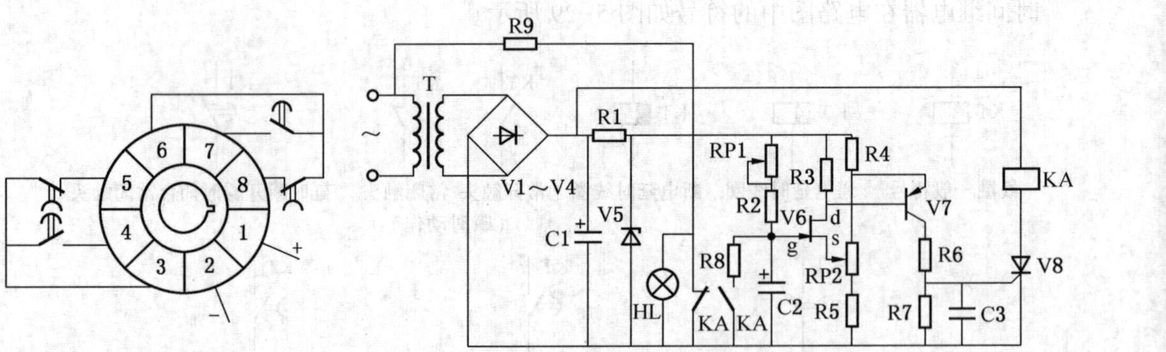

(a) 接线示意图　　(b) 电路图

图 5-30　SJ20 系列通电延时型时间继电器的接线示意图和电路图

3）型号含义

JS20 系列晶体管时间继电器的型号含义如下：

JS　20　-□　□/□□

安装形式：0—装置式；3—装置式带瞬动触点；
1—面板式；4—面板式带瞬动触点；
2—外接式；5—外接式带瞬动触点

0—无波段开关；1—有波段开关

延时形式：不标注表示通电延时；D 表示断电延时

标准延时值

设计序号

时间继电器

4）适用场合

电磁式时间继电器不能满足要求，要求的延时精度较高，或者控制回路相互协调需要无触点输出等情况。

3. 热继电器

热继电器是利用流过继电器的电流所产生的热效应而反时限动作的自动保护电器。所谓反时限动作，是指电器的延时动作时间随通过电路电流的增加而缩短。热继电器主要与接触器配合使用，用作电动机的过载保护、断相保护、电流不平衡运行的保护及其他电气设备发热状态的控制。

热继电器的形式有多种，其中双金属片式应用最多。按极数划分有单极、两极和三极三种，其中三极的又包括带断相保护装置和不带断相保护装置两种；按复位方式划分有自动复位式和手动复位式两种。

图 5-31 所示为目前我国在生产中常用的热继电器的外形图，它们均为双金属片式。每一系列的热继电器一般只能和相适应系列的接触器配套使用，如 JR36 系列热继电器与 CJT1 系列接触器配套使用，JR20 系列热继电器与 CJ20 系列接触器配套使用，T 系列热继电器与 B 系列接触器配套使用，3UA 系列热继电器与 3TB、3TF 系列接触器配套使用等。

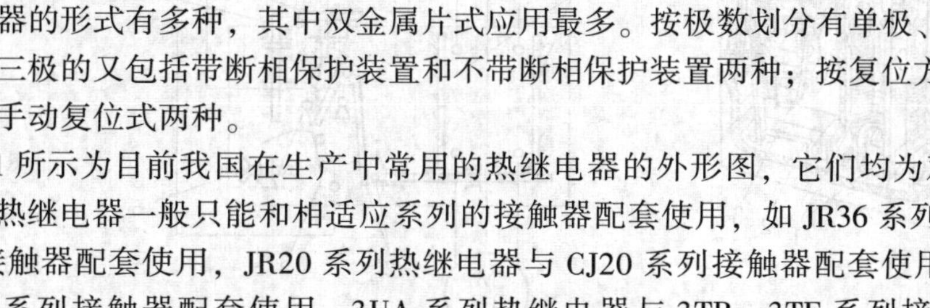

(a) JR36 系列　(b) JR20 系列　(c) T 系列　(d) JRS2(3UA) 系列

图 5-31　热过载继电器

1）结构

图 5-32a 所示为两极双金属片热继电器的结构，它主要由热元件、传动机构、常闭触头、电流整定装置和复位按钮组成。热继电器的热元件由主双金属片和绕在外面的电阻丝组成。主双金属片由两种热膨胀系数不同的金属片复合而成。

2）工作原理

热继电器使用时，需要将热元件串联在主电路中，常闭触头串联在控制电路中，如图5-32b 所示。当电动机过载时，流过电阻丝的电流超过热继电器的整定电流，电阻丝发热增多，温度升高，由于两块金属片的热膨胀程度不同而使主双金属片向右弯曲，通过传动机构推动常闭触头断开，分断控制电路，再通过接触器切断主电路，实现对电动机的过载保护。电源切除后，主双金属片逐渐冷却恢复原位。热继电器的复位机构有手动复位和自动复位两种形式，可根据使用要求通过复位调节螺钉来自由调整。一般自动复位时间不大于 5 min，手动复位时间不大于 2 min。

热继电器的整定电流是指热继电器连续工作而不动作的最大电流，其大小可通过旋转电流整定旋钮来调节。超过整定电流，热继电器将在负载未达到其允许的过载极限之前动作。

热继电器在电路图中的符号如图 5-32c 所示。

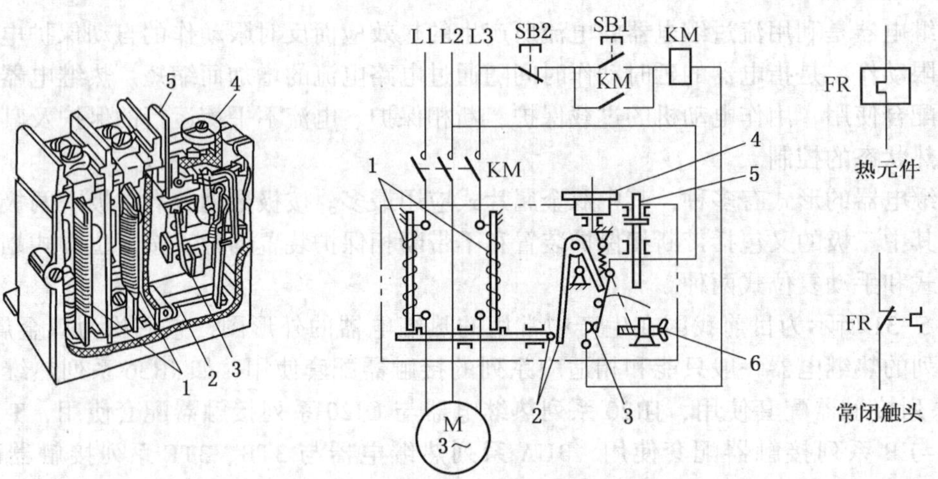

(a) 结构　　(b) 原理图　　(c) 符号

1—热元件；2—传动机构；3—常闭触头；4—电流整定按钮；5—复位按钮；6—限位螺钉

图 5-32　两极双金属片热继电器

实践证明，三相异步电动机的缺相运行是导致电动机过热烧毁的主要原因之一。对定子绕组接成 Y 形的电动机，普通两极或三极结构的热继电器均能实现断相保护。而定子绕组接成△形的电动机，必须采用三极带断相保护装置的热继电器，才能实现断相保护。

3）热继电器的型号含义

常用 JR36 系列热继电器的型号含义如下：

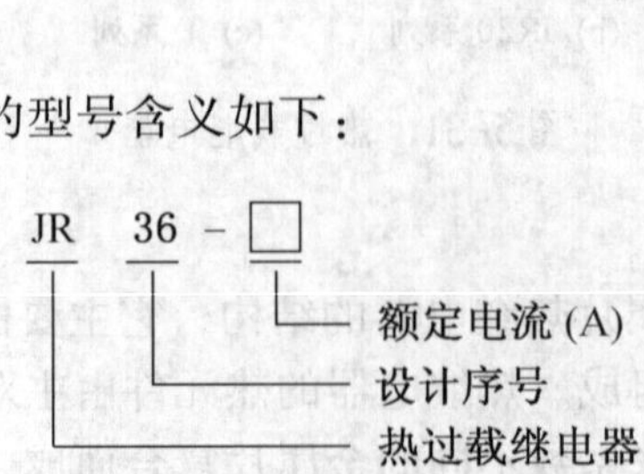

JR36 系列热继电器是在 JR16B 的基础上改进设计的，是 JR16B 的替代产品，其外形尺寸和安装尺寸与 JR16B 系列完全一致。具有断相保护、温度补偿、自动与手动复位等功能，动作可靠，适用于交流 50 Hz、电压 660 V 或 690 V、电流 0.25~160 A 的电路中，对长期或间断长期工作的交流电动机的过载与断相进行保护。该产品可与 CJT1 接触器组成 QC36 型的电磁启动器。

学习活动2　工作前的准备

【学习目标】

熟悉各种工器具及仪表的功能、结构、原理及使用方法。

工作前准备一　常用继电器的识别

一、工具及器材

（1）工具：电工常用工具。

（2）器材：JZ7 中间继电器，JS7-A、JS20 时间继电器，JR36、3UA 热继电器。

二、设备

电工实训台。

三、材料与资料

各种继电器及工器具、仪表使用说明书。

工作前准备二　热继电器的校验

一、工具、仪表及器材

（1）工具：螺钉旋具、电工刀、尖嘴钳等。

（2）仪表：交流电流表（5 A）、秒表。

（3）器材：见表 5-15。

表5-15　器材明细表

代号	名　称	型号规格	数量
FR	热继电器	JR35-20，16 A	1
TC1	接触式调压器	TDGC2-5/0.5	1
TC2	小型变压器	DG-5/0.5	1
QS	开启式负荷开关	HK1-30/2	1
TA	电流互感器	HL24，100/5 A	1

表5-15（续）

代号	名　称	型号规格	数量
HL	指示灯	220 V，15 W	1
	控制板	500 mm×400 mm×20 mm	1
	连接导线	BVR-4.0、BVR-1.5	若干

二、设备

电工实训台。

三、材料与资料

热继电器及工器具、仪表使用说明书。

工作前准备三　时间继电器的检修与校验

一、工具及器材

（1）工具：电工常用工具、电烙铁等。
（2）实训所用器材见表5-16。

表5-16　器材明细表

代号	名称	型号	规　格	数量
KT	时间继电器	JS6-2 A	线圈电压380 V	1
QS	组合开关	HZ10-25/3	三极，25 A	1
FU	熔断器	RL1-15/2	500 V，15 A，配熔体2 A	1
SB1、SB2	按钮	LA4-3H	保护式，按钮数3	1
HL	指示灯		220 V，15 W	3
	控制板		500 mm×400 mm×20 mm	1
	导线	BVR-1.0	1.0 mm^2	若干

二、设备

电工实训台。

三、材料与资料

各种时间继电器及工器具、仪表使用说明书。

学习活动3　现　场　施　工

【学习目标】

（1）能熟练掌握本活动安全知识，并能按照安全要求进行操作。

（2）能正确使用相关工器具及仪表。

（3）能正确识别、安装、使用各种型号的继电器。

现场施工一　常用继电器的识别、安装使用及故障处理

一、训练内容及步骤

电器元件由指导教师根据实际情况在规定系列内选取，每系列取2~4种不同规格。

（1）在教师指导下，仔细观察不同类型、不同系列、不同规格的继电器，熟悉它们的外形、型号及主要技术参数的意义、结构、工作原理、接入电路的元器件及其接线柱等。

（2）根据指导教师给出的元件清单，从所给继电器中正确选出清单中的继电器。

（3）由指导教师从所给继电器中选取5~6件，用胶布盖住型号并编号，由学生根据实物写出它们的系列名称、型号、文字符号，画出图形符号，填入表5-17中，并简述各继电器的功能、主要结构和工作原理。

表5-17　常用继电器的识别

序号	1	2	3	4	5	6
系列名称						
型号						
文字及图形符号						
主要功能						
主要参数						

（4）将热继电器的动作值整定至规定值。

（5）检查热继电器的复位方式，并将它调整到手动复位方式。

（6）将时间继电器的动作值整定至规定值。

二、安装与使用

（1）中间继电器的安装与使用与接触器相似，可参看相关内容。

（2）时间继电器的安装与使用：

①时间继电器应按说明书规定的方向安装。无论是通电延时型还是断电延时型，都必须使继电器在断电后，释放时衔铁的运动方向垂直向下，其倾斜度不得超过5°。

②时间继电器的整定值，应预先在不通电时整定好，并在试车时校正。

③时间继电器金属底板上的接地螺钉必须与接地线可靠连接。

④通电延时型和断电延时型可在整定时间内自行调换。

⑤使用时，应经常清除灰尘及油污，否则延时误差将增大。

（3）热继电器的安装与使用：

①热继电器必须按照产品说明书中规定的方式安装。安装处的环境温度应与电动机所处环境温度基本相同。当与其他电器安装在一起时，应注意将热继电器安装在其他电器的下方，以免其动作特性受到其他电器发热的影响。

②安装时，应清除触头表面尘污，以免因接触电阻过大或电路不通而影响热继电器的动作性能。

③热继电器出线端的连接导线，应按表5-18的规定选用。这是因为导线的粗细和材料将影响到热元件端接点传导到外部热量的多少。导线过细，轴向导热性差，热继电器可能提前动作；反之，导线过粗，轴向导热快，热继电器可能滞后动作。

表5-18 热继电器连接导线选用表

热继电器额定电流/A	连接导线截面积/mm²	连接导线种类
10	2.5	单股铜芯塑料线
20	4	单股铜芯塑料线
60	16	多股铜芯橡皮线

④使用中的热继电器应定期通电校验。此外，当发生短路事故后，应检查热元件是否已发生永久变形。若已变形，则需通电校验。若因热元件变形或其他原因致使动作不准确时，只能调整其可调部件，而绝不能弯折热元件。

⑤热继电器在出厂时均调整为手动复位方式，如果需要自动复位，只要将复位螺钉沿顺时针方向旋转3~4圈，并稍微拧紧即可。

⑥热继电器在使用中，应定期用布擦净尘埃和污垢，若发现双金属片上有锈斑，应用清洁棉布蘸汽油轻轻擦除，切忌用砂纸打磨。

三、故障处理

（1）中间继电器的常见故障及处理方法与接触器相似，可参看相关内容。

（2）热继电器的常见故障及处理方法见表5-19。

表5-19 热继电器的常见故障及处理方法

故障现象	故障原因	维修方法
热元件烧断	负载侧短路，电流过大	排除故障，更换热继电器
	操作频率过高	更换合适参数的热继电器
热继电器不动作	热继电器的额定电流值选用不合适	按保护容量合理选用
	整定值偏大	合理调整整定电流值
	动作触头接触不良	消除触头接触不良因素
	热元件烧断或脱焊	更换热继电器
	动作机构卡阻	消除卡阻因素
	导板脱出	重新放入导板并调试

表 5-19（续）

故障现象	故障原因	维修方法
热继电器动作不稳，时快时慢	热继电器内部机构某些部件松动	紧固松动部件
	在检修中弯折了双金属片	用两倍电流预试几次或将双金属片拆下来进行热处理（一般约 240 ℃），以去除内应力
	通电电流波动太大，或接线螺钉松动	检查电源电压或拧紧接线螺钉
热继电器动作太快	整定值偏小	合理调整整定值
	电动机启动时间过长	按启动时间要求，选择具有合适的可返回时间的热继电器或在启动过程中将热继电器短接
	连接导线太细	选用标准导线
	操作频率过高	更换合适型号的热继电器
	使用场合有强烈冲击和振动	采取防振动措施或选用带防冲击振动的热继电器
	可逆转换频繁	改用其他保护方式
	安装热继电器处与电动机处环境温差太大	按两地温差情况配置适当的热继电器
主电路不通	热元件烧断	更换热元件或热继电器
	接线螺钉松动或脱落	紧固接线螺钉
控制电路不通	触头烧坏或动触头片弹性消失	更换触头或簧片
	可调整式旋钮转到不合适的位置	调速旋钮或螺钉
	热继电器动作后未复位	按动复位按钮

现场施工二　热继电器的校验

一、校验步骤及工艺要求

1. 观察热继电器的结构和原理

将热继电器的后绝缘盖板卸下，仔细观察它的结构，指出其热元件、传动机构、电流整定装置、复位按钮及常闭触头的位置，叙述它们的作用以及热继电器的工作原理。

2. 热继电器的校验和调整

热继电器更换热元件后应进行校验和调整，方法如下：

（1）按图 5-33 所示连接好校验电路。将调压变压器的输出调到零位置。将热继电器置于手动复位状态，并将整定值旋钮置于额定值处。

（2）经教师审查同意后，合上电源开关 QS，指示灯 HL 亮。

（3）将调压变压器输出电压从零升高，使热继电器通过的电流升至额定值，1 h 内热继电器应不动作；若 1 h 内热继电器动作，则应将调节旋钮向整定值大的方向旋动。

（4）接着将电流升至 1.2 倍额定电流，热继电器应在 200 min 内动作，指示灯 HL 熄灭；若在 200 min 内不动作，则应将调节旋钮向整定值小的方向旋动。

（5）将电流降至零，待热继电器冷却并手动复位后，再调升电流至 1.5 倍额定值，热继电器应在 20 min 内动作。

（6）再将电流降至零，待热继电器冷却并复位后，快速调升电流至 6 倍额定值，分断 QS 再随即合上，其动作时间应大于 5 s。

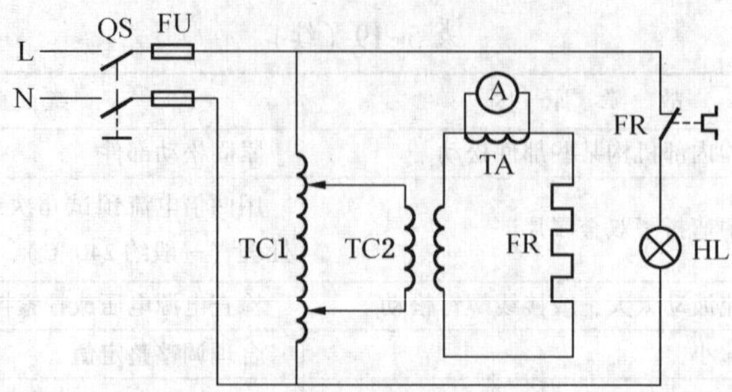

图5-33　热继电器校验电路图

3. 复位方式的调整

热继电器出厂时，一般都调在手动复位。如果需要自动复位，可将复位调节螺钉顺时针旋进。自动复位时应在时间继电器动作后 50 min 内自动复位；手动复位时，在动作 20 min 后，按下手动复位按钮，热继电器应复位。

二、校验注意事项

（1）校验时的环境温度应尽量接近工作环境温度，连接导线长度一般不应小于 0.6 m，连接导线的截面积应与使用时的实际情况相同。

（2）校验过程中电流变化较大，为使测量结果准确，校验时注意选择电流互感器的合适量程。

（3）通电校验时，必须将热继电器、电源开关等固定在校验板上，并有指导教师监护，以确保用电安全。

（4）电流互感器通电过程中，电流表回路不可开路，接线时应充分注意。

学习任务六　电气控制的基本环节

子任务一　电气控制的基本知识

本学习任务为中级工、高级工应掌握的技能。

【学习目标】

（1）能通过阅读设备维护（保养）记录单和现场勘查，明确学习任务要求。

（2）能根据任务要求和实际情况，合理制定工作（学习）计划。

（3）熟悉绘制、识读电路图、布置图和接线图的原则。

【工作情景描述】

在生产实践中我们常常需要根据现场要求设计、安装具有一定功能的电动机控制电路，从而满足不同的生产需求。为了能够完成这些工作，就必须熟悉绘制、识读电路图、布置图和接线图的原则。

一、电气控制线路图

电气设备与电控系统可以通过电气线路图来表达其工作原理。在电气线路图上，用各种图形符号和文字符号来代表各个电气元件，用线条表示它们之间的联系。电气控制线路图是由一部分电气设备，按一定的要求组合起来的。表 6-1 为电工系统常用电器、电机符号。

表 6-1　电工系统常用电器、电机符号

类别	名　称	图形符号	文字符号
非电量控制的继电器	速度继电器常开触头	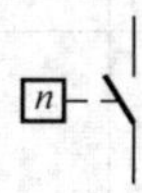	KS
	压力继电器常开触头	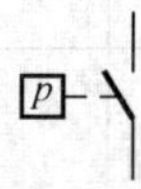	KP
熔断器	熔断器	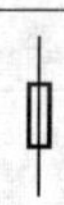	FU
电磁操作器	电磁铁的一般符号	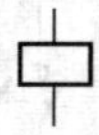 或 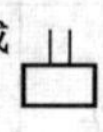	YA
	电磁吸盘		YH
	电磁离合器	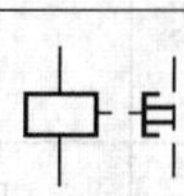	YC
	电磁制动器	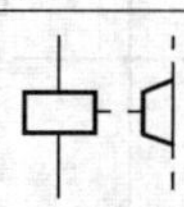	YB
	电磁阀	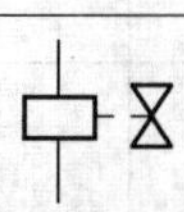	YV
电动机	三相笼型异步电动机		M
	三相绕线转子异步电动机	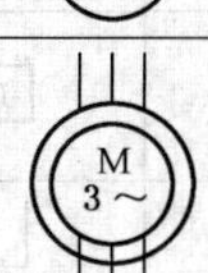	M
	他励直流电动机	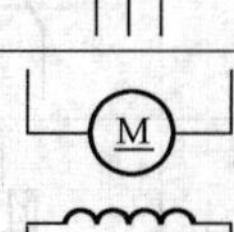	M
	并励直流电动机	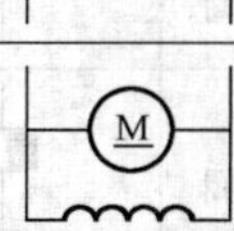	M
电动机	串励直流电动机	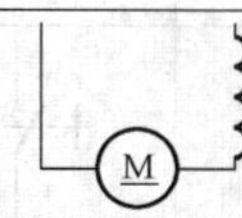	M
发电机	发电机	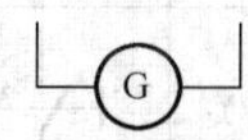	G
	直流测速发电机	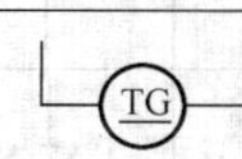	TG
变压器	单相变压器	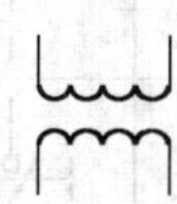	TC
	三相变压器	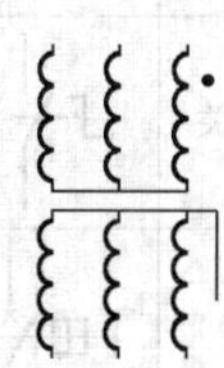	TM
灯	信号灯（指示灯）		HL
	照明灯		EL
接插器	插头和插座	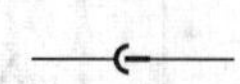 或 	X 插头 XP 插座 XS
互感器	电流互感器	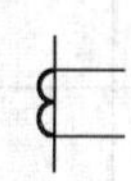	TA
	电压互感器	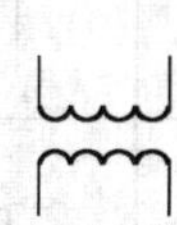	TV
	电抗器		L

表6-1（续）

类别	名　称	图形符号	文字符号
开关	单极控制开关	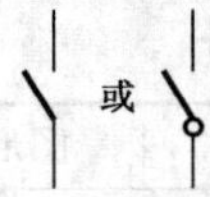	SA
	手动开关一般符号	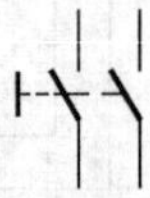	SA
	三极控制开关	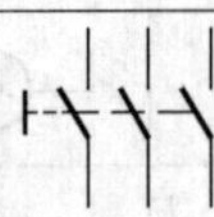	QS
	三极隔离开关	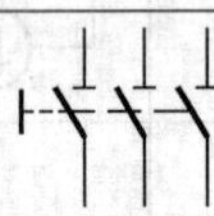	QS
	三极负荷开关	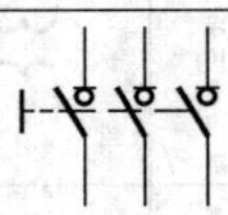	QS
	组合旋钮开关	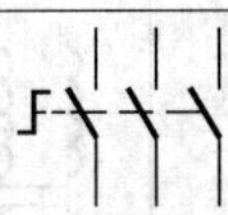	QS
	低压断路器	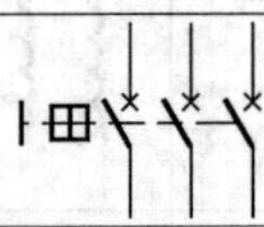	QF
	控制器或操作开关	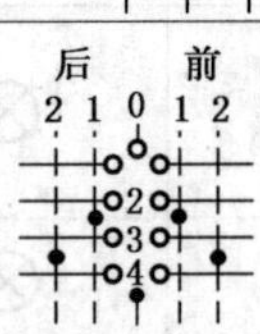	SA
行程开关	常开触头		SQ
	常闭触头		SQ
	复合触头	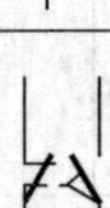	SQ
按钮	常开按钮	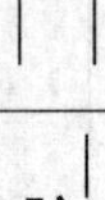	SB
	常闭按钮	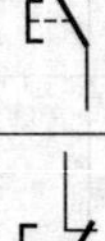	SB
按钮	复合按钮	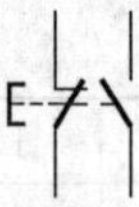	SB
	急停按钮	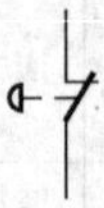	SB
	钥匙操作式按钮		SB
接触器	线圈操作器件	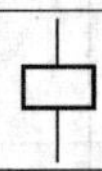	KM
	常开主触头	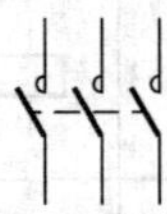	KM
	辅助常开触头		KM
	辅助常闭触头	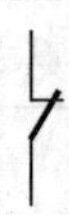	KM
中间继电器	线圈	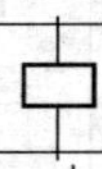	KA
	常开触头		KA
	常闭触头	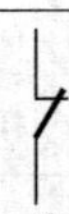	KA
	过电流线圈	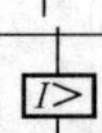	KA
热继电器	热元件	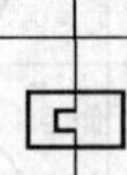	FR
	常闭触头	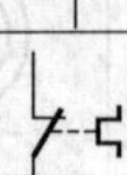	FR
时间继电器	通电延时（缓吸）线圈	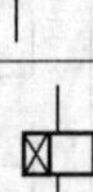	KT
	断电延时（缓放）线圈	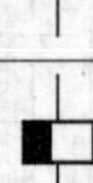	KT

表6-1（续）

类别	名　称	图形符号	文字符号	类别	名　称	图形符号	文字符号
时间继电器	瞬时闭合的常开触头		KT	电流继电器	欠电流线圈	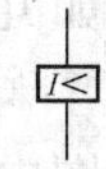	KA
	瞬时断开的常闭触头		KT		常开触头		KA
	延时闭合的常开触头	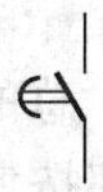	KT		常闭触头	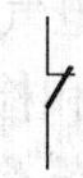	KA
	延时断开的常闭触头		KT	电压继电器	过电压线圈		KV
	延时闭合的常闭触头		KT		欠电压线圈		KV
	延时断开的常开触头	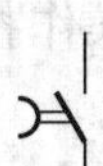	KT		常开触头		KV
					常闭触头	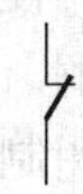	KV

根据用途的不同，电气线路图有原理线路图（或称电气原理图）和安装线路图（又称电气接线图）两种。原理线路图用于分析电路的工作原理，安装线路图则用于安装、接线和维修。原理线路图中，所有电气回路被展开成为若干条直线段，因此又称电气展开图。

1. 电气控制原理线路图

绘制原理线路图的基本原则是便于人们阅读和分析研究，按照系统的动作原理来布置线路图。图中包括控制系统中全部电气设备和元件，但在图中只反映各元件在电路上的联系，而不考虑电气元件和部件的实际位置。

（1）原理图一般分主回路和辅助回路（又称一次回路和二次回路）两部分画出：主回路是电气线路中强电流通过的部分，如从电源到电动机这一部分，用粗线条表示；辅助回路包括控制回路、信号回路及保护回路等，它是电气线路中的弱电流回路，一般用细线条表示。

（2）原理线路图中，各电器的触头均表示“正常”状态（或称“正常”位置）。所谓“正常”状态系指在电气上未加电压或未加外力时触头的状态，如接触器线圈未通电、按钮未按下，控制器手把在零位时的触头状态。

（3）各元件不画实际外形图，而是采用规定的统一国家标准符号画出。

(4) 属于同一电器的不同部件可以不画在一起，而按其在电路中的作用画在不同的电路部位上。同一电器的各个部件，要标以相同的文字符号。如果在电路图中存在几个同一类型的电气元件，如几个接触器，则在元件名的后面再加上数字予以区分，如 KM1、KM2、KM3 等。

(5) 原理线路图中，无论是主回路还是辅助回路，各电气元件一般是按动作顺序从上到下、从左到右地依次排列。

(6) 为了看图方便，线路应横平竖直，线条平行排列。图中“十”字交叉的导线用黑点或小圆圈表示电气上连接，无黑点或小圆圈的则表示跨接，即不相连接。

(7) 为了安装和检修方便，电机和电器的接线端均要标记编号。

2. 电气控制安装线路图

电气控制安装线路图是专为安装和检修电气设备而绘制的。总的要求是画得明确、清楚、容易检查。在安装线路图上，同一装置上的各个电气元件都按实际位置画出，每一元件的各个部件也按实际情况画在一起，连接导线也基本上按实际布线画出。连接其他装置的导线都通过端子排引出，同一走向的各导线可以合并成单线图。在安装线路图中各电气元件的符号和各导线端子的编号都应与原理线路图一一对应。

二、制作电气控制线路的步骤

按照电气原理图制作电气控制线路，进行调试、试车和排除故障是低压安装维修电工必须具备的能力。通过学习制作线路的基本步骤，以及调试、试车和检查、排除故障的方法及实际操作练习，使大家初步掌握一般控制线路的安装维修操作技能，同时加深对控制线路工作原理的理解。

根据电气原理图制作电动机控制线路，必须按照一定的步骤进行，一般应按下面所述的步骤进行。

1. 熟悉电气原理图

电动机控制线路是由一些电气元件按一定的控制关系连接而成的。这种控制关系反映在电气原理图（简称原理图）上。为了能顺利地安装接线、检查调试和排除线路故障，必须认真阅读原理图。要看懂线路中各电气元件之间的控制关系及连接顺序；分析线路控制动作，以便确定检查线路的步骤方法；明确电气元件的数目、种类和规格；对于比较复杂的线路，还应看懂是由哪些基本环节组成的，分析这些环节之间的逻辑关系。

为了方便线路投入运行后的日常维修和排除故障，必须按规定给原理图标注线号。应将主电路与辅助电路分开标注，各自从电源端起，各相线分开，顺次标注到负荷端。标注时应做到每段导线均有线号，并且线号不得重复。

2. 绘制安装接线图

原理图是为方便阅读和分析控制原理而用“展开法”绘制的，并不反映电气元件的结构、体积和实际安装位置。为了便于安装接线、检查线路和排除故障，必须根据原理图，绘制安装接线图（简称接线图）。在接线图中，各电气元件都要按照其在安装底板（电气控制箱、控制柜）中的实际安装位置绘出；元件所占据的面积按它的实际尺寸依照统一的比例绘制；一个元件的所有部件应画在一起，并用虚线框起来。各电气元件之间的位置关系由安装底板的面积大小、长宽比例及连接线的顺序来决定，并要注意不得违反安装规程。绘制接线图时应注意以下几点：

（1）接线图中各电气元件的图形符号及文字代号必须与原理图完全一致，并要符合国家标准。

（2）各电气元件上凡是需要接线的部件端子都应绘出，并且一定要标注端子编号；各接线端子的编号必须与原理图上相应的线号一致；同一根导线上连接的所有端子的编号应相同。

（3）安装底板（控制箱、控制柜）内外的电气元件之间的连线，应通过接线端子板进行连接。

（4）走向相同的相邻导线可以绘成一股线。

绘制好的接线图应对照原理图仔细核对，防止错画、漏画，避免给制作线路和试车造成麻烦。

3. 检查电气元件

安装接线前应对所使用的电气元件逐个进行检查，避免电气元件故障与线路错接、漏接造成的故障混在一起。对电气元件的检查主要包括以下几个方面：

（1）电气元件外观是否清洁完整，外壳有无碎裂，零部件是否齐全有效，各接线端子及紧固件有无缺失、生锈等现象。

（2）电气元件的触点有无熔焊粘连、变形、严重氧化锈蚀等现象；触点的闭合、分断动作是否灵活；触点的开距、超程是否符合标准；接触压力弹簧是否有效。

（3）电器的电磁机构和传动部件的动作是否灵活，有无衔铁卡阻、吸合位置不正等现象。新品使用前应拆开清除铁芯端面的防锈油，检查衔铁复位弹簧是否正常。

（4）用万用表或电桥检查所有元器件的电磁线圈（包括继电器、接触器及电动机）的通断情况，测量它们的直流电阻值并做好记录，以备检查线路和排除故障时作为参考。

（5）检查有延时作用的电气元件的功能，如时间继电器的延时动作、延时范围及整定机构的作用；检查热继电器的热元件和触头的动作情况。

（6）核对各电气元件的规格与图纸要求是否一致。例如，电器的电压等级、电流容量，触点的数目、开闭状况，时间继电器的延时类型等。不符合要求的应更换或调整。

电气元件先检查后使用，避免安装、接线后发现问题再拆换，提高制作线路的工作效率。

4. 固定电气元件

按照接线图规定的位置将电气元件固定在安装底板上。元件之间的距离要适当，既要节省板面，又要方便走线和投入运行后的检修。固定元件时应按以下步骤进行：

（1）定位。将电气元件摆放在确定好的位置，用尖锥在安装孔中心做好记号。元件应排列整齐，以保证连接导线横平竖直、整齐美观，同时尽量减少弯折。

（2）打孔。用手钻在做好的记号处打孔，孔径应略大于固定螺丝的直径。

（3）固定。板上所有的安装孔均打好后，用螺钉将电气元件固定在安装底板上。

固定元器件时，应注意在螺钉上加装平垫圈和弹簧垫圈。紧固螺丝时将弹簧垫圈压平即可，不要过分用力，防止用力过大将元件的塑料底板压裂造成损失。

5. 照图接线

接线时，必须按照接线图规定的走线方位进行。一般从电源端起按线号顺序做，先做主电路，然后做辅助电路。

接线前应做好准备工作：按主电路、辅助电路的电流容量选好规定截面的导线；准备适当的线号管；使用多股线时应准备烫锡工具或压接钳。

接线应按以下步骤进行：

（1）选适当截面的导线，按接线图规定的方位，在固定好的电气元件之间测量所需要的长度，截取适当长短的导线，剥去两端绝缘外皮。为保证导线与端子接触良好，要用电工刀将芯线表面的氧化物刮掉；使用多股芯线时要将线头绞紧，必要时应烫锡处理。

（2）走线时应尽量避免导线交叉。先将导线校直，把同一走向的导线汇成一束，依次弯向所需要的方向。走线应做到横平竖直，拐直角弯。做线时要用手将拐角做成 90° 的“慢弯”，导线的弯曲半径为导线直径的 3~4 倍，不要用钳子将导线做成“死弯”，以免损坏绝缘层和损伤线芯。做好的导线束用铝线卡垫上绝缘物卡好。

（3）将成型好的导线套上写好的线号管，根据接线端子的情况，将芯线弯成圆环或直接压进接线端子。

（4）接线端子应紧固好，必要时加装弹簧垫圈紧固，防止电器动作时因振动而松脱。

接线过程中注意对照图纸核对，防止错接。必要时用试灯、蜂鸣器或万用表校线。同一接线端子内压接两根以上导线时，可以只套一只线号管，导线截面不同时，应将截面大的放在下层，截面小的放在上层。所使用的线号要用不易褪色的墨水（可用环乙酮与龙胆紫调和），用印刷体工整地书写清楚，防止检查线路时误接。

6. 检查线路和试车

制作好的控制线路必须经过认真检查后才能通电试车，以防止错接、漏接及电气故障引起线路动作不正常，甚至造成短路事故。检查线路应按以下步骤进行：

1）核对接线

对照原理图、接线图，从电源端开始逐段核对端子接线的线号，排除漏接、错接现象。重点检查辅助电路中易错接处的线号，还应核对同一根导线的两端是否错号。

2）检查端子接线是否牢固

检查所有端子上接线的接触情况，用手一一摇动、拉拔端子上的接线，不允许有松脱现象，以免通电试车时因导线虚接造成故障。

3）万用表导通法检查

这是在控制线路不通电时，用手动来模拟电器的操作动作，用万用表测量线路通断情况的检查方法。应根据线路控制动作来确定检查步骤和内容；根据原理图和接线图选择测量点。先断开辅助电路，以便检查主电路的情况，然后再断开主电路，以便检查辅助电路的情况。主要检查下述内容：

（1）主电路不带负荷（电动机）时相间绝缘情况；接触器主触点接触的可靠性；正反转控制线路的电源换相线路及热继电器热元件是否良好，动作是否正常等。

（2）辅助电路的各个控制环节及自保、联锁装置的动作情况及可靠性；与设备的运动部件联动的元件（如行程开关、速度继电器等）动作的正确性和可靠性；保护电器（如热继电器触点）动作的准确性等情况。

具体的检查方法将在以后各节结合各种控制线路详细说明。

4）试车与调整

为保证初学者的安全，通电试车必须在指导老师的监护下进行。试车前应做好准备工作，包括清点工具，清除安装底板上的线头和杂物，装好接触器的灭弧罩，检查各组熔断器的熔体，分断各开关使按钮、行程开关处于未操作前的状态，检查三相电源是否对称等。然后按下述的步骤通电试车。

（1）空操作试验。先切除主电路（一般可断开主电路熔断器），装好辅助电路熔断器，接通三相电源，使线路不带负荷（电动机）通电操作，以检查辅助电路工作是否正常；操作各按钮检查它们对接触器、继电器的控制作用；检查接触器的自保、联锁等控制作用；用绝缘棒操作行程开关，检查它的行程控制或限位控制作用等。还要观察各电器操作动作的灵活性，注意有无卡阻或阻滞等不正常现象，细听电器动作时有无过大的振动噪声，检查有无线圈过热等现象。

（2）带负荷试车。控制线路经过数次空操作试验动作无误，即可切断电源，接通主电路，带负荷试车。电动机启动前应先做好停车准备，启动后要注意它的运行情况。如果发现电动机启动困难、发出噪声及线圈过热等异常现象，应立即停车，切断电源后进行检查。

（3）有些线路的控制动作需要调试，例如定时运转线路的运行和间隔时间、Y-△启动线路的转换时间、反接制动线路的终止速度等。应按照各线路的具体情况确定调试步骤。

试车运转正常后，可投入正常运行。

子任务二　三相笼型异步电动机的直接启动控制线路

电动机接通电源后由静止状态逐渐加速到稳定运行状态的过程称为电动机的启动。直接启动又叫全压启动，它是通过开关或接触器将额定电压直接加在电动机的定子绕组上，使电动机运转。这种方法的优点是所需电气设备少，线路简单；缺点是启动电流大。

小容量电动机（10 kW 及以下）可以直接启动。判断一台交流电动机能否采用直接启动，可根据下面的经验公式来确定：

$$\frac{I_q}{I_N} \leqslant \frac{3}{4} + \frac{\text{电源变压器的容量(kV·A)}}{4 \times \text{电动机额定功率(kW)}}$$

式中　I_q——电动机的启动电流，A；

I_N——电动机的额定电流，A。

符合本公式，可以直接启动；不符合本公式，则应降压启动。

一般情况下当电动机容量不超过电源变压器容量的 15% 时，都允许直接启动。

项目一　点动控制线路

本学习任务为中级工、高级工应掌握的技能。

【学习目标】

（1）能通过阅读设备维护（保养）记录单和现场勘查，明确学习任务要求。

(2) 能根据任务要求和实际情况，合理制定工作（学习）计划。

(3) 熟练掌握三相笼型异步电动机点动控制线路的构成、作用和工作原理，以及必要的保护措施。

(4) 能正确识读三相笼型异步电动机点动控制线路原理图、接线图。

(5) 能正确安装三相笼型异步电动机点动控制线路。

(6) 能正确完成通电试车。

【工作情景描述】

CA6140 车床操作人员需要快速移动车床刀架时，只需按下按钮刀架就能快速移动；松开按钮，刀架立即停止移动。刀架的快速移动采用的是一种点动控制线路，它是通过主令电器（按钮）和自动控制电器（接触器）来实现对线路的自动控制的。

学习活动1 明确工作任务

【学习目标】

(1) 能通过阅读设备维护（保养）记录单，明确学习任务、课时等要求。

(2) 能准确记录工作现场的环境条件。

(3) 熟练掌握三相笼型异步电动机点动控制线路的构成、作用和工作原理，以及必要的保护措施。

(4) 能正确识读三相笼型异步电动机点动控制线路原理图、接线图。

一、工作任务

在接到电动机维护（保养）任务后，机电维修人员应全面检查电动机控制回路，了解维护（保养）前电动机控制系统运行情况，确定维护（保养）具体任务。

二、相关理论知识

1. 电路分析

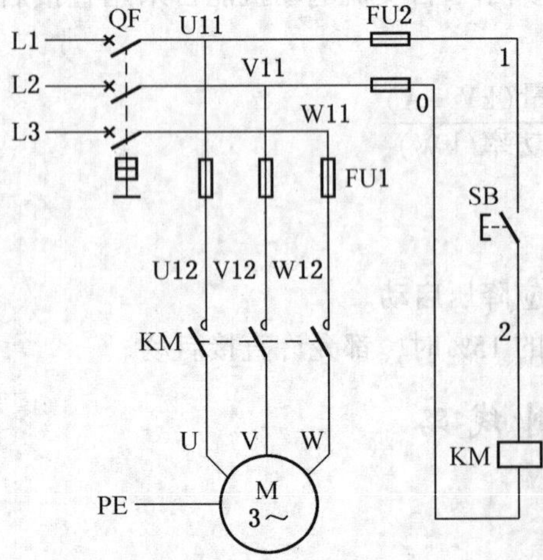

图6-1 点动控制线路

用按钮和接触器点动控制电动机正转的原理图如图6-1所示。

上述点动控制原理图可分成主电路和控制电路两大部分。

主电路是指施加高电压、通过强电流、完成能量转换的部分。图6-1所示电路的主电路是从电源L1、L2、L3经电源开关QF、熔断器FU1、接触器KM的主触点到电动机M的电路，它流过的电流较大。

控制电路是用来控制主电路工作状态的部分，图6-1所示电路的控制电路的电源电压和主电路电压相同。如果控制电路施加的电压低、通过的电流小，则控制电源一般由控制变压器的二次绕组供电，控制变压器的一次绕组由主电路电源供电。

2. 工作原理

当电动机需点动时，先合上电源开关QF，按住点动按钮SB，接触器线圈KM便通电吸合，带动它的三对常开主触点KM闭合，电动机M便接通电源启动运转。放开按钮SB后，接触器线圈断电，衔铁受弹簧力的作用而复位，带动它的三对常开主触点断开，电动机便断电停转。这种只有按下按钮SB时电动机才运转，放开按钮SB时就停转的线路，称为点动控制线路。

后面在分析各种控制线路原理图时，为了简单起见，可以用符号和箭头配以少量文字说明来表示其工作原理。如上述点动控制线路的工作原理可表示如下：

准备：合上QF→控制电路有电→为电动机启动做准备。

启动：按下SB→KM线圈通电，触点动作→KM主触点闭合→电动机M运转。

停止：松开SB→KM线圈断电，触点复位→KM主触点断开→电动机M停转。

学习活动2　工作前的准备

【学习目标】

（1）正确识读电动机点动控制线路原理、绘制安装接线图。

（2）了解各电气元件结构、原理、作用。

（3）熟悉各种工器具、设备的使用方法。

所需工具、仪表及器材见表6-2。

表6-2　工具、仪表及器材表

项目内容						质检要求
工具	测电笔、螺钉旋具、尖嘴钳、斜口钳、剥线钳、电工刀等电工常用工具					
仪表	兆欧表（500 V、0~500 MΩ）、钳形电流表、万用表					1. 根据电动机规格检验选配的工具、仪表、器材等是否满足要求 2. 电气元件外观应完整无损，附件、备件齐全 3. 用万用表、兆欧表检测电气元件及电动机的技术数据是否符合要求
器材	代号	名称	型号	规格	数量	
	M	三相笼型异步电动机	Y112M-4	4 kW，380 V，△接法，8.8 A，1440 r/min	1	
	QF	低压断路器	D24-20/330	三极，复式脱扣器，380 V，20 A	1	
	FU1	螺旋式熔断器	RL1-60/25	500 V，60 A，配熔体额定电流25 A	3	
	FU2	螺旋式熔断器	RL1-15/2	500 V，15 A，配熔体额定电流2 A	2	
	KM	交流接触器	CJT1-20	20 A，线圈电压380 V	1	
	SB	按钮	LA4-3H	保护式，按钮数3（代用）	1	
	XT	端子板	TD-1515	15 A，15节，660 V	1	
		控制板		5000 mm×4000 mm×20 mm	1	
		主电路塑铜线		BV1.5 mm^2 和 BVR1.5 mm^2（黑色）	若干	
		控制电路塑铜线		BV1mm^2（红色）	若干	
		按钮塑铜线		BVR0.75 mm^2（红色）	若干	
		接地塑铜线		BVR1.5 mm^2（黄绿双色）	若干	
		紧固体和编码套管			若干	

学习活动3 现 场 施 工

【学习目标】

（1）能熟练掌握安装点动正转控制线路的安全知识，并能按照安全要求进行操作。

（2）熟悉电动机基本控制线路的一般安装步骤和工艺要求。

（3）能正确安装点动正转控制线路。

（4）能正确排除故障。

（5）能正确通电试车。

一、安装步骤及工艺要求

（1）安装元件。按图6-2所示布置图在控制板上安装电气元件，并贴上醒目的文字符号，如图6-3所示。工艺要求：

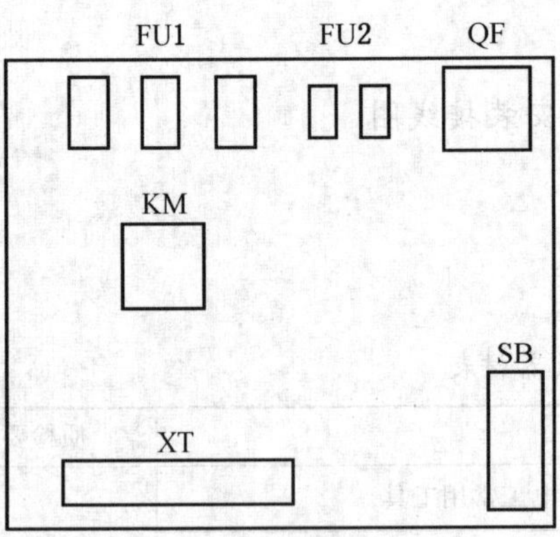

图6-2　点动正转控制线路布置图

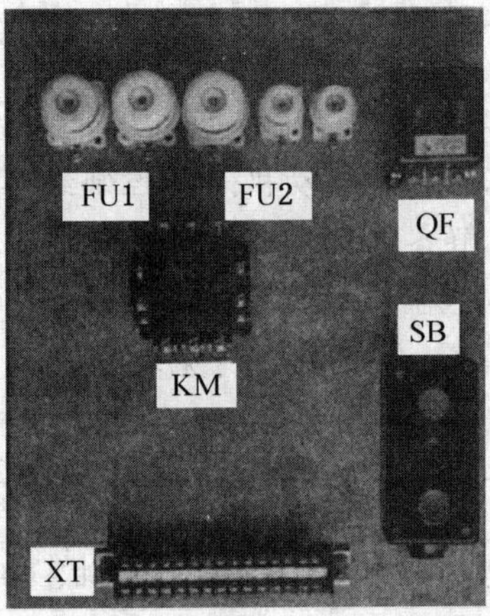

图6-3　安装电气元件，贴上文字符号

①断路器、熔断器的受电端子应安装在控制板的外侧，并确保熔断器的受电端为底座的中心端。

②各元件的安装位置应整齐、匀称，间距合理，便于元件的更换。

③紧固各元件时，用力要均匀，紧固程度要适当。在紧固熔断器、接触器等易碎元件时，应该用手按住元件一边轻轻摇动，一边用旋具轮换旋紧对角线上的螺钉，直到手摇不动后，再适当加固旋紧即可。

（2）布线。按图6-4所示接线图的走线方法，进行板前明线布线和套编码套管，如图6-5所示。工艺要求：

①布线通道要尽可能少，同路并行导线按主、控电路分类集中，单层密排，紧贴安装面布线。

②同一平面的导线应高低一致或前后一致，不能交叉。非交叉不可时，该根导线应在接线端子引出时就水平架空跨越，且必须走线合理。

③布线应横平竖直，分布均匀。变换走向时应垂直转向。

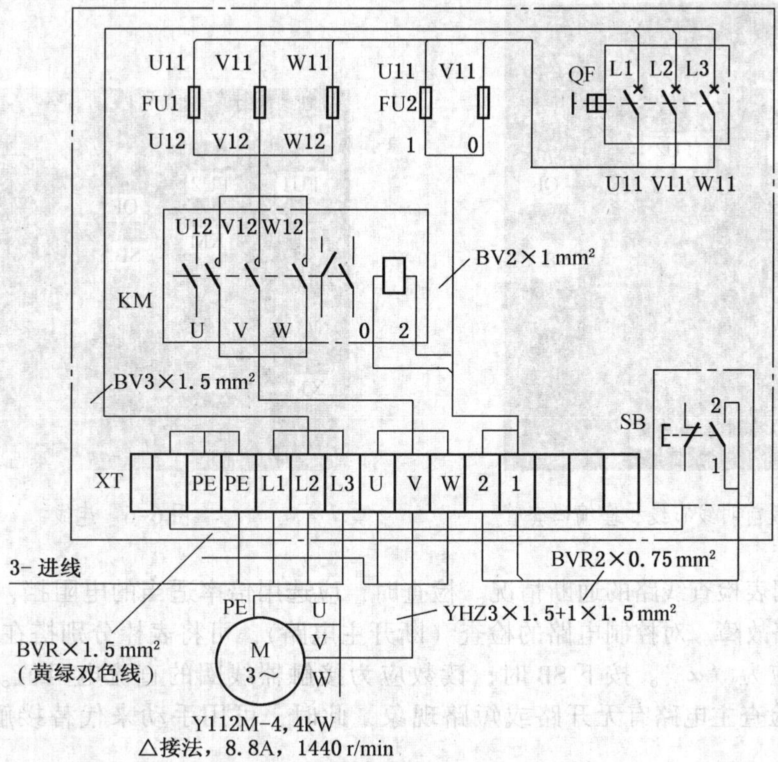

图 6-4　点动正转接线图

④布线时严禁损伤线芯和导线绝缘。

⑤布线顺序一般以接触器为中心，由里向外，由低至高，先控制电路、后主电路的顺序进行，以不妨碍后续布线为原则。

⑥在每根剥去绝缘层导线的两端套上编码套管。所有从一个接线端子或接线桩到另一个接线端子或接线桩的导线必须连续，中间无接头。

⑦导线与接线端子或接线桩连接时，不得压绝缘层，不反圈及不露铜过长。

⑧同一元件、同一回路的不同接点的导线间距离应保持一致。

⑨一个电气元件接线端子上的连接导线不得多于两根，每节接线端子板上的连接导线一般只允许连接一根。

（3）检查布线。根据图 6-1 所示电路图检查控制板布线的正确性。

（4）安装电动机。

（5）连接。先连接电动机和按钮金属外壳的保护接地线，然后连接电源、电动机等控制板外部的导线，如图 6-6 所示。

（6）自检。工艺要求：

①按电路图或接线图从电源端开始，逐段核对接线及接线端子处线号是否正确，有无漏接、错接之处。检查导线接点是否符合要求，压接是否牢固。同时接点接触应良好，以避免带负载运转时产生闪弧现象。

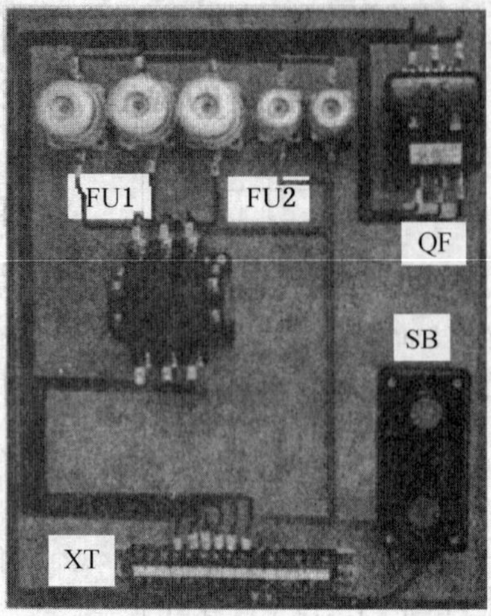

图6-5　板前明线布线和套编码套管

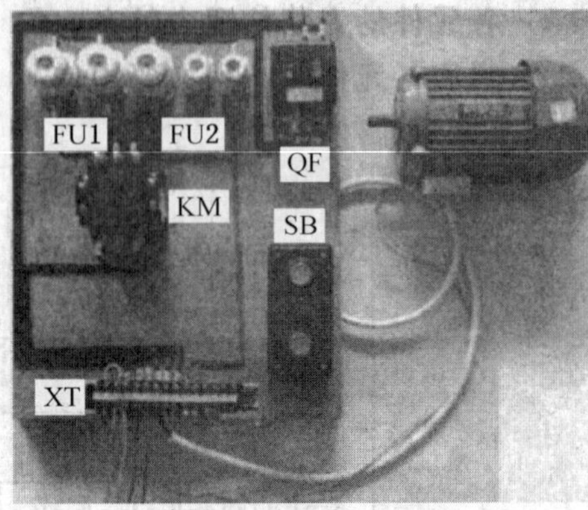

图6-6　连线

②用万用表检查线路的通断情况。检查时，应选用倍率适当的电阻挡，并进行校零，以防发生短路故障。对控制电路的检查（断开主电路），可将表棒分别搭在U11、V11线端上，读数应为“∞”。按下SB时，读数应为接触器线圈的直流电阻值。然后断开控制电路，再检查主电路有无开路或短路现象，此时，可用手动来代替接触器通电进行检查。

③用兆欧表检查线路绝缘电阻的阻值，应不小于1 MΩ。

（7）交验。

（8）通电试车。工艺要求：

①为保证人身安全，在通电试车时，要认真执行安全操作规程的有关规定，一人监护，一人操作。试车前，应检查与通电试车有关的电气设备是否有不安全的因素存在，若查出应立即整改，然后方能试车。

②通电试车前，必须征得教师的同意，并由指导教师接通三相电源L1、L2、L3，同时在现场监护。学生合上电源开关QF后，用测电笔检查熔断器出线端，氖管亮说明电源接通。按下SB，观察接触器情况是否正常，电气元件的动作是否灵活，有无卡阻及噪声过大等现象，电动机运行情况是否正常等，但不得对线路接线是否正确进行带电检查。观察过程中，若发现有异常现象，应立即停车。当电动机运转平稳后，用钳形电流表测量三相电流是否平衡。

③试车成功率以通电后第一次按下按钮时计算。

④出现故障后，学生应独立进行检修。若需带电检查时，教师必须在现场监护。检修完毕后，如需要再次试车，教师也应该在现场监护，并做好时间记录。

⑤通电试车完毕，停转，切断电源。先拆除三相电源线，再拆除电动机线。

二、注意事项

（1）电动机及按钮的金属外壳必须可靠接地。按钮内接线时，用力不可过猛，以防螺钉打滑。接至电动机的导线，必须穿在导线通道内加以保护，或采用坚韧的四芯橡皮线或塑料护套线进行临时通电校验。

（2）电源进线应接在螺旋式熔断器的下接线座上，出线应接在上接线座上。

（3）安装完毕的控制线路板，必须经过认真检查后才允许通电试车，以防止错接、漏接造成不能正常运转或短路事故。

（4）训练应在规定的定额时间内完成。训练结束后，安装的控制板留用。

项目二　正转控制线路

本学习任务为中级工、高级工应掌握的技能。

【学习目标】

（1）能通过阅读设备维护（保养）记录单和现场勘查，明确学习任务要求。

（2）能根据任务要求和实际情况，合理制定工作（学习）计划。

（3）熟练掌握三相笼型异步电动机具有过载保护接触器自锁的正转控制线路的构成、作用和工作原理，以及必要的保护措施。

（4）能正确识读三相笼型异步电动机具有过载保护接触器自锁正转控制线路原理图、接线图。

（5）能正确安装三相笼型异步电动机具有过载保护接触器自锁正转控制线路。

（6）能正确完成通电试车。

【工作情景描述】

正转控制线路只能控制电动机单向启动和停止，并带动生产机械的运动部件朝一个方向旋转和运动。

学习活动1　明确工作任务

【学习目标】

（1）能通过阅读设备维护（保养）记录单，明确学习任务、课时等要求。

（2）能准确记录工作现场的环境条件。

（3）熟练掌握三相笼型异步电动机具有过载保护接触器自锁正转控制线路的构成、作用和工作原理，以及必要的保护措施。

（4）能正确识读三相笼型异步电动机具有过载保护接触器自锁正转控制线路原理图、接线图。

一、工作任务

在接到电动机维护（保养）任务后，机电维修人员应全面检查电动机控制回路，了解维护（保养）前电动机控制系统运行情况，确定维护（保养）具体任务。

二、相关理论知识

电动机在运行过程中，如长期负载过大、操作频繁或断相运行等都可能使电动机的电流超过它的额定值。熔断器在这种情况下一般不会熔断，这将引起电动机过热。如果温度超过允许温升，就会使绝缘损坏，电动机的使用寿命大为缩短，甚至烧坏电动机。因此，对电动机必须采取过载保护的措施。最常用的是利用热继电器进行过载保护。图 6-7 所示为具有过载保护的正转控制线路。

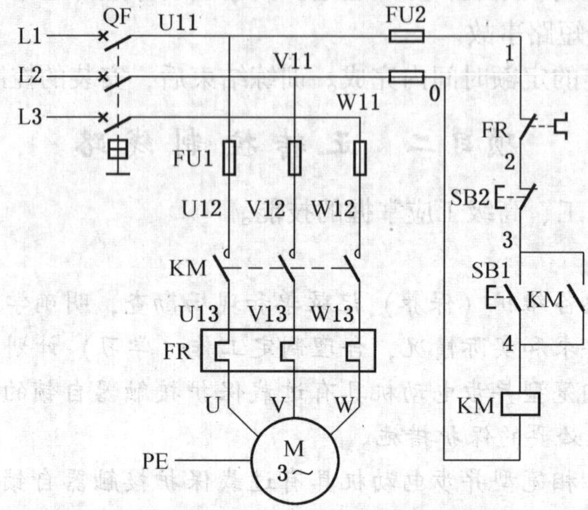

图 6-7　具有过载保护的正转控制线路

1. 电路分析

具有过载保护的正转控制线路的主电路在自锁控制线路基础上增加了热继电器 FR 的热元件，控制电路由控制电源、常开按钮（启动按钮）SB1、常闭按钮（停止按钮）SB2、热继电器 FR 的常闭辅助触点、接触器 KM 的常开辅助触点及接触器 KM 的线圈组成。

2. 工作原理

准备：合上 QF→控制电路有电→为电动机启动做准备。

启动：按下启动按钮SB1→KM线圈得电触点动作 ─┬→ KM主触点闭合→ 电动机M运转。
　　　　　　　　　　　　　　　　　　　　　　　└→ KM辅助触点闭合→ 实现自锁。

停止：按下停止按钮SB2→KM线圈断电触点复位 ─┬→ KM主触点断开→ 电动机M停止。
　　　　　　　　　　　　　　　　　　　　　　　└→ KM辅助触点断开→ 解除自锁。

保护：熔断器 FU 可以实现短路保护；接触器 KM 实现欠压保护和失压（零压）保护；热继电器 FR 实现过载保护。

学习活动 2　工作前的准备

【学习目标】

（1）正确识读具有过载保护的正转控制线路原理图，绘制安装接线图。

（2）了解各电气元件结构、原理、作用。

（3）熟悉各种工器具、设备的使用方法。

工具、仪表及器材见表 6-3。

表6-3　工具、仪表及器材表

工具	测电笔、螺钉旋具、尖嘴钳、斜口钳、剥线钳、电工刀等电工常用工具				
仪表	兆欧表、钳形电流表、万用表				
器材	代号	名称	型号	规　格	数量
	M	三相笼型异步电动机	Y112M-4	4 kW，380 V，△接法，8.8 A，1440 r/min	
	QF	低压断路器	D24-20/330	三极，复式脱扣器，380 V，20 A	
	FU1	螺旋式熔断器	RL1-60/25	500 V，60 A，熔体额定电流 25 A	
	FU2	螺旋式熔断器	RL1-15/2	500 V，15 A，熔体额定电流 2 A	
	KM	交流接触器	CJT1-20	20 A，线圈电压 380 V	
	FR	热继电器	JR35-20	三极，20 A，11 A，整定电流 8.8 A	
	SB	按钮	LA4-3H	保护式，按钮数 3（代用）	
	XT	端子板	TD-1515	15 A，15 节，660 V	
		控制板		500 mm×400 mm×20 mm	
		主电路塑铜线		BV1.5 mm^2 和 BVR1.5 mm^2（黑色）	
		控制电路塑铜线		BV1 mm^2（红色）	
		按钮塑铜线		BVR0.75 mm^2（红色）	
		接地塑铜线		BVR1.5 mm^2（黄绿双色）	
		紧固体和编码套管			

学习活动 3　现　场　施　工

【学习目标】

（1）能熟练掌握安装具有过载保护接触器自锁的正转控制线路的安全知识，并能按照安全要求进行操作。

（2）熟悉电动机基本控制线路的一般安装步骤和艺要求。

（3）能正确安装具有过载保护接触器自锁的正转控制线路。

（4）能正确排除故障。

（5）能正确通电试车。

一、实训内容

安装具有过载保护的接触器自锁正转控制线路参照本子任务项目一中的工艺要求，根据图 6-7 所示的具有过载保护的接触器自锁正转控制线路，做出布置图并安装。安装好的控制线路板如图 6-8 所示。

二、注意事项

（1）接触器 KM 的自锁触头应并接在启动按钮 SB1 两端，停止按钮 SB2 应串接在控制

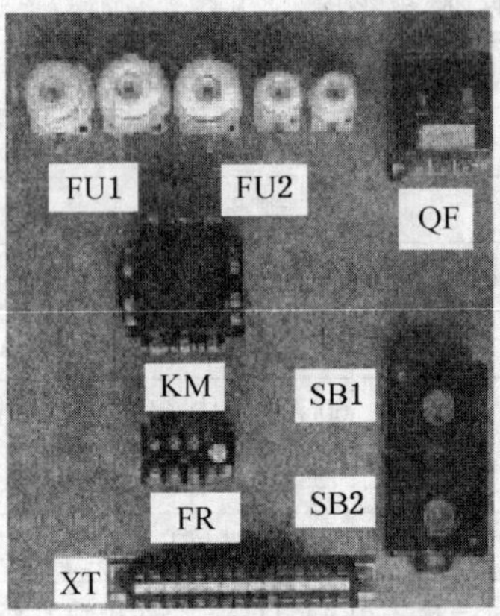

(a) 安装

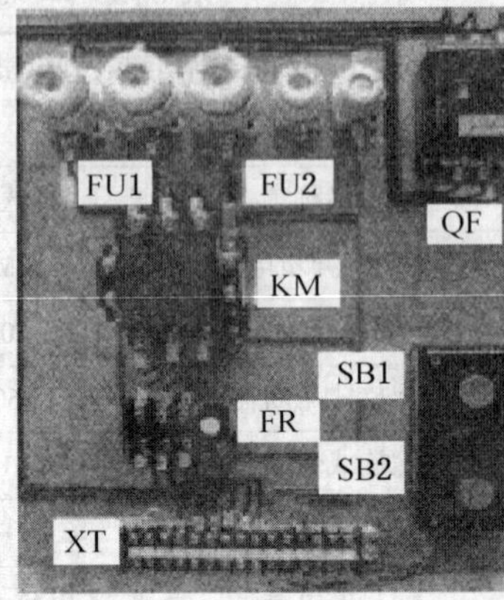

(b) 布线

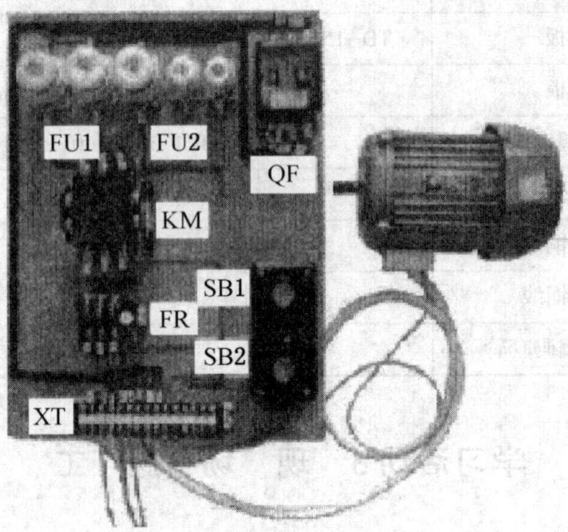

(c) 连接

图 6-8 具有过载保护的接触器自锁控制线路板

电路中；热继电器 FR 的热元件应串接在主电路中，它的常闭触头应串接在控制电路中。

（2）电源进线应接在螺旋式熔断器的下接线座上，出线则应接在上接线座上。

（3）按钮内接线时，用力不可过猛，以防螺钉打滑。

（4）电动机及按钮的金属外壳必须可靠接地。接至电动机的导线，必须穿在导线通道内加以保护，或采用坚韧的四芯橡皮线或塑料护套线进行临时通电校验。

（5）热继电器的整定电流应按电动机的额定电流自行调整，绝对不允许弯折双金属片。

（6）热继电器因电动机过载动作后，若需再次启动电动机，必须待热元件冷却并且热继电器复位后才可进行。

（7）编码套管套装要正确。

（8）启动电动机时，在按下启动按钮 SB1 的同时，手还必须按在停止按钮 SB2 上，以保证万一出现故障时，可立即按下 SB2 停车，防止事故的扩大。

项目三　正反转控制线路

本学习任务为中级工、高级工应掌握的技能。

【学习目标】

（1）能通过阅读设备维护（保养）记录单和现场勘查，明确学习任务要求。

（2）能根据任务要求和实际情况，合理制定工作（学习）计划。

（3）熟练掌握三相笼型异步电动机正反转控制线路的构成、作用和工作原理，以及必要的保护措施。

（4）能正确识读三相笼型异步电动机正反转控制线路原理图、接线图。

（5）能正确安装三相笼型异步电动机正反转控制线路。

（6）能正确完成通电试车。

【工作情景描述】

有的生产机械往往要求实现正反两个方向的运动，例如主轴的正反转和起重机的升降等，这就要求电动机可以正反转。由电动机原理可知，若将接至交流电动机的三相电源进线中任意两相接线对调，即可进行反转。

学习活动1　明确工作任务

【学习目标】

（1）能通过阅读设备维护（保养）记录单，明确学习任务、课时等要求。

（2）能准确记录工作现场的环境条件。

（3）熟练掌握三相笼型异步电动机正反转控制线路的构成、作用和工作原理，以及必要的保护措施。

（4）能正确识读三相笼型异步电动机正反转控制线路原理图、接线图。

一、工作任务

在接到电动机维护（保养）任务后，机电维修人员应全面检查电动机控制回路，了解维护（保养）前电动机控制系统运行情况，确定维护（保养）具体任务。

二、相关理论知识

1. 手动正反转控制线路

手动正反转是利用倒顺开关控制。倒顺开关也叫做可逆转换开关，属组合开关类型。它有三个操作位置：正转、停止和反转，是靠手动完成正反转操作的。其原理如图6-9所示。从图中可以看出，倒顺开关置于顺转（正转）和倒转（反转）位置时，对电动机M来说差别是有两相电源线（L1、L3）交换，电源相序得到了改变，从而改变了电动机的转向。

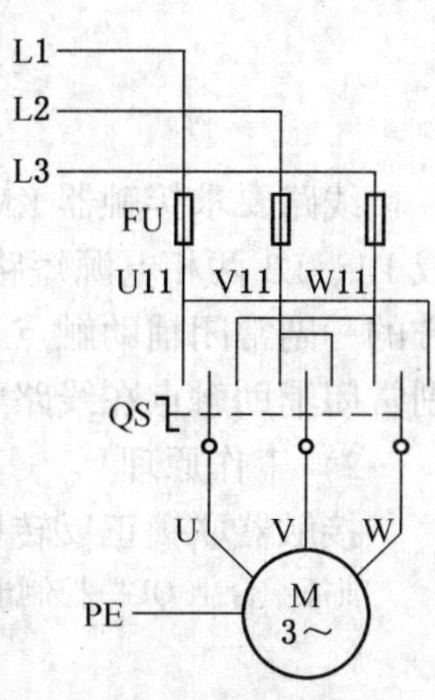

图6-9　倒顺开关正反转控制线路

应该注意的是，当电动机处于正转状态时，欲使它反转，必须先把手柄扳到“停止”位置，使电动机先停转，然后再把手柄扳至“反转”位置。若直接由“顺转”扳至“倒转”，因电源突然反接，会产生很大的冲击电流，易使电动机的定子绕组受到损坏。

手动正转控制线路的优点是：所用电器少，简单；缺点是：在频繁换向时，操作人员劳累，不方便，且没有欠压和零压保护。因此这种方式只在被控电动机的容量小于5.5 kW的场合使用。

2. 接触器联锁正反转控制线路

1）电路分析

接触器联锁正反转控制线路如图6-10所示。主电路由电源L1、L2、L3，电源隔离开关QF，熔断器FU1，接触器KM1、KM2的主触点，热继电器FR的热元件和电动机M组成。图中采用了两个接触器，即正转用接触器KM1和反转用接触器KM2。当KM1主触点接通时，三相电源L1、L2、L3按U—V—W相序接入电动机；当KM2主触点接通时，三相电源L1、L2、L3按W—V—U相序接入电动机。所以当两只接触器分别工作时，电动机的旋转方向相反。

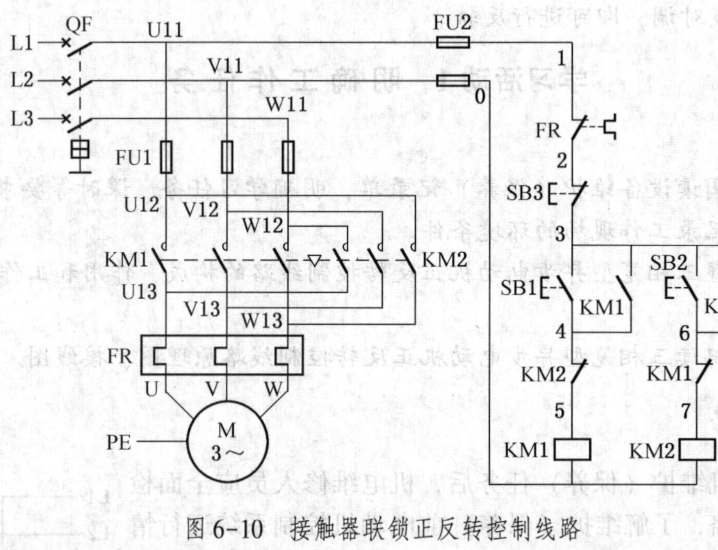

图6-10　接触器联锁正反转控制线路

线路要求接触器KM1和KM2不能同时通电，否则，它们的主触点便同时闭合，将造成L1、L3两相电源短路。为此，在接触器KM1与KM2线圈各自的支路中相互串联了对方的一副常闭辅助触点，以保证接触器KM1和KM2不会同时通电。KM1与KM2的这两副常闭辅助触点在线路中所起的作用称为联锁（互锁），这两副触点叫做联锁触点。

2）工作原理

接触器联锁正反转控制线路动作原理如下：

准备：合上QF→控制电路有电→为电动机启动做准备。

正转启动：按下SB1→KM1线圈得电，触点动作 →
- KM1主触点闭合→电动机M正向运转。
- KM1常开辅助触点闭合→实现自锁。
- KM1常闭辅助触点闭合→实现联锁。

正转停止：按下SB3→KM1线圈断电，触点复位 ──→
- KM1主触点断开→电动机M停止。
- KM1常开辅助触点断开→解除自锁。
- KM1常闭辅助触点断开→解除联锁。

反转启动：按下SB2→KM2线圈得电，触点动作 ──→
- KM2主触点闭合→电动机M正向运转。
- KM2常开辅助触点闭合→实现自锁。
- KM2常闭辅助触点闭合→实现联锁。

反转停止：按下SB3→KM2线圈断电，触点复位 ──→
- KM2主触点断开→电动机M停止。
- KM2常开辅助触点断开→解除自锁。
- KM2常闭辅助触点断开→解除联锁。

保护：熔断器 FU 可以实现短路保护，接触器 KM 实现欠压保护和失压（零压）保护，热继电器 FR 实现过载保护。

图 6-10 是电动机正反转控制的一种典型线路。这种线路当要改变电动机的转向时，必须先按停止按钮 SB3，再按按钮 SB2 或按钮 SB1，才能使电动机改变旋转方向。

学习活动 2　工作前的准备

【学习目标】

(1) 正确识读电动机正反转控制线路原理、绘制安装接线图。

(2) 了解各电气元件结构、原理、作用。

(3) 熟悉各种工器具、设备的使用方法。

工具、仪表及器材见表 6-4。

表6-4　工具、仪表及器材表

<table>
<tr><td rowspan="2">工具</td><td colspan="5">测电笔、螺钉旋具、尖嘴钳、斜口钳、剥线钳、电工刀等电工常用工具</td></tr>
<tr><td colspan="5">冲击钻、弯管器、套螺纹扳手等线路安装工具</td></tr>
<tr><td>仪表</td><td colspan="5">兆欧表、钳形电流表、万用表</td></tr>
<tr><td rowspan="11">器材</td><td>代号</td><td>名称</td><td>型号</td><td>规　格</td><td>数量</td></tr>
<tr><td rowspan="2">M</td><td>三相笼型异步电动机</td><td>Y100L1-4Y</td><td>2.2 kW，380 V，5 A，Y 接法，1440 r/min（倒顺开关控制）</td><td>1</td></tr>
<tr><td>三相笼型异步电动机</td><td>Y112M-4</td><td>4 kW，380 V，8.8 A，△接法，1440 r/min</td><td>1</td></tr>
<tr><td>QS</td><td>倒顺开关</td><td></td><td></td><td></td></tr>
<tr><td>QF</td><td>低压断路器</td><td></td><td></td><td></td></tr>
<tr><td>FU</td><td>熔断器</td><td></td><td></td><td></td></tr>
<tr><td>FU1</td><td>熔断器</td><td></td><td></td><td></td></tr>
<tr><td>FU2</td><td>熔断器</td><td></td><td></td><td></td></tr>
<tr><td>KM1、KM2</td><td>交流接触器</td><td></td><td></td><td></td></tr>
<tr><td>FR</td><td>热继电器</td><td></td><td></td><td></td></tr>
<tr><td>SB1~SB3</td><td>按钮</td><td></td><td></td><td></td></tr>
</table>

表6-4（续）

	代号	名称	型号	规　格	数量
器材	XT	端子板			
		主电路导线			
		控制电路导线			
		按钮线			
		接地线			
		电动机引线			
		控制板			
		紧固体及编码套管			

学习活动3　现　场　施　工

【学习目标】

（1）能熟练掌握安装接触器联锁正转控制线路的安全知识，并能按照安全要求进行操作。

（2）熟悉电动机基本控制线路的一般安装步骤和工艺要求。

（3）能正确安装与检修接触器联锁正转控制线路。

（4）能正确排除故障。

（5）能正确通电试车。

安装接触器联锁正反转控制线路参照本子任务项目一中的安装点动正转控制线路编写安装步骤，绘布置图（图6-11）与接线图（图6-12），并熟悉安装工艺要求。经教师审查同意后，根据图6-10、图6-11、图6-12完成接触器联锁正反转控制线路的安装。安装完成后的线路板如图6-13所示。安装注意事项如下：

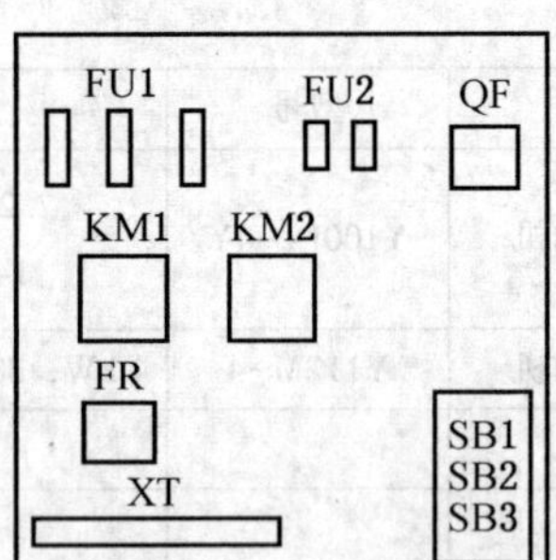

图6-11　接触器联锁正反转布置图

（1）接触器联锁触头接线必须正确，否则将会造成主电路中两相电源短路事故。

（2）通电试车时，应先合上QF，再按下SB1或SB2及SB3，看控制是否正常，并在按下SB1后再按下SB2，观察有无联锁作用。

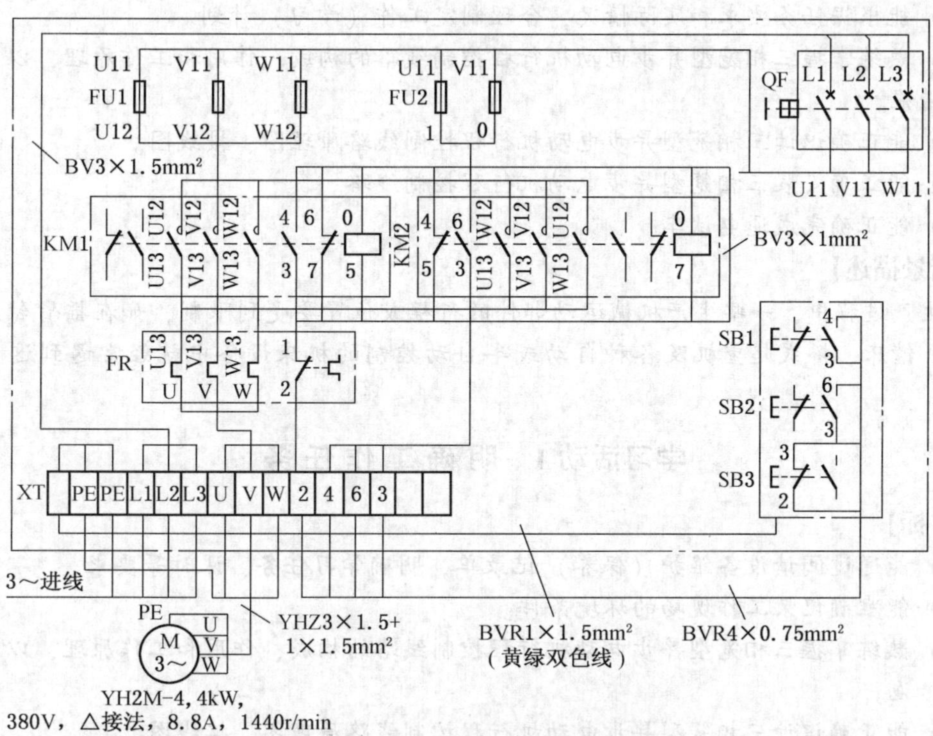

图 6-12　接触器联锁正反转接线图

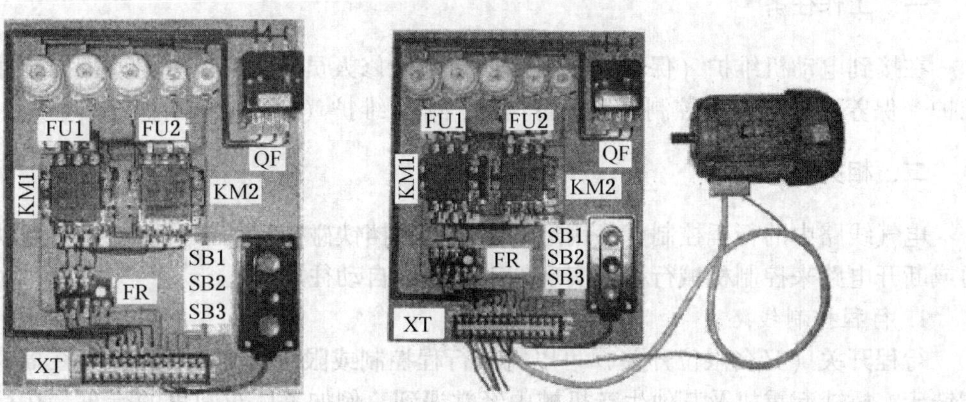

(a)　(b)

图 6-13　接触器联锁正反转控制线路板

(3) 训练应在规定的定额时间内完成，同时要做到安全操作和文明生产。训练结束后，安装的控制板留用。

项目四　行程控制线路

本学习任务为中级工、高级工应掌握的技能。

【学习目标】

(1) 能通过阅读设备维护（保养）记录单和现场勘查，明确学习任务要求。

(2) 能根据任务要求和实际情况，合理制定工作（学习）计划。

(3) 熟练掌握三相笼型异步电动机行程控制线路的构成、作用和工作原理，以及必要的保护措施。

(4) 能正确识读三相笼型异步电动机行程控制线路原理图、接线图。

(5) 能正确安装三相笼型异步电动机行程控制线路。

(6) 能正确完成通电试车。

【工作情景描述】

在生产过程中，一些生产机械运动部件的行程或位置要受到限制，如在摇臂钻床、万能铣床、镗床、桥式起重机及各种自动或半自动控制的机床设备中就经常遇到这种控制要求。

学习活动1 明确工作任务

【学习目标】

(1) 能通过阅读设备维护（保养）记录单，明确学习任务、课时等要求。

(2) 能准确记录工作现场的环境条件。

(3) 熟练掌握三相笼型异步电动机行程控制线路的构成、作用和工作原理，以及必要的保护措施。

(4) 能正确识读三相笼型异步电动机行程控制线路原理图、接线图。

一、工作任务

在接到电动机维护（保养）任务后，机电维修人员应全面检查电动机控制回路，了解维护（保养）前电动机控制系统运行情况，确定维护（保养）具体任务。

二、相关理论知识

电气线路中的行程控制就是用运动部件上的挡铁碰撞行程开关而使其触点动作，以接通或断开电路来控制机械行程或实现加工过程的自动往返。

1. 行程控制线路

行程开关（又名限位开关）可以完成行程控制或限位保护。行程开关在摇臂钻床、万能铣床、桥式起重机及其他生产机械中经常遇到。例如工厂车间里的行车，在行程的两个终端处各安装一个限位开关，并将这两个限位开关的常闭触点串接在控制电路中，就可以达到限位保护的目的。小车限位控制线路如图 6-14 所示。

其工作原理如下：先合上电源开关 QF；按下向前按钮 SB1，接触器 KM1 因线圈通电而吸合，电动机正转启动，小车向前运行；当小车运行到终端位置时，由于小车上的挡铁碰撞行程开关 SQ1 使 SQ1 的常闭触点断开，KM1 线圈断电释放，电动机 M 断电，小车停止前进。此时即使按下向前按钮 SB1，KM1 线圈也不会获电，保证了小车不会超过 SQ1 所在位置。

当按下向后按钮 SB2 时，KM2 因线圈通电而吸合，电动机反转，小车向后运行，行程开关 SQ1 复位，触点闭合。当小车运行到另一终端位置时，行程开关 SQ2 的常闭触点被撞开，KM2 释放，电动机切断电源，小车停止运行。

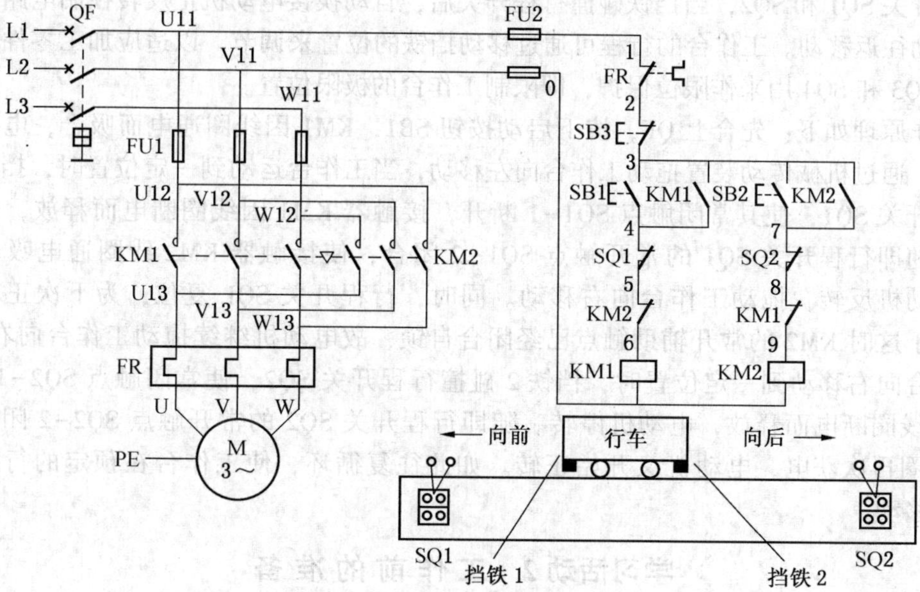

图 6-14　小车限位控制线路

2. 自动往复循环控制线路

有些生产机械，要求工作台在一定距离内能自动往复，不断循环，以使工件能连续加工。

图 6-15 为工作台自动往复移动的示意图。在工作台上装有挡铁 1 和 2，机床床身上装

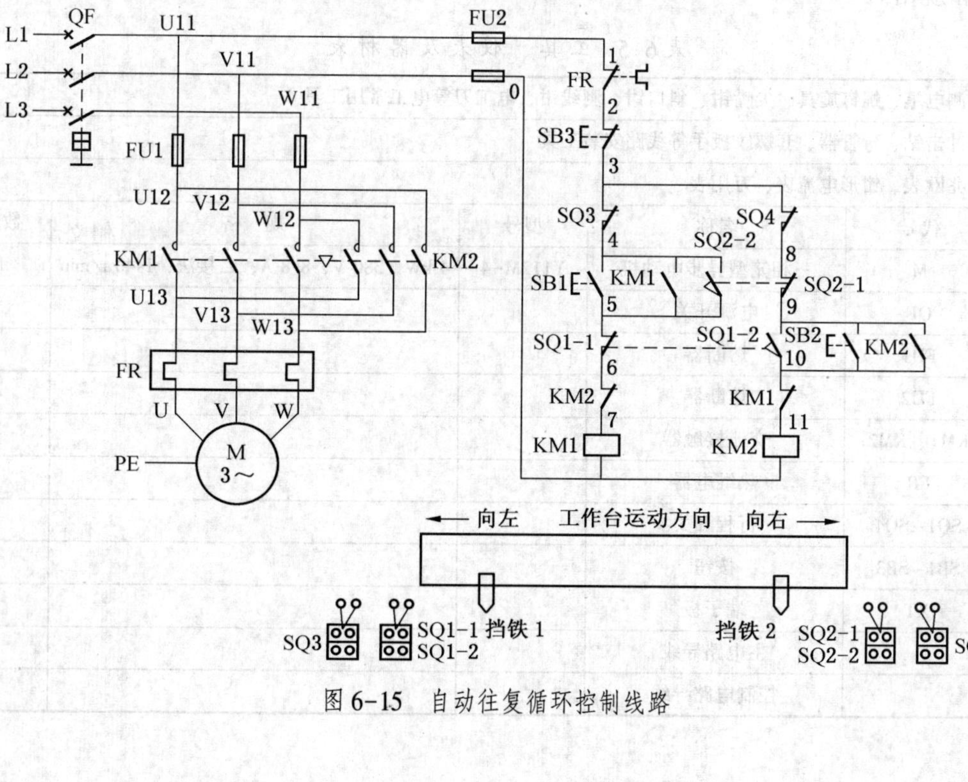

图 6-15　自动往复循环控制线路

有行程开关SQ1和SQ2，当挡铁碰撞行程开关后，自动换接电动机正反转控制电路，使工作台自动往返移动。工作台的行程可通过移动挡铁的位置来调节，以适应加工零件的不同要求。SQ3和SQ4用来作限位保护，即限制工作台的极限位置。

工作原理如下：先合上QF，按下启动按钮SB1，KM1因线圈通电而吸合，电动机正转启动，通过机械传动装置拖动工作台向左移动，当工作台运动到一定位置时，挡铁1碰撞行程开关SQ1，使其常闭触点SQ1-1断开，接触器KM1因线圈断电而释放，电动机停转。随即行程开关SQ1的常开触点SQ1-2闭合，使接触器KM2线圈通电吸合且自锁，电动机反转，拖动工作台向右移动。同时，行程开关SQL复位，为下次正转作准备。由于这时KM2的常开辅助触点已经闭合自锁，故电动机继续拖动工作台向右移动。当工作台向右移动到一定位置时，挡铁2碰撞行程开关SQ2，使常闭触点SQ2-1断开，KM2因线圈断电而释放，电动机停转。随即行程开关SQ2的常开触点SQ2-2闭合，使KM1线圈再次获电，电动机又开始正转。如此往复循环，使工作台在预定的行程内自动往复移动。

学习活动2　工作前的准备

【学习目标】

(1) 正确识读电动机行程控制线路原理，绘制安装接线图。

(2) 了解各电气元件结构、原理、作用。

(3) 熟悉各种工器具、设备的使用方法。

工具、仪表及器材见表6-5。根据电动机技术数据及控制线路选用工具、仪表、器材的型号和规格。

表6-5　工具、仪表及器材表

工具	测电笔、螺钉旋具、尖嘴钳、斜口钳、剥线钳、电工刀等电工常用工具				
	冲击钻、弯管器、套螺纹扳手等线路安装工具				
仪表	兆欧表、钳形电流表、万用表				
器材	代号	名称	型号	规格	数量
	M	三相笼型异步电动机	Y112M-4	4 kW，380 V，8.8 A，△接法，1440 r/min	1
	QF	电源开关			
	FU1	熔断器			
	FU2	熔断器			
	KM1、KM2	交流接触器			
	FR	热继电器			
	SQ1～SQ4	行程开关			
	SB1～SB3	按钮			
	XT	端子板			
		主电路导线			
		控制电路导线			

表6-5（续）

	代号	名称	型号	规　格	数量
器材		按钮线			
		接地线			
		电动机引线			
		走线槽			
		控制板			
		紧固体及编码套管			
		针形及叉形轧头			
		金属软管			

学习活动3　现　场　施　工

【学习目标】

（1）能熟练掌握安装、调试和检修工作台自动往返控制线路的安全知识，并能按照安全要求进行操作。

（2）熟悉电动机基本控制线路的一般安装步骤和工艺要求。

（3）能正确安装、调试和检修工作台自动往返控制线路。

（4）能正确排除故障。

（5）能正确通电试车。

一、安装训练

1. 安装步骤和工艺要求

（1）检验所选电气元件的质量。

（2）在控制板上按平面布置图安装走线槽和所有电气元件，并贴上醒目的文字符号，如图6-16所示。工艺要求：安装走线槽时，应做到横平竖直、排列整齐匀称、安装牢固、便于走线。

（3）按图6-15所示电路图进行板前线槽配线，并在导线端部套编码套管和冷压接线头，如图6-17所示。板前线槽配线的工艺要求：

①所有导线的截面积等于或大于0.5 mm^2 时，必须采用软线。考虑到机械强度的原因，所用导线的最小截面积在控制箱外为1 mm^2，在控制箱内为0.75 mm^2。但对于控制箱内通过很小电流的电路连线，如电子逻辑电路，可用0.2 mm^2，并且可以采用硬线，但只能用于不移动且无振动的场合。

②布线时，严禁损伤线芯和导线绝缘。

③各电气元件接线端子引出导线的走向以元件的水平中心线为界限。在水平中心线以上接线端子引出的导线，必须进入元件上面的走线槽；在水平中心线以下接线端子引出的导线，必须进入元件下面的走线槽。任何导线都不允许从水平方向进入走线槽内。

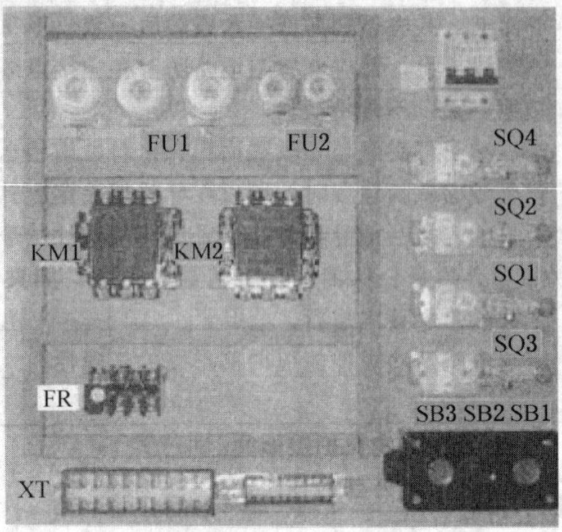

图 6-16　安装走线槽、元件，贴上文字符号

图 6-17　板前线槽布线、套编码套管和冷压接线头

④各电气元件接线端子上引出或引入的导线，除间距很小或元件机械强度很差时允许直接架空敷设外，其他导线必须经过走线槽进行连接。

⑤进入走线槽内的导线要完全置于走线槽内，并应尽可能避免交叉，装线不要超过其容量的 70%，以便于能盖上线槽盖和以后的装配及维修。

⑥各电气元件与走线槽之间的外露导线，应合理走线，并尽可能做到横平竖直，垂直变换走向。同一个元件上位置一致的端子和同型号电气元件中位置一致的端子上，引出或引入的导线，要敷设在同一平面上，并应做到高低一致或前后一致，不得交叉。

⑦所有接线端子、导线线头上，都应套有与电路图上相应接点线号一致的编码套管，并按线号进行连接，连接必须牢固，不得松动。

⑧在任何情况下，接线端子都必须与导线截面积和材料性质相适应。当接线端子不适合连接软线或不适合连接较小截面积的软线时，可以在导线端头穿上针形或叉形轧头并压紧。

⑨一般一个接线端子只能连接一根导线，如果采用专门设计的端子，可以连接两根或多根导线，但导线的连接方式必须是公认的、在工艺上成熟的，如夹紧、压接、焊接、绕接等，并应严格按照连接工艺的工序要求进行。

（4）根据图 6-15 所示电路图检查控制板内部布线的正确性。

（5）安装电动机。

（6）连接电动机和按钮金属外壳的保护接地线。

（7）连接电源、电动机等控制板外部的导线。

（8）自检。

（9）交验。

（10）交验合格后通电试车。

2. 注意事项

（1）行程开关可以先安装好，不占定额时间。行程开关必须牢固安装在合适的位置上。安装后，必须用手动工作台或受控机械进行试验，合格后才能使用。训练中，若无条件进行实际机械安装试验时，可将行程开关安装在控制板上方或下方两侧，进行手控模拟试验。

（2）通电校验时，必须先手动行程开关，试验各行程控制和终端保护动作是否正常可靠。

（3）走线槽安装后可不必拆卸，以供后面课题训练时使用。安装线槽的时间不计入定额时间内。

（4）通电校验时，必须有指导教师在现场监护，学生应根据电路的控制要求独立进行校验，若出现故障也应自行排除。

（5）安装训练应在规定的定额时间内完成，同时要做到安全操作和文明生产。

二、检修训练

在图 6-15 所示的主电路或控制电路中，人为设置电气故障两处。自编检修步骤，经指导教师审查合格后开始检修。检修注意事项如下：

（1）检修前，要先掌握电路图中各个控制环节的作用和原理。

（2）在检修过程中，严禁扩大和产生新的故障，否则要立即停止检修。

（3）检修思路和方法要正确。

（4）寻找故障现象时，不要漏检行程开关，并且严禁在行程开关 SQ3、SQ4 上设置故障。

（5）带电检修故障时，必须有指导教师在现场监护，并要确保用电安全。

（6）检修必须在定额时间内完成。

项目五　顺序控制线路

本学习任务为中级工、高级工应掌握的技能。

【学习目标】

（1）能通过阅读设备维护（保养）记录单和现场勘查，明确学习任务要求。

（2）能根据任务要求和实际情况，合理制定工作（学习）计划。

（3）熟练掌握三相笼型异步电动机顺序控制线路的构成、作用和工作原理，以及必要的保护措施。

（4）能正确识读三相笼型异步电动机顺序控制线路原理图、接线图。

（5）能正确安装三相笼型异步电动机顺序控制线路。

（6）能正确完成通电试车。

【工作情景描述】

在装有多台电动机的生产机械上，各电动机所起的作用不同，有时需要按一定的顺序启动才能保证操作过程的合理和工作的安全可靠。例如，在铣床上就要求先启动主轴电动机，然后才能启动进给电动机。又如，带有液压系统的机床，一般都要先启动液压泵电动机，以后才能启动其他电动机。这些顺序关系反映在控制线路上，称为顺序控制。

学习活动1 明确工作任务

【学习目标】

(1) 能通过阅读设备维护（保养）记录单，明确学习任务、课时等要求。

(2) 能准确记录工作现场的环境条件。

(3) 熟练掌握三相笼型异步电动顺序控制线路的构成、作用和工作原理，以及必要的保护措施。

(4) 能正确识读三相笼型异步电动机顺序控制线路原理图、接线图。

一、工作任务

在接到电动机维护（保养）任务后，机电维修人员应全面检查电动机控制回路，了解维护（保养）前电动机控制系统运行情况，确定维护（保养）具体任务。

二、相关理论知识

1. 主电路实现顺序控制

图6-18所示是两台电动机M1和M2的顺序控制线路。该线路的特点是，电动机M2的控制电路是接在接触器KM1的常开辅助触点之后，这就保证了只有当KM1接通M1启动后，M2才能启动。而且，如果由于某种原因（如过载或失压等）使KM1失电，M1停转，那么M2也立即停止，即M1和M2同时停止。

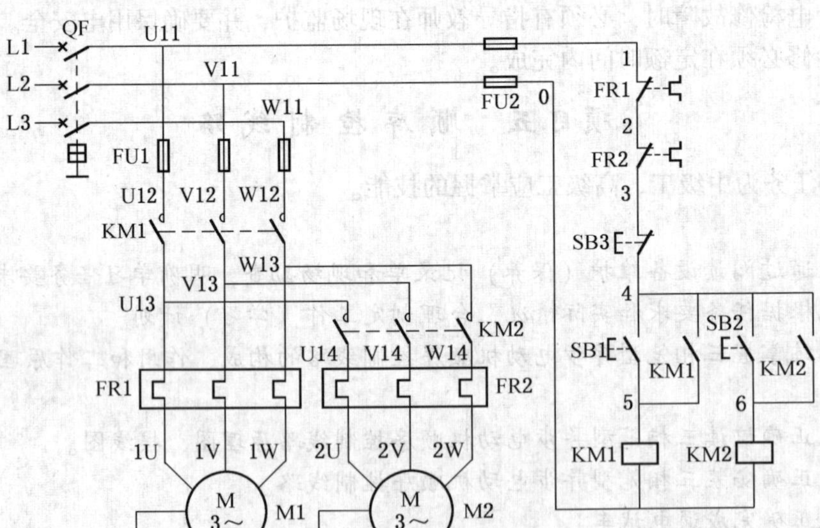

图6-18 主电路实现的顺序控制线路

2. 控制电路实现顺序控制

图6-19所示是几种顺序控制线路。图6-19a的特点是，电动机M2的控制电路先与

接触器 KM1 的线圈并接后再与 KM1 的自锁触头串接，这样就保证了 M1 启动后 M2 才能启动的顺序要求。

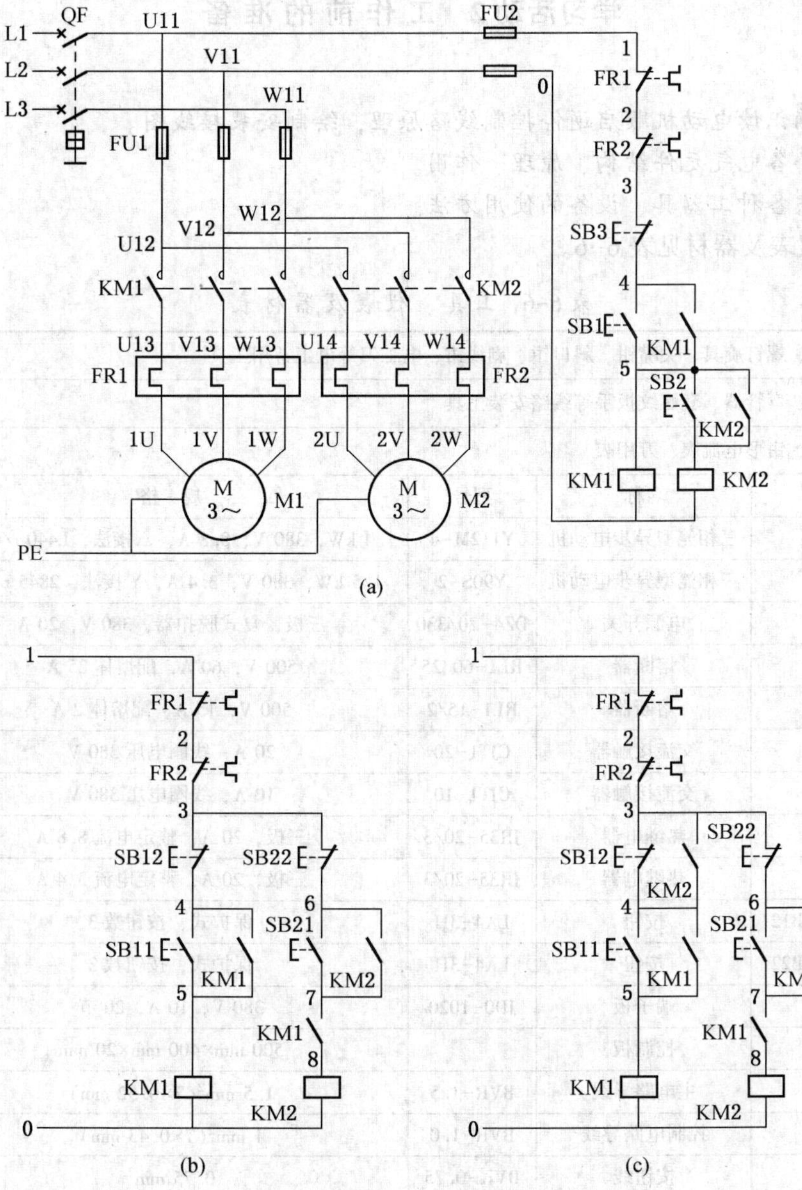

图 6-19　控制电路实现的顺序控制电路

图 6-19b 的特点是，在电动机 M2 的控制电路中，串接 KM1 的辅助常开触点，显然，只要 M1 不启动，即使按下 SB21，由于 KM1 的辅助常开触头未闭合，KM2 线圈也不能得电，从而保证了 M1 启动后 M2 才能启动的控制要求。线路停止按钮 SB12 控制两台电动机同时停止，SB22 控制 M2 的单独停止。

图 6-19c 的特点是，线路中的 SB12 的两端并接了接触器 KM2 的辅助常开触头，从而

实现了 M1 启动后 M2 才能启动、M2 停止后 M1 才能停止的控制要求，即 M1、M2 是顺序启动，逆序停止。

学习活动 2 工作前的准备

【学习目标】

（1）正确识读电动机顺启逆停控制线路原理，绘制安装接线图。

（2）了解各电气元件结构、原理、作用。

（3）熟悉各种工器具、设备的使用方法。

工具、仪表及器材见表 6-6。

表 6-6 工具、仪表及器材表

类别	代号	名称	型号	规格	数量
工具	测电笔、螺钉旋具、尖嘴钳、斜口钳、剥线钳、电工刀等电工常用工具				
	冲击钻、弯管器、套螺纹扳手等线路安装工具				
仪表	兆欧表、钳形电流表、万用表				
器材	代号	名称	型号	规格	数量
	M1	三相笼型异步电动机	Y112M-4	4 kW，380 V，8.8 A，△接法，L440 r/min	1
	M2	三相笼型异步电动机	Y90S-2	1.5 kW，380 V，3.4 A，Y 接法，2845 r/min	1
	QF	电源开关	DZ4-20/330	三极，复式脱扣器，380 V，20 A	1
	FU1	熔断器	RL1-60/25	500 V，60 A，配熔体 25 A	3
	FU2	熔断器	RL1-15/2	500 V，15 A，配熔体 2 A	2
	KM1	交流接触器	CJT1-20	20 A，线圈电压 380 V	1
	KM2	交流接触器	CJT1-10	10 A，线圈电压 380 V	1
	FR1	热继电器	JR35-20/3	三极，20 A，整定电流 8.8 A	1
	FR2	热继电器	JR35-20/3	三极，20 A，整定电流 3.4 A	1
	SB11、SB12	按钮	LA4-3H	保护式，按钮数 3	1
	SB21、SB22	按钮	LA4-3H	保护式，按钮数 3	1
	XT	端子板	JD0-1020	380 V，10 A，20 节	1
		控制板		500 mm×400 mm×20 mm	1
		主电路导线	BVR-1.5	1.5 mm^2(7×0.52 mm)	若干
		控制电路导线	BVR-1.0	1 mm^2(7×0.43 mm)	若干
		按钮线	BVR-0.75	0.75 mm^2	若干
		接地线	BVR-1.5	1.5 mm^2（黄绿双色）	若干
		走线槽		18 mm×25 mm	若干
		电动机引线			若干
		紧固体及编码套管			若干
		针形及叉形轧头			若干
		金属软管			若干

学习活动3　现　场　施　工

【学习目标】

（1）能熟练掌握安装两台电动机顺序启动逆序停止控制线路的安全知识，并能按照安全要求进行操作。

（2）熟悉电动机基本控制线路的一般安装步骤和工艺要求。

（3）能正确安装两台电动机顺序启动逆序停止控制线路。

（4）能正确排除故障。

（5）能正确通电试车。

一、安装步骤及工艺要求

参照本子任务项目四中的工艺要求进行安装。其安装步骤如下：

（1）检验电气元件质量。

（2）根据图6-19c所示电路图（主电路如图6-19a所示），画出布置图。

（3）在控制板上按布置图安装走线槽和所有电气元件，并贴上醒目的文字符号。

（4）控制板上按图6-19c所示电路图进行板前线槽布线，并在导线端部套编码套管和冷压接线头。

（5）安装电动机。

（6）连接电动机和电气元件金属外壳的保护接地线。

（7）连接控制板外部的导线。

（8）自检。

（9）交验检查无误后通电试车。

二、注意事项

（1）通电试车前，应熟悉线路的操作顺序，即先合上电源开关QF，然后按下SB11后再按下SB21顺序启动，按下SB22后再按下SB21逆序停止。

（2）通电试车时，注意观察电动机、各电气元件及线路各部分工作是否正常。若发现异常情况，必须立即切断电源开关QF，而不是按下SB12，因为此时停止按钮SB12可能已失去作用。

项目六　两地控制线路

本学习任务为中级工、高级工应掌握的技能。

【学习目标】

（1）能通过阅读设备维护（保养）记录单和现场勘查，明确学习任务要求。

（2）能根据任务要求和实际情况，合理制定工作（学习）计划。

（3）熟练掌握三相笼型异步电动机两地控制线路的构成、作用和工作原理，以及必要的保护措施。

（4）能正确识读三相笼型异步电动机两地控制线路原理图、接线图。

（5）能正确安装三相笼型异步电动机两地控制线路。

（6）能正确完成通电试车。

【工作情景描述】

以上各控制线路只能对电动机在一个地点、用一套按钮来进行控制操作。但是有些生产机械，例如铣床等，为了操作方便，常常希望在两个地点进行同样的控制操作，即两地控制。

学习活动1　明确工作任务

【学习目标】

（1）能通过阅读设备维护（保养）记录单，明确学习任务、课时等要求。

（2）能准确记录工作现场的环境条件。

（3）熟练掌握三相笼型异步电动机两地控制线路的构成、作用和工作原理，以及必要的保护措施。

（4）能正确识读三相笼型异步电动机两地控制线路原理图、接线图。

一、工作任务

在接到电动机维护（保养）任务后，机电维修人员应全面检查电动机控制回路，了解维护（保养）前电动机控制系统运行情况，确定维护（保养）具体任务。

二、相关理论知识

为了达到从两地同时控制一台电动机的目的，必须在另一地点再装一组启动和停止按钮。这两组启停按钮接线的方法必须是：启动按钮要相互并联，停止按钮要相互串联。

图6-20为两地控制线路。它可以分别在甲、乙两地控制接触器KM的通断，其中甲地的启停按钮为SB11和SB12，乙地为SB21和SB22，因而实现了两地控制同一台电动机的结果。

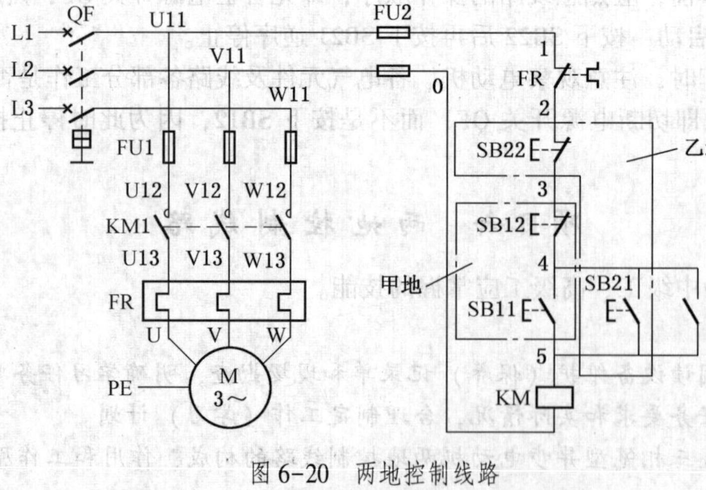

图6-20　两地控制线路

对于三地或多地控制，只要把各地的启动按钮并接，停止按钮串接就可以实现。

学习活动2　工作前的准备

【学习目标】

(1) 正确识读电动机两地控制线路原理，绘制安装接线图。

(2) 了解各电气元件结构、原理、作用。

(3) 熟悉各种工器具、设备的使用方法。

工具、仪表及器材见表6-7。

表6-7　工具、仪表及器材表

类别	代号	名称	型号	规格	数量
工具	测电笔、螺钉旋具、尖嘴钳、斜口钳、剥线钳、电工刀等电工常用工具				
工具	冲击钻、弯管器、套螺纹扳手等线路安装工具				
仪表	兆欧表、钳形电流表、万用表				
器材	代号	名称	型号	规　格	数量
器材	M1	三相笼型异步电动机	Y112M-4	4 kW，380 V，8.8 A，△接法，1440 r/min	1
器材	QF	电源开关	DZ4-20/330	三极，复式脱扣器，380 V，20 A	1
器材	FU1	熔断器	RL1-60/25	500 V，60 A，配熔体 25 A	3
器材	FU2	熔断器	RL1-15/2	500 V，15 A，配熔体 2 A	2
器材	KM1	交流接触器	CJT1-20	20 A，线圈电压 380 V	1
器材	FR1	热继电器	JR35-20/3	三极，20 A，整定电流 8.8A	1
器材	SB11、SB12	按钮	LA4-3H	保护式，按钮数 3	1
器材	SB21、SB22	按钮	LA4-3H	保护式，按钮数 3	1
器材	XT	端子板	JD0-1020	380 V，10 A，20 节	1
器材		控制板		500 mm×400 mm×20 mm	1
器材		主电路导线	BVR-1.5	1.5 mm^2(7×0.52 mm)	1
器材		控制电路导线	BVR-1.0	1 mm^2(7×0.43 mm)	若干
器材		按钮线	BVR-0.75	0.75 mm^2	若干
器材		接地线	BVR-1.5	1.5 mm^2（黄绿双色）	若干
器材		走线槽		18 mm×25 mm	若干
器材		电动机引线			若干
器材		紧固体及编码套管			若干
器材		针形及叉形轧头			若干
器材		金属软管			若干

学习活动3　现　场　施　工

【学习目标】

(1) 能熟练掌握安装和检修两地控制的具有过载保护接触器自锁正转控制线路的安全

知识，并能按照安全要求进行操作。

(2) 熟悉电动机基本控制线路的一般安装步骤和工艺要求。

(3) 能正确安装和检修两地控制的具有过载保护接触器自锁正转控制线路。

(4) 能正确排除故障。

(5) 能正确通电试车。

一、安装训练

根据图 6-20 所示电路图，画出布置图，然后参照本子任务中项目一的相关内容进行训练。

二、检修训练

根据以下故障现象，同学之间相互设置故障点、查找故障点，并正确排除故障，把结果填入表 6-8。

表 6-8 检 修 结 果 表

故 障 现 象	故障点	排故方法
按下 SB11，SB21，电动机都不能启动		
电动机只能点动控制		
按下 SB11 电动机不启动，按下 SB21 能启动		

子任务三 三相笼型异步电动机的降压启动控制线路

当电动机的容量较大，不能进行直接启动时，应采用降压启动。

降压启动是将电源电压适当降低后，再加到电动机定子绕组上进行启动。当电动机启动后，再将电压恢复到额定值。降压启动的目的在于减小启动电流，但启动转矩也将降低，因此，降压启动仅适用于空载或轻载下的启动。

三相笼型电动机常用的降压启动方法有：定子绕组串联电阻或电抗器启动、星形-三角形启动、自耦变压器降压启动及延边三角形启动。其中星形-三角形启动使用控制设备少、电路简单，应用较多。随着变频调速技术的普遍应用，降压启动的应用场合逐渐减少，这里只介绍星形-三角形启动。

本学习任务为中级工、高级工应掌握的技能。

【学习目标】

(1) 能通过阅读设备维护（保养）记录单和现场勘查，明确学习任务要求。

(2) 能根据任务要求和实际情况，合理制定工作（学习）计划。

(3) 熟练掌握三相笼型异步电动机星形-三角形（Y-△）降压启动控制线路的构成、作用和工作原理，以及必要的保护措施。

(4) 能正确识读三相笼型异步电动机星形-三角形（Y-△）降压启动控制线路原理图、接线图。

(5) 能正确安装三相笼型异步电动机星形-三角形（Y-△）降压启动控制线路。

(6) 能正确完成通电试车。

【工作情景描述】

额定运行为△形接法且容量较大的电动机，可以采用 Y-△启动法。启动时绕组作 Y 形连接，待转速升高到一定值时，改为△形连接，直到稳定运行。

学习活动 1　明确工作任务

【学习目标】

（1）能通过阅读设备维护（保养）记录单，明确学习任务、课时等要求。

（2）能准确记录工作现场的环境条件。

（3）熟练掌握三相笼型异步电动机星形-三角形（Y-△）降压启动控制线路的构成、作用和工作原理，以及必要的保护措施。

（4）能正确识读三相笼型异步电动机星形-三角形（Y-△）降压启动控制线路原理图、接线图。

一、工作任务

在接到电动机维护（保养）任务后，机电维修人员应全面检查电动机控制回路，了解维护（保养）前电动机控制系统运行情况，确定维护（保养）具体任务。

二、相关理论知识

常用星形-三角形（Y-△）降压启动控制线路是时间继电器自动切换控制线路。

1. 电路

图 6-21 为时间继电器自动切换 Y-△降压启动控制线路。当接触器 KM 和接触器 KM_Y 同时动作时，电动机 Y 形接法降压启动；当接触器 KM 和接触器 $KM_△$ 同时动作时，电动机△形接法降压启动；接触器 $KM_△$ 和接触器 KM_Y 不允许同时动作。

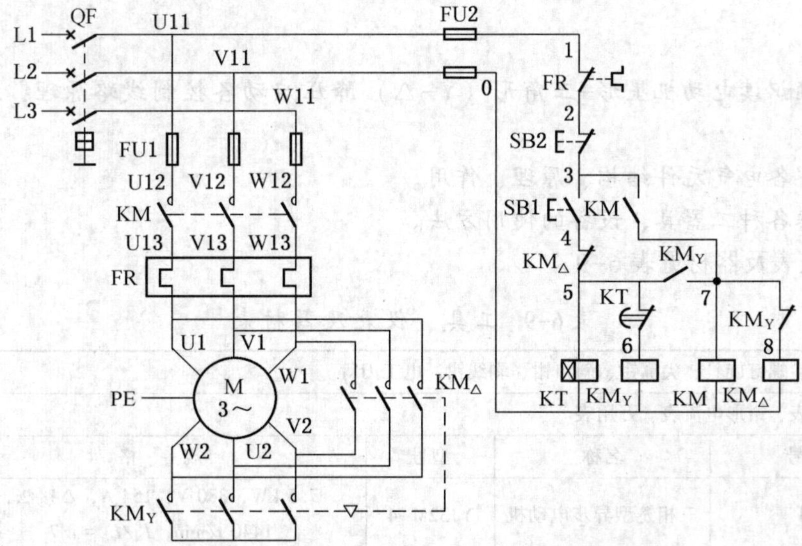

图 6-21　时间继电器自动切换 Y-△降压启动控制线路

2. 工作原理

准备：合上 QF→控制电路有电→为电动机启动做准备。

启动：按下SB1→
- KM线圈得电，触点动作→
  - KM常开辅助触点闭合→实现自锁。
  - KM主触点闭合 ┐
- KM_Y线圈得电，触点动作→
  - KM_Y主触点闭合 ┘→电动机M降压启动。
  - KM_Y常闭辅助触点断开→实现联锁。
- KT线圈得电，开始计时；延时时间到，KT触点动作→KT常闭触点断开→KM_Y线圈断电，触点复位→
  - KM_Y主触点断开→电动机暂时失电。
  - KM_Y常闭辅助触点闭合→
    - $KM_△$常开辅助触点闭合→实现自锁。
    - $KM_△$线圈得电，触点动作→
      - $KM_△$主触点闭合→电动机M全压运行。
      - $KM_△$常闭辅助触点断开→实现联锁。

停止：按下SB2→KM、$KM_△$线圈失电，触点复位→
- KM、$KM_△$主触点断开→电动机M停止。
- KM、$KM_△$辅助触点复位→为下次启动做准备。

保护：熔断器 FU 可以实现短路保护，接触器 KM 实现欠压保护和失压（零压）保护，热继电器 FR 实现过载保护。

结束：断开 QF。

目前按钮切换和时间继电器自动切换 Y-△启动器均有现成的产品。

星形接法的启动线电流为三角形接法的三分之一。Y 接法的启动转矩为△接法的三分之一，所以星形-三角形启动只适用于空载或轻载启动。

学习活动 2　工作前的准备

【学习目标】

(1) 正确识读电动机星形-三角形（Y-△）降压启动各控制线路原理，绘制安装接线图。

(2) 了解各电气元件结构、原理、作用。

(3) 熟悉各种工器具、设备的使用方法。

工具、仪表及器材见表 6-9。

表 6-9　工具、仪表及器材表

工具	测电笔、螺钉旋具、尖嘴钳、斜口钳、剥线钳、电工刀等				
仪表	型兆欧表、钳形电流表、万用表				
器材	代号	名称	型号	规　格	数量
	M	三相笼型异步电动机	Y132M-4	7.5 kW，380 V，154 A，△接法，1440 r/min，$I_N/L_{st}=1/7$	1
	QF	断路器	D24-20/330	三极，复式脱扣器，380 V，20 A	1

表 6-9（续）

	代号	名称	型号	规　　格	数量
器材	FU1	熔断器	RLI-60/25	500 V，60 A，配熔体 25 A	3
	FU2	熔断器	RL1-15/2	500 V，15 A，配熔体 2 A	2
	KM、KM_Y、$KM_{\triangle}$	交流接触器	CJT1-20	20 A，线圈电压 380 V	3
	KT	时间继电器	JS6-2A	线圈电压 380 V	1
	FR	热继电器	JR36B-20/3	三极，20 A，整定电流 11.6 A	1
	SB1、SB2	按钮	LA4-3H	保护式，按钮数 3	3
	XT	端子板	JD0-1020	380 V，10 A，20 节	1
		控制板		550 mm×500 mm×20 mm	1
		导线	BVR	1.5 mm^2（黑色），1.5 mm^2（黄绿双色），1.0 mm^2 和 0.75 mm^2（红色）	若干
		走线槽		18 mm×25 mm	若干
		编码套管、紧固体、针形及叉形轧头、金属软管等			若干

学习活动 3　现　场　施　工

【学习目标】

(1) 能熟练掌握安装与检修时间继电器自动控制星形-三角形（Y-△）降压启动控制线路的安全知识，并能按照安全要求进行操作。

(2) 熟悉电动机基本控制线路的一般安装步骤和工艺要求。

(3) 能正确安装与检修时间继电器自动控制星形-三角形（Y-△）降压启动控制线路。

(4) 能正确排除故障。

(5) 能正确通电试车。

根据三相笼型异步电动机 Y132M-4 的技术数据：7.5 kW、380 V、15.4 A、△形接法、1440 r/min 和图 6-21 所示电路图，编写出安装和检修步骤，经指导教师审阅合格后，进行训练。安装完成的线路如图 6-22 所示。安装注意事项如下：

(1) 用 Y-△降压启动控制的电动机必须有 6 个出线端子，且定子绕组在△接法时的额定电压等于三相电源的线电压。

(2) 接线时，要保证电动机△接法的正确性，即接触器主触头闭合时，应保证定子绕组的 U1 与 W2、V1 与 U2、W1 与 V2 相连接。

(3) 接触器 KM_Y 的进线必须从三相定子绕组的末端引入，若误将其首端引入，则在 KM_Y 吸合时会产生三相电源短路事故。

(4) 控制板外部配线，必须按要求一律装在导线通道内，使导线有适当的机械保护，

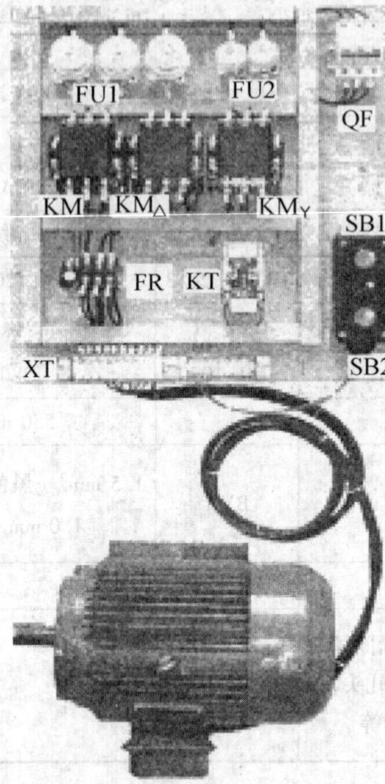

图 6-22　自动控制 Y-△降压启动控制线路模拟安装盘

以防止液体、铁屑和灰尘的侵入。在训练时，可适当降低要求，但必须以能确保安全为前提，如采用多芯橡皮线或塑料护套软线。

(5) 通电校验前，要再检查一下熔体规格及时间继电器、热继电器的各整定值是否符合要求。

(6) 通电校验时，必须有指导教师在现场监护，学生应根据电路的控制要求独立进行校验，若出现故障也应自行排除。

(7) 安装训练应在规定的定额时间内完成，同时要做到安全操作和文明生产。

子任务四　三相异步电动机的调速控制线路

本学习任务为中级工、高级工应掌握的技能。

【学习目标】

(1) 能通过阅读设备维护（保养）记录单和现场勘查，明确学习任务要求。

(2) 能根据任务要求和实际情况，合理制定工作（学习）计划。

(3) 熟练掌握三相笼型异步电动机调速控制线路的构成、作用和工作原理，以及必要的保护措施。

(4) 能正确识读三相笼型异步电动机调速控制线路原理图、接线图。

(5) 能正确安装三相笼型异步电动机调速控制线路。

(6) 能正确完成通电试车。

【工作情景描述】

生产实践中电动机常采用的调速方法是改变异步电动机的磁极对数，称为变极调速。变极调速是通过改变定子绕组的连接方式来实现的，它是有级调速，且只适用于笼型异步电动机。

学习活动1　明确工作任务

【学习目标】

（1）能通过阅读设备维护（保养）记录单，明确学习任务、课时等要求。

（2）能准确记录工作现场的环境条件。

（3）熟练掌握三相笼型异步电动机调速控制线路的构成、作用和工作原理，以及必要的保护措施。

（4）能正确识读三相笼型异步电动机调速控制线路原理图、接线图。

一、工作任务

在接到电动机维护（保养）任务后，机电维修人员应全面检查电动机控制回路，了解维护（保养）前电动机控制系统运行情况，确定维护（保养）具体任务。

二、相关理论知识

双速异步电动机是变极调速中最常用的一种电动机。

1. 双速异步电动机定子绕组的连接

定子绕组的连接方法如图6-23所示，其中图6-23a为电动机的三相绕组接成三角形，

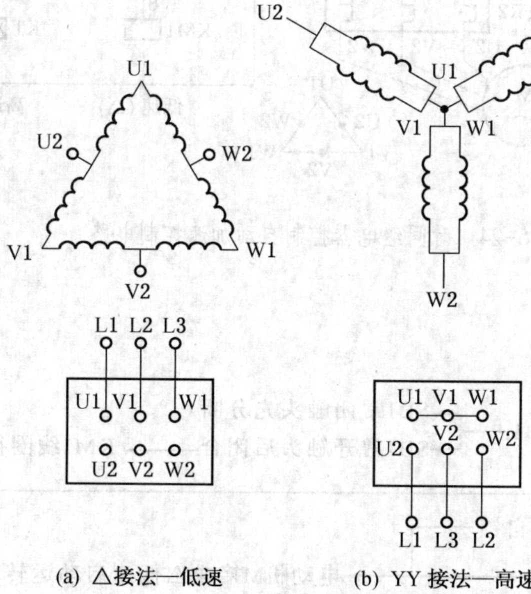

(a) △接法—低速　(b) YY 接法—高速

图6-23　双速电动机定子绕组接线图

3 根电源线连接在接线端 U1、V1、W1；每个绕组的中点接出的接线端 U2、V2、W2 空着不接。此时电动机磁极为 4 极，同步转速为 1500 r/min。

要使电动机以高速工作时，只需把电动机绕组接线端 U1、V1、W1 连接在一起，三相电源分别接到 U2、V2、W2 的三个接线端上，如图 6-23b 所示。此时电动机定子绕组为双 Y 连接，磁极为 2 极，同步转速为 3000 r/min。必须注意，从一种接法改为另一种接法时，为了保证旋转方向不变，应把电源相序反过来。

双速电动机高速运转时的转速接近低速运转时的两倍。

2. 时间继电器自动控制线路

有时为了减小高速启动时的能耗，启动时电动机先以△启动，然后自动地转为双 Y 运行，这个过程可以用时间继电器来控制，其控制电路如图 6-24 所示。

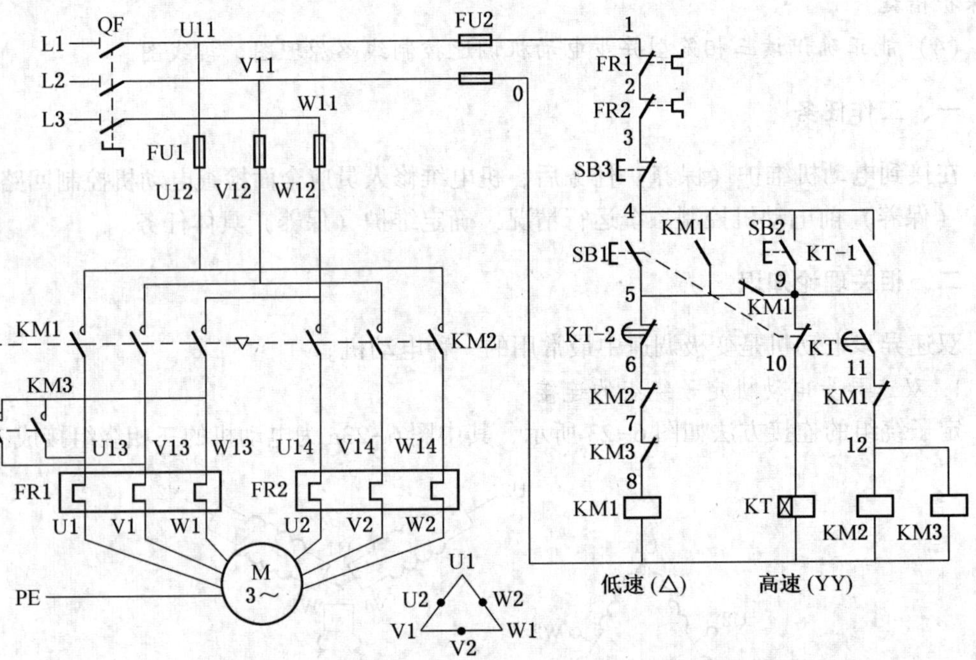

图 6-24 时间继电器控制自动加速控制电路

线路的工作原理如下：

先合上电源开关 QS。

△低速启动运转：按下SB1→SB1常闭触头先分断。
→SB1常开触头后闭合→KM1线圈得电→
→KM1自锁触头闭合自锁
→KM1主触头闭合→电动机M接成△低速启动运转。
→KM1两对辅助常闭触头分断对KM2、KM3联锁。

YY高速运转：按下SB2 → KT线圈得电 → KT-1常开触头瞬时闭合自锁 —经KT整定时间→

→KT-2先分断 →KT-1线圈失电→KM1常开触头均分断。
→KM1常闭触头恢复闭合。→
→KT-3后闭合 →

→KM2、KM3线圈得电→KM2、KM3主触头闭合 →电动机M接成YY形高速运转。
→KM2、KM3联锁触头分断对KM1联锁。

停止时，按下 SB3。若电动机只需高速运转时，可直接按下 SB2，则电动机△低速启动后，YY 高速运转。

学习活动2　工作前的准备

【学习目标】

（1）正确识读双速电动机调速控制线路原理，绘制安装接线图。

（2）了解各电气元件结构、原理、作用。

（3）熟悉各种工器具、设备的使用方法。

工具、仪表及器材见表6-10。根据电动机技术数据及控制线路选用工具、仪表、器材的型号和规格。

表6-10　工具、仪表及器材表

<table>
<tr><td>工具</td><td colspan="5">测电笔、螺钉旋具、尖嘴钳、斜口钳、剥线钳、电工刀等</td></tr>
<tr><td>仪表</td><td colspan="5">兆欧表、钳形电流表、万用表</td></tr>
<tr><td rowspan="19">器材</td><td>代号</td><td>名称</td><td>型号</td><td>规 格</td><td>数量</td></tr>
<tr><td>M</td><td>三相笼型异步电动机</td><td>YD112M-4/2</td><td>3.3 kW/4 kW，380 V，7.4 A/8.6 A，△/YY 接法，1440 r/min 或 2890 r/min</td><td>1</td></tr>
<tr><td>QS</td><td>电源开关</td><td></td><td></td><td></td></tr>
<tr><td>FU1</td><td>熔断器</td><td></td><td></td><td></td></tr>
<tr><td>FU2</td><td>熔断器</td><td></td><td></td><td></td></tr>
<tr><td>KM1～KM3</td><td>交流接触器</td><td></td><td></td><td></td></tr>
<tr><td>FR1</td><td>热继电器</td><td></td><td></td><td></td></tr>
<tr><td>FR2</td><td>热继电器</td><td></td><td></td><td></td></tr>
<tr><td>KT</td><td>时间继电器</td><td></td><td></td><td></td></tr>
<tr><td>SB1～SB3</td><td>按钮</td><td></td><td></td><td></td></tr>
<tr><td>XT</td><td>端子板</td><td></td><td></td><td></td></tr>
<tr><td></td><td>主电路导线</td><td></td><td></td><td></td></tr>
<tr><td></td><td>控制电路导线</td><td></td><td></td><td></td></tr>
<tr><td></td><td>按钮线</td><td></td><td></td><td></td></tr>
<tr><td></td><td>接地线</td><td></td><td></td><td></td></tr>
<tr><td></td><td>电动机引线</td><td></td><td></td><td></td></tr>
<tr><td></td><td>控制板</td><td></td><td></td><td></td></tr>
<tr><td></td><td>走线槽</td><td></td><td></td><td></td></tr>
<tr><td></td><td>紧固体及编码套管等</td><td></td><td></td><td></td></tr>
</table>

学习活动3 现 场 施 工

【学习目标】

(1) 能熟练掌握安装和检修时间继电器控制双速电动机的控制线路的安全知识，并能按照安全要求进行操作。

(2) 熟悉电动机基本控制线路的一般安装步骤和工艺要求。

(3) 能正确安装和检修时间继电器控制双速电动机的控制线路。

(4) 能正确排除故障。

(5) 能正确通电试车。

一、安装训练

自编安装步骤，并熟悉其工艺要求，经指导教师审查合格后，开始安装训练。安装注意事项如下：

(1) 接线时，注意主电路中接触器KM1、KM2在两种转速下电源相序的改变，不能接错，否则两种转速下电动机的转向相反，换向时将产生很大的冲击电流。

(2) 控制双速电动机△接法的接触器KM1和YY接法的KM2的主触头不能对换接线，否则不但无法实现双速控制要求，而且会在YY接法运转时造成电源短路事故。

(3) 热继电器FR1、FR2的整定电流及其在主电路中的接线不要搞错。

(4) 通电试车前，要复验一下电动机的接线是否正确，并测试绝缘电阻是否符合要求。

(5) 通电试车时，必须有指导教师在现场监护，并用转速表测量电动机的转速。

二、检修训练

在控制电路或主电路中人为设置电气故障两处，由学生自编检修步骤，经教师审阅合格后进行检修。检修过程应注意：

(1) 检修前，要认真阅读电路图，掌握线路的构成、工作原理及接线方式。

(2) 在排除故障的过程中，故障分析、排除故障的思路和方法要正确。

(3) 工具和仪表使用要正确。

(4) 不能随意更改线路和带电触摸电气元件。

(5) 带电检修故障时，必须有教师在现场监护，并要确保用电安全。

子任务五 三相异步电动机的制动控制线路

三相异步电动机切断电源后，由于惯性，总要经过一段时间才能完全停止。有些生产机械需迅速停车，有些生产机械要求准确停车，所以常常需要采用一些使电动机在切断电源后就迅速停车的措施，这种措施称为电动机的制动。异步电动机的制动方法分两大类：机械制动和电气制动。在电气制动中又有反接制动、能耗制动、回馈制动（再生制动）和电容制动等。

项目一　机械制动控制线路

本学习任务为中级工、高级工应掌握的技能。

【学习目标】

(1) 能通过阅读设备维护（保养）记录单和现场勘查，明确学习任务要求。

(2) 能根据任务要求和实际情况，合理制定工作（学习）计划。

(3) 熟练掌握三相笼型异步电动机机械制动控制线路的构成、作用和工作原理，以及必要的保护措施。

(4) 能正确识读三相笼型异步电动机机械制动控制线路原理图、接线图。

(5) 能正确安装三相笼型异步电动机机械制动控制线路。

(6) 能正确通电试车。

【工作情景描述】

在切断电源以后，利用机械装置使电动机迅速停转的方法称为机械制动。应用较普遍的机械制动装置有电磁抱闸和电磁离合器两种，这两种装置的制动原理基本相同。

学习活动1　明确工作任务

【学习目标】

(1) 能通过阅读设备维护（保养）记录单，明确学习任务、课时等要求。

(2) 能准确记录工作现场的环境条件。

(3) 熟练掌握三相笼型异步电动机机械制动控制线路的构成、作用和工作原理，以及必要的保护措施。

(4) 能正确识读三相笼型异步电动机机械制动控制线路原理图、接线图。

一、工作任务

在接到电动机维护（保养）任务后，机电维修人员应全面检查电动机控制回路，了解维护（保养）前电动机控制系统运行情况，确定维护（保养）具体任务。

二、相关理论知识

1. 电磁抱闸的结构

电磁抱闸主要包括两部分：制动电磁铁和闸瓦制动器。制动电磁铁由铁芯、衔铁和线圈三部分组成，并有单相和三相之分。闸瓦制动器由闸轮、闸瓦、杠杆和弹簧等部分组成，闸轮与电动机装在同一根轴上。图6-25为电磁抱闸的结构与符号。

它的工作原理是：当电动机通电启动时，电磁抱闸线圈通电，吸引衔铁动作，克服弹簧力推动杠杆，使闸瓦松开闸轮，电动机便能正常运转。当电源切断时，线圈也同时断电，衔铁与铁芯分离，在弹簧的作用下，使闸瓦与闸轮紧紧抱住，电动机被迅速制动而停转。

机械制动控制线路有断电制动和通电制动两种。

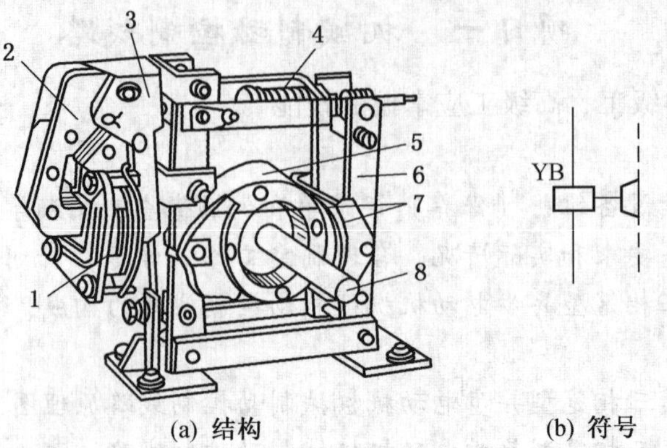

1—线圈；2—衔铁；3—铁心；4—弹簧；5—闸轮；6—杠杆；7—闸瓦；8—轴

图 6-25 电磁抱闸

2. 断电制动控制线路

断电制动控制线路如图 6-26 所示，其工作原理如下：合上电源开关 QF，按启动按钮 SB1，接触器 KM 通电吸合，电磁抱闸线圈 YA 通电，使抱闸的闸瓦与闸轮分开，电动机启动。当需要制动时，按停止按钮 SB2，接触器 KM 断电释放，电动机的电源被切断。与此同时，电磁抱闸线圈 YB 也断电，在弹簧的作用下，使闸瓦与闸轮紧紧抱住，电动机被迅速制动而停转。

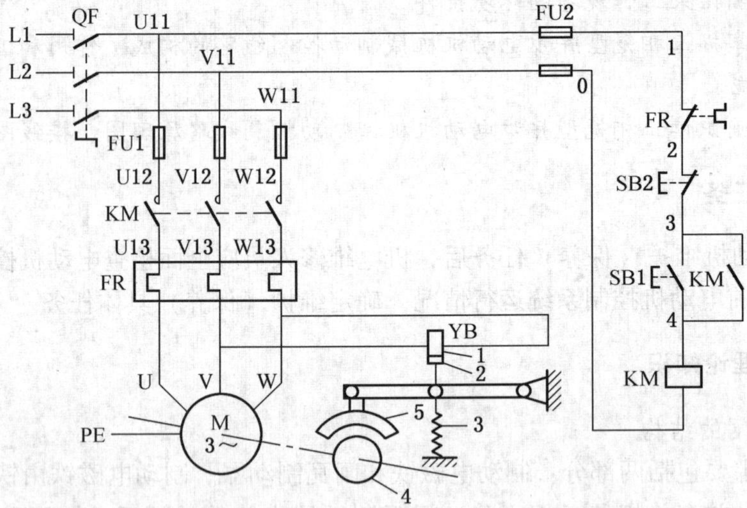

1—线圈；2—衔铁；3—弹簧；4—闸轮；4—闸瓦；5—杠杆

图 6-26 电磁抱闸断电制动控制线路

这种制动方法在起重机、卷扬机等设备上被广泛应用。如当重物吊到一定高度时，按动停止按钮 SB2，电动机断电，电磁抱闸的闸瓦立即抱住闸轮，使电动机迅速制动停转，重物被准确定位。这是电气制动所不能达到的。此外，这种制动比较安全可靠，不会因中途断电或电气故障的影响而造成事故。

图 6-26 所示制动控制线路的缺点是电源切断后，电动机轴就被制动刹住不能转动，而有些生产机械（如机床等），有时还需要人工将电动机的转轴转动，这时应采用通电制动控制线路。

3. 通电制动控制线路

图 6-27 所示为电磁抱闸通电制动控制线路。该控制线路与断电制动不同，制动的结构也有所不同。在主电路有电流流过时，电磁抱闸线圈没有电压，这时抱闸与闸轮松开。按下停止按钮 SB2 时，主电路断电，通过复合按钮 SB2 常开触点的闭合，使 KM2 线圈通电，电磁抱闸 YA 的线圈通电，抱闸与闸轮抱紧进行制动。当松开按钮 SB2 时，电磁抱闸 YA 线圈断电，抱闸又松开。

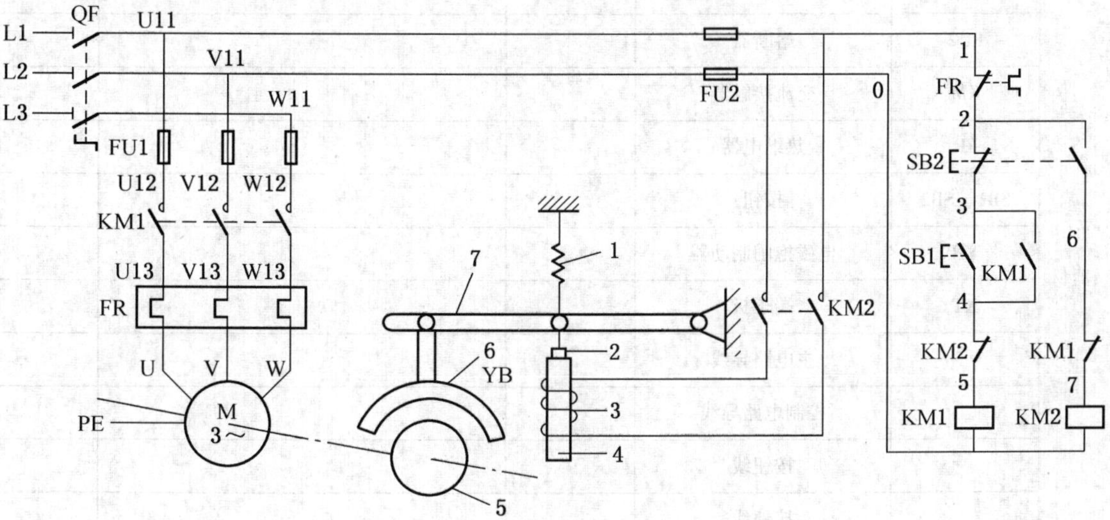

1—弹簧；2—衔铁；3—线圈；4—铁心；5—闸轮；6—闸瓦；7—杠杆

图 6-27　电磁抱闸通电制动控制线路

这种制动方法在电动机不转动的常态下，电磁抱闸线圈无电流，抱闸与闸轮也处于松开状态，这样，如用于机床，在电动机未通电时，可以用手扳动主轴以调整和对刀。

该控制线路的一个优点是，只有将停止按钮 SB2 按到底，接通 KM2 线圈电路时才有制动作用，如只需停车而不需制动，可不将 SB2 按到底。这样就可以根据实际需要，掌握制动与否，从而延长了电磁抱闸的使用寿命。

学习活动 2　工作前的准备

【学习目标】

（1）正确识读电动机机械制动控制线路原理，绘制安装接线图。

（2）了解各电气元件结构、原理、作用。

（3）熟悉各种工器具、设备的使用方法。

工具、仪表和器材见表6-11。

表6-11 工具、仪表及器材表

工具	测电笔、螺钉旋具、尖嘴钳、斜口钳、剥线钳、电工刀等				
仪表	兆欧表、钳形电流表、万用表				
器材	代号	名称	型号	规格	数量
	M	三相笼型异步电动机	Y112M-4	4 kW，380 V，8.8A，△接法，1440 r/min	1
	QF或QS	电源开关			
	FU1	熔断器			
	FU2	熔断器			
	KM	交流接触器			
	FR	热继电器			
	SB1、SB2	按钮			
	YB	电磁抱闸制动器			
	XT	端子板			
		主电路导线			
		控制电路导线			
		按钮线			
		接地线			
		电动机引线			
		走线槽			
		控制板			
		紧固体及编码套管			

学习活动3 现场施工

【学习目标】

(1) 能熟练掌握安装电磁抱闸制动器断电制动控制线路的安全知识，并能按照安全要求进行操作。

(2) 熟悉电动机基本控制线路的一般安装步骤和工艺要求。

(3) 能正确安装电磁抱闸制动器断电制动控制线路。

(4) 能正确排除故障。

(5) 能正确通电试车。

一、安装训练

自编安装步骤，熟悉安装工艺要求。经指导教师审查合格后进行安装训练。

二、注意事项

（1）器材的选用可参阅有关电工手册或教材。

（2）电磁抱闸制动器必须与电动机一起安装在固定的底座或座墩上，其地脚螺栓必须拧紧，并且要有放松措施。电动机轴伸出端上的制动闸轮，必须与闸瓦制动器的抱闸机构在同一平面上，而且轴心要一致。

（3）电磁抱闸制动器安装后，必须在切断电源的情况下先进行粗调，然后在通电试车时再进行微调。粗调时以在断电状态下用外力转不动电动机的转轴，而当用外力将制动电磁铁吸合后，电动机转轴能自由转动为合格；微调时以在通电带负载运行状态下，电动机转动自如，闸瓦与闸轮不摩擦、不过热，断电时又能立即制动为合格。

（4）通电试车时，必须有指导教师在现场监护，同时要做到安全文明生产。

项目二　电力制动控制线路

使电动机在切断电源停转的过程中，产生一个和电动机实际旋转方向相反的电磁力矩（制动力矩）迫使电动机迅速停转的方法叫作电力制动。电力制动常用的方法有反接制动、能耗制动、电容制动和再生发电制动。

子项目一　能耗制动控制线路

本学习任务为中级工、高级工应掌握的技能。

【学习目标】

（1）能通过阅读设备维护（保养）记录单和现场勘查，明确学习任务要求。

（2）能根据任务要求和实际情况，合理制定工作（学习）计划。

（3）熟练掌握三相笼型异步电动机能耗制动控制线路的构成、作用和工作原理，以及必要的保护措施。

（4）能正确识读三相笼型异步电动机能耗制动控制线路原理图、接线图。

（5）能正确安装三相笼型异步电动机能耗制动控制线路。

（6）能正确完成通电试车。

【工作情景描述】

能耗制动，就是在电动机脱离三相电源以后，在定子绕组上加一个直流电压，即通入直流电流，利用转子感应电流与静止磁场的作用以达到制动的目的。

学习活动1　明确工作任务

【学习目标】

（1）能通过阅读设备维护（保养）记录单，明确学习任务、课时等要求。

（2）能准确记录工作现场的环境条件。

(3) 熟练掌握三相笼型异步电动机能耗制动控制线路的构成、作用和工作原理，以及必要的保护措施。

(4) 能正确识读三相笼型异步电动机能耗制动控制线路原理图、接线图。

一、工作任务

在接到电动机维护（保养）任务后，机电维修人员应全面检查电动机控制回路，了解维护（保养）前电动机控制系统运行情况，确定维护（保养）具体任务。

二、相关理论知识

能耗制动原理如图6-28所示。

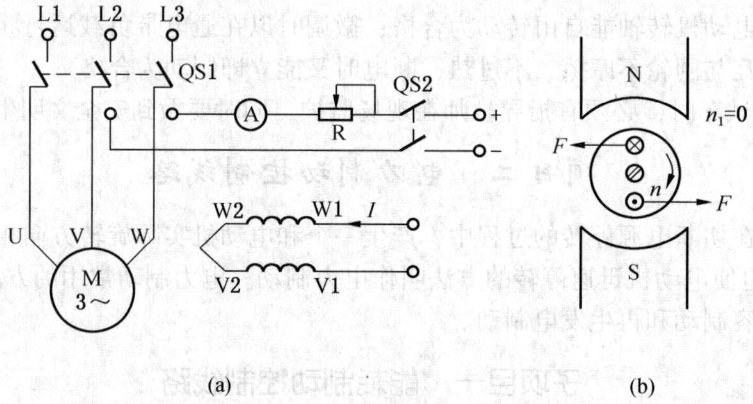

图6-28　能耗制动原理图

制动时，先将电源开关QS1断开，电动机脱离交流电源，转子因惯性仍继续运转。这时立即合上开关QS2，并将QS1向下合闸，电动机V、W两相定子绕组接到直流电源，在定子中产生一个恒定静止磁场。这样做惯性运转的转子因切割磁感线而在转子绕组中产生感应电流，其方向根据右手定则判定（图6-28b）。转子绕组中一旦产生了感应电流，又立即受到静止磁场的作用，产生电磁转矩，用左手定则判断可知，此转矩的方向正好与电动机转向相反，使电动机受制动迅速停转。这种制动方法是在电动机切断交流电源后，通过立即在定子绕组的任意两相中通入直流电以消耗转子惯性运转的动能来进行制动的，所以叫做能耗制动。

能耗制动时制动转矩的大小与通入定子绕组的直流电流的大小有关。电流越大，静止磁场越强，产生的制动转矩就越大。但通入的直流电流不能太大，一般为异步电动机空载电流的3~5倍，否则会烧坏定子绕组。

直流电源可用不同的整流电路获得，下面以无变压器半波整流能耗制动控制线路为例进行介绍。

容量10 kW以下的电动机，可采用无变压器半波整流能耗制动控制线路，如图6-29所示。这种线路结构简单，体积小，附加设备少，成本低。

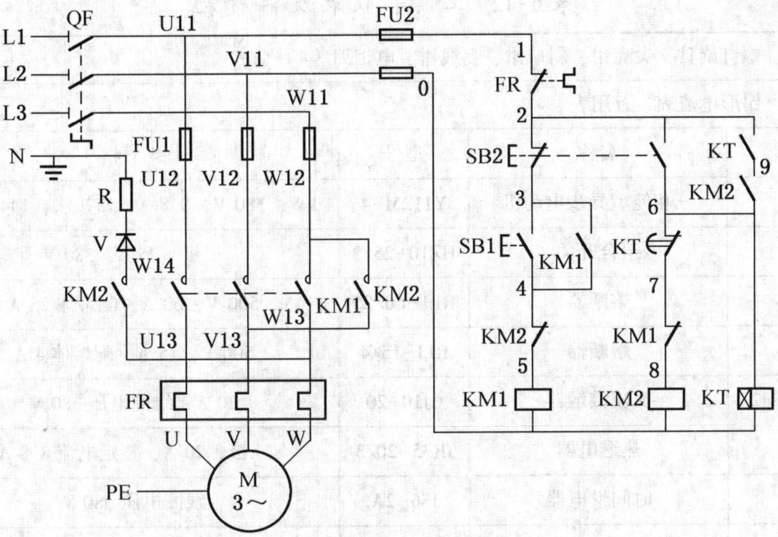

图 6-29　无变压器半波整流能耗制动控制线路

工作原理如下：

先合上电源开关 QS。

启动过程：按下SB1→KM1线圈通电→KM1自锁触点闭合。
→KM1主触点闭合→电动机启动运转。
→KM1联锁触点断开。

停车制动过程：按下SB2→KM1线圈断电→KM1自锁触点断开。
→KM1主触点断开→电动机断电做惯性运转。
→KM1联锁触点闭合（为KM2线圈通电做准备）。
→KM2线圈通电→KM2自锁触点闭合。
→KM2主触点闭合→电动机通入直流电能耗制动。
→KM2联锁触点断开。
→KT线圈通电→KT常闭触点延时断开→KM2线圈断电→切断电动机的直流电源（制动结束）。

能耗制动的优点是制动准确、平稳和能量消耗较小，缺点是需附加直流电源装置，制动力量较弱，特别是低速时，制动转矩更小。能耗制动一般用于制动要求平稳准确的场合，如磨床、立式铣床等的控制线路中。

学习活动 2　工作前的准备

【学习目标】

(1) 正确识读电动机无变压器单相半波整流单向启动能耗制动控制线路原理，绘制安装接线图。

(2) 了解各电气元件结构、原理、作用。

(3) 熟悉各种工器具、设备的使用方法。

工具、仪表及器材见表 6-12。

表6-12 工具、仪表及器材表

<table>
<tr><td>工具</td><td colspan="5">测电笔、螺钉旋具、尖嘴钳、斜口钳、剥线钳、电工刀等</td></tr>
<tr><td>仪表</td><td colspan="5">兆欧表、钳形电流表、万用表</td></tr>
<tr><td rowspan="20">器材</td><td>代号</td><td>名称</td><td>型号</td><td>规格</td><td>数量</td></tr>
<tr><td>M</td><td>三相笼型异步电动机</td><td>Y112M-4</td><td>4 kW，380 V，8.8 A，△接法，1440 r/min</td><td>1</td></tr>
<tr><td>QS</td><td>组合开关</td><td>HZ10-25/3</td><td>三极，25 A，380 V</td><td>1</td></tr>
<tr><td>FU1</td><td>熔断器</td><td>RL1-60/25</td><td>500 V，60 A，配熔体 25 A</td><td>3</td></tr>
<tr><td>FU2</td><td>熔断器</td><td>RLI-15/4</td><td>500 V，15 A，配熔体 4 A</td><td>2</td></tr>
<tr><td>KM1、KM2</td><td>交流接触器</td><td>CJ10-20</td><td>20 A，线圈电压 380 V</td><td>2</td></tr>
<tr><td>FR</td><td>热继电器</td><td>JR35-20/3</td><td>三极，20 A，整定电流 8.8 A</td><td>1</td></tr>
<tr><td>KT</td><td>时间继电器</td><td>JS6-2A</td><td>线圈电压 380 V</td><td>1</td></tr>
<tr><td>SB1、SB2</td><td>按钮</td><td>LA10-3H</td><td>保护式，380 V，5 A，按钮数 3</td><td>1</td></tr>
<tr><td>V</td><td>整流二极管</td><td>2CZ30</td><td>30 A，600 V</td><td>1</td></tr>
<tr><td>R</td><td>制动电阻</td><td></td><td>0.5 Ω，50 W（外接）</td><td>1</td></tr>
<tr><td>XT</td><td>端子板</td><td>JD0-1020</td><td>10 A，20 节，380 V</td><td>1</td></tr>
<tr><td></td><td>控制板</td><td></td><td>550 mm×500 mm×20 mm</td><td>1</td></tr>
<tr><td></td><td>主电路导线</td><td>BVR-1.5</td><td>1.5 mm²(7×0.52 mm)</td><td>若干</td></tr>
<tr><td></td><td>控制电路导线</td><td>BVR-1.0</td><td>1 mm²(7×0.43 mm)</td><td>若干</td></tr>
<tr><td></td><td>按钮线</td><td>BVR-0.75</td><td>0.75 mm²</td><td>若干</td></tr>
<tr><td></td><td>接地线</td><td>BVR-1.5</td><td>1.5 mm²</td><td>若干</td></tr>
<tr><td></td><td>走线槽</td><td></td><td>18 mm×25 mm</td><td>若干</td></tr>
<tr><td></td><td>各种规格的紧固体、针形及叉形轧头、金属软管、编码套管等</td><td></td><td></td><td></td></tr>
</table>

学习活动3 现 场 施 工

【学习目标】

(1) 能熟练掌握安装无变压器单相半波整流单向启动能耗制动控制线路的安全知识，并能按照安全要求进行操作。

(2) 熟悉电动机基本控制线路的一般安装步骤和工艺要求。

(3) 能正确安装无变压器单相半波整流单向启动能耗制动控制线路。

(4) 能正确排除故障。

(5) 能正确通电试车。

一、安装训练

根据图 6-29 所示电路图，编写安装步骤及工艺要求进行安装。安装注意事项如下：

(1) 时间继电器的整定时间不要调得太长，以免制动时间过长引起定子绕组发热。

(2) 整流二极管要配装散热器和固装散热器支架。

(3) 制动电阻要安装在控制板外面。

(4) 进行制动时，停止按钮 SB2 要按到底。

(5) 通电试车时，必须有指导教师在现场监护，同时要做到安全操作和文明生产。

二、检修训练

在主电路或控制电路中，人为设置电气故障两处。自编检修步骤及注意事项，经教师审查合格后进行检修训练。

子项目二　再生发电制动

本学习任务为中级工、高级工应掌握的技能。

【学习目标】

(1) 掌握再生发电制动原理。

(2) 熟知再生发电制动优缺点和应用。

再生发电制动（又称回馈制动）主要用在起重机和多速异步电动机上。下面以起重机为例说明其制动原理。

当起重机在高处开始下放重物时，电动机转速 n 小于同步转速 n_1，这时电动机处于电动运行状态，其转子电流和电磁转矩的方向如图 6-30a 所示。但由于重力的作用，在重物的下放过程中，会使电动机的转速 n 大于同步转速 n_1，这时电动机处于发电运行状态，转子相对于旋转磁场切割磁感线的运动方向发生了改变（沿顺时针方向），其转子电流和电磁转矩的方向都与电动运行时相反，如图 6-30b 所示。可见电磁力矩变为制动力矩限制了重物的下降速度，保证了设备和人身安全。

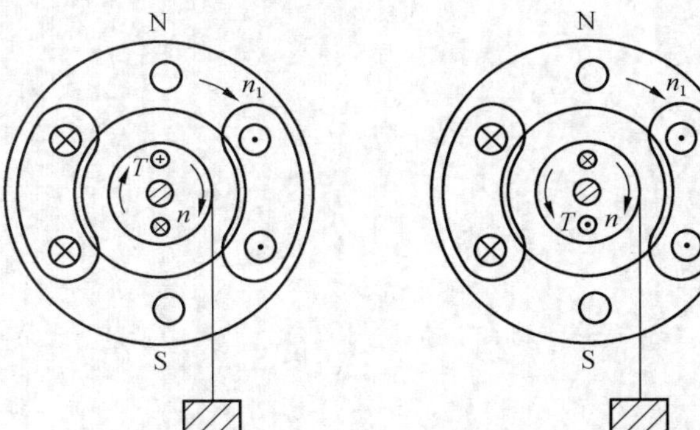

(a) 电动运行状态　　(b) 发电制动状态

图 6-30　发电制动原理图

多速电动机变速时，如果电动机由 2 极变为 4 极，定子旋转磁场的同步转速 n_1 由 3000 r/min 变为 1500 r/min，而转子由于惯性仍以原来的转速 n（接近 3000 r/min）旋转，此时 $n > n_1$，电动机处于发电制动状态。

再生发电制动是一种比较经济的制动方法，制动时不需要改变线路即可从电动运行状态自动地转入发电制动状态，把机械能转换成电能，再回馈到电网，节能效果显著。但存在着应用范围较窄、仅当电动机转速大于同步转速时才能实现发电制动的缺点，所以常用于在位能负载作用下的起重机和多速异步电动机由高速转为低速时的情况。（位能是物体系统发生形变或产生重力位移时所储存的能量，位能负载是指具有位能的负载）

电机与拖动工作页

目　　录

模块一　电动机、变压器运行与维护技术

学习任务一　笼型异步电动机运行与维护技术

【学习目标】

（1）能通过阅读设备维护（保养）记录单和现场勘查，明确工作任务要求。

（2）能正确识读电动机的铭牌数据。

（3）能根据任务要求和实际情况，合理制定工作计划。

（4）能正确使用拆装工具拆装电动机。

（5）能正确完成电动机的日常维护保养工作。

（6）能正确完成通电试车。

【工作情境描述】

某矿的部分电气设备运行周期已满，其电动机需要进行维护、保养，维修电工班接到设备维护（保养）记录单后，按要求完成相关工作。

学习活动1　明确工作任务

【学习目标】

（1）能通过阅读设备维护（保养）记录单，明确工作任务、工时等要求。

（2）能准确记录工作现场的环境条件。

（3）能正确识读电动机的铭牌数据。

【学习过程】

一、阅读设备维护（保养）记录单

阅读设备维护（保养）记录单（表1-1），说出本次任务的工作内容、时间要求等基本信息。

表1-1　设备维护（保养）记录单

编号：

设备名称		使用单位		检修时间	
设备型号		检修单位		完工时间	
设备编号		检修类别		检修负责人	

序号	维修（保养）项目	维修（保养）结果	备　注
1	进行抽心检查，清扫或清洗污垢		
2	检查电动机的通风情况		

表 1-1（续）

序号	维修（保养）项目	维修（保养）结果	备　注
3	检查零部件生锈和腐蚀情况，检查轴承磨损情况		
4	检查绝缘电阻，进行干燥处理		
5	检查和更换润滑剂		

二、认识电动机外观，勘查施工现场

（1）参照课程所学内容，勘查电动机安装施工现场的基本情况（包括安装位置、尺寸、与其他设备的连接情况等），做好记录。

（2）在教师指导下，观察电动机外观，并做初步检查处理，包括擦拭电动机外壳，检查固定螺栓是否固定牢固、外观有无明显异常、部件有无松动等，将异常现象做好记录。

（3）一台电气设备铭牌上注明的主要技术数据，是选择、安装、使用和维修的重要依据。图 1-1 为一台电动机的铭牌。观察实训场地电动机的铭牌，将主要数据记录于表 1-2 中，并简要说明其含义。

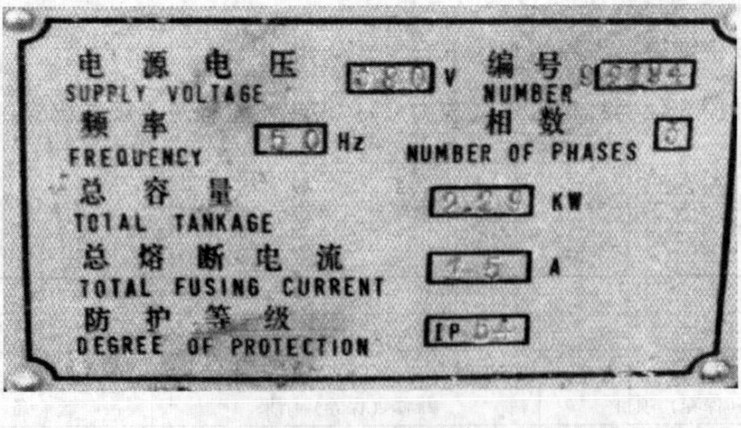

图 1-1　电动机铭牌

表 1-2　电动机铭牌主要数据记录表

项　目	内　容	含　义
电源电压		
频率		
总容量		
总熔断电流		
防护等级		
编号		
相数		

学习活动 2　工作前的准备

【学习目标】

（1）能正确描述三相笼型异步电动机的基本结构。

（2）能正确描述电动机拆装、维护常用仪表的使用方法。

（3）能根据任务要求和实际情况，合理制定工作计划。

【学习过程】

一、认识三相笼型异步电动机的基本结构

（1）观察教师展示的三相笼型异步电动机实物或模型，将图 1-2 中各部分结构的名称补充完整。

（2）通过观察电动机实物或模型可以发现，电动机定子绕组的接线通常有星形和三角形两种不同的接法。查阅相关资料，了解两种接法的特点，将图 1-3 和图 1-4 中的接线补充完整，并回答问题。

图 1-3 为定子绕组的＿＿＿＿＿＿＿接法，此时每相绕组的电压是线电压的＿＿＿＿＿倍。

图 1-4 为定子绕组的＿＿＿＿＿＿＿接法，此时每相绕组的电压是线电压的＿＿＿＿＿倍。

（3）结合所学知识，查阅相关资料，说明若要改变电动机的旋转方向应如何操作。

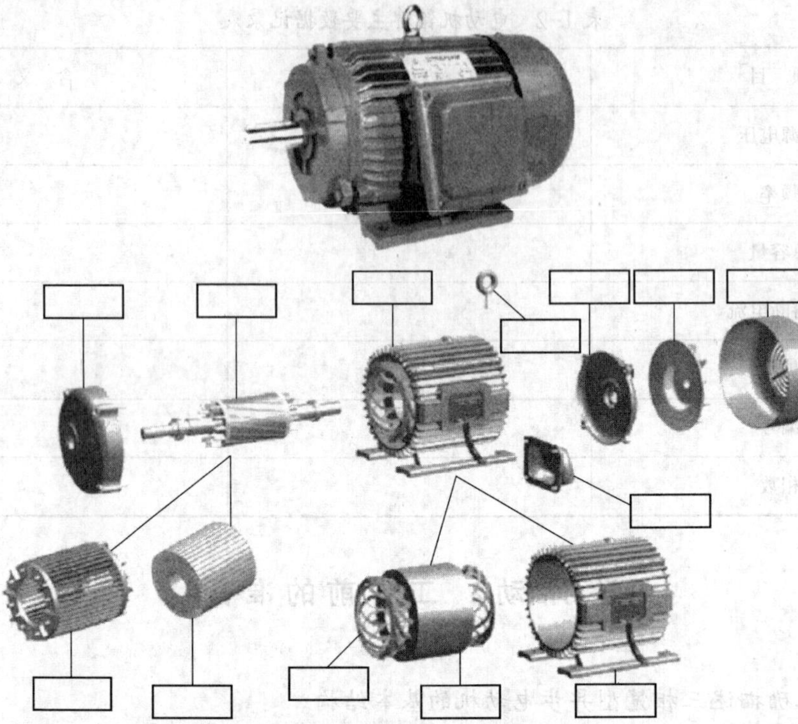

图 1-2　电动机实物（模型）及组成元件

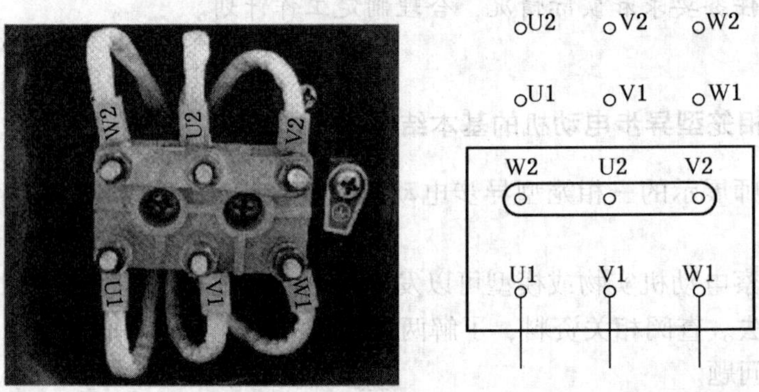

图 1-3

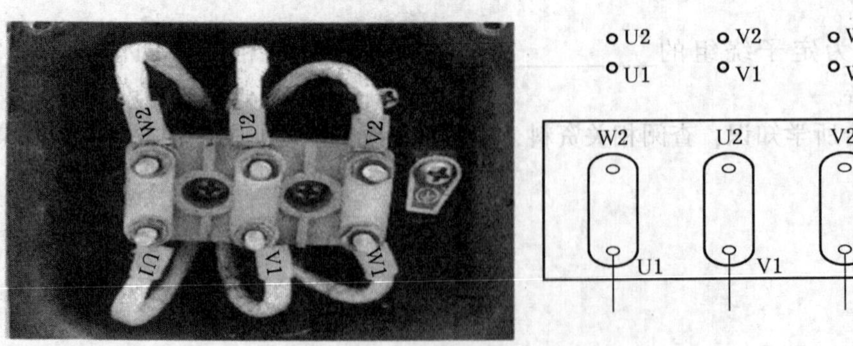

图 1-4

二、制定工作计划

查阅相关资料，了解任务实施的基本步骤，根据任务要求，结合现场勘查的实际情况，制定小组工作计划，见表1-3。

表1-3 “笼型异步电动机运行与维护技术”工作计划

一、人员分工

1. 小组负责人：________

2. 小组成员及分工

姓　名	分　工

二、工具及材料清单

序号	工具或材料名称	单位	数量	备注

三、工序及工期安排

序号	工作内容	完成时间	备注

四、安全防护措施

三、评价

以小组为单位，展示本组制定的工作计划，然后在教师点评基础上对工作计划进行修改完善，并根据表 1-4 给定的评分标准进行评分。

表 1-4　评　分　表

评价内容	分值	评　分		
		自我评价	小组评价	教师评价
计划制定是否有条理	10			
计划是否全面、完善	10			
人员分工是否合理	10			
任务要求是否明确	20			
工具清单是否正确、完整	20			
材料清单是否正确、完整	20			
团结协作	10			
合　计				

学习活动 3　现　场　施　工

【学习目标】

（1）能正确使用拆装工具拆卸、安装电动机。

（2）能正确完成电动机的日常维护保养工作。

（3）能正确完成通电试车。

【学习过程】

一、三相异步电动机的拆卸

（1）查阅有关资料，学习相关的操作方法，按照以下步骤完成拆卸练习，并回答相关问题：切断电源→做有关标记→拆卸带轮→拆卸联轴器→拆卸风扇罩→拆卸风扇→拆卸后端盖螺钉→拆卸前端盖→抽出转子→拆卸轴承，见表 1-5。

表 1-5　三相异步电动机拆卸的基本步骤

步骤	操 作 步 骤	技术要点提示	操作记录及心得体会
1	断开电源，拆卸电动机与电源线的连接线，并对电源线头做好绝缘处理	复习前面课程所学内容，对导线进行绝缘处理时有哪些注意事项？	

表 1-5（续）

步骤	操 作 步 骤	技术要点提示	操作记录及心得体会
2	在带轮或联轴器的轴伸端做好定位标记，测量并记录联轴器或带轮与轴台间的距离 	（1）在带轮或联轴器的轴伸端做定位标记的目的是什么？ （2）联轴器或带轮与轴台间的距离为______。	
3	拆卸带轮或联轴器 	此过程中不能用木锤直接敲出带轮或联轴器，否则会造成什么不良后果？	
4	拆卸楔键 	拆卸楔键时应注意什么问题？	
5	拆卸风扇罩和风扇  	小型异步电动机的风扇一般不用卸下，可随转子一起抽出。但如果后端盖内的轴承需要加油或更换时，就必须拆卸。 （1）拆卸风扇的定位卡簧要用专用的卡簧钳。查阅相关资料，说明常用的卡簧钳有哪些类型，这里应如何选用？ （2）如果风扇卸不下来应怎么办？	

表1-5（续）

步骤	操 作 步 骤	技术要点提示	操作记录及心得体会
6	拆卸端盖螺钉   	操作时注意选择适当扳手，逐步松开端盖对角紧固螺栓，用紫铜棒均匀打端盖有脐的部分。查阅相关资料，说明扳手应如何选择	
7	拆卸后端盖  	（1）抽出转子时应注意什么？ （2）抽出转子后应如何放置转子？	
8	拆卸前端盖 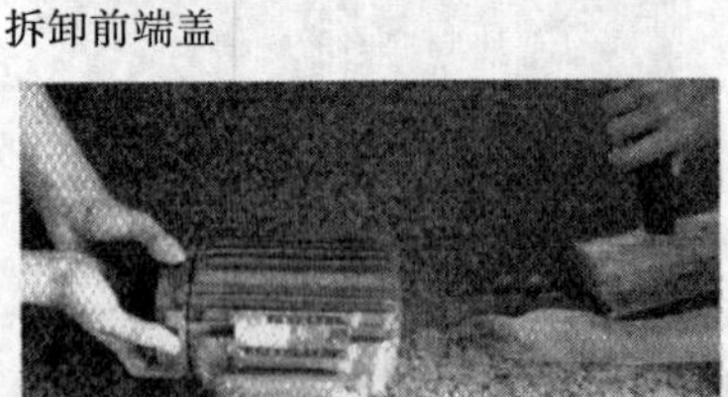 	拆卸前端盖应如何操作？	

表 1-5（续）

步骤	操 作 步 骤	技术要点提示	操作记录及心得体会
9	取下后端盖 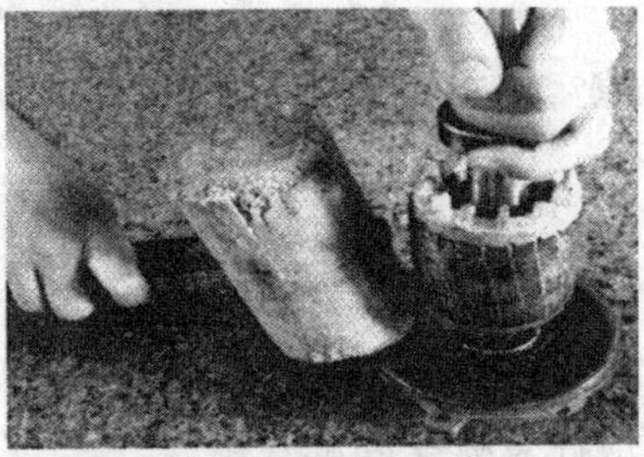	取下后端盖操作时应注意什么问题？	
10	拆卸轴承 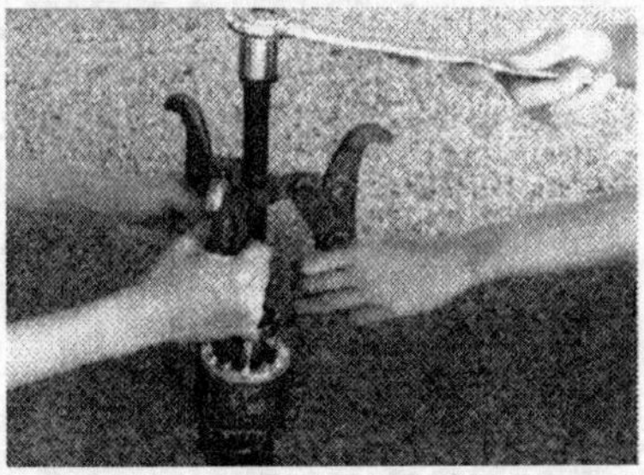	拆卸电动机轴承的操作应注意哪些问题？	

（2）在拆卸过程中还遇到了哪些问题？是如何处理的？记录在表 1-6 中。

表 1-6　遇到的问题和解决方法

所 遇 问 题	解 决 方 法

二、电动机的保养及检查

查阅资料，学习相关的操作方法，回答以下问题。

（1）轴承的检查、清洗和装配：

①手动检查轴承时如何判断轴承的好坏？

②如何清洗轴承？

③如何用塞尺检查滑动轴承轴颈与衬套之间的间隙？

④重新装入轴承前，应先加入润滑油。轴承加油应注意哪些问题？

（2）铁心检修时应注意哪些问题？

（3）如何修理风扇叶？

（4）为什么要定期对电动机进行绝缘电阻、接地电阻的检测？实测电动机的绝缘电阻和接地电阻分别是多少？

（5）哪些情况易引起电动机温度过高？

（6）电动机一般应多久进行一次维护保养？

（7）根据保养工作的实际实施情况，将学习活动1中的记录单填写完整。

（8）除了本任务涉及的项目，电动机进行维护检查的项目还有很多。查阅相关资料，将表1-7补全。

表1-7　电动机的其他检查

检查周期	检查项目
日常检查	（1）全面进行外观检查，并记录 （2） （3） （4）
每月或定期巡回检查	（1） （2） （3） （4） （5） （6） （7）绝缘电阻情况
每年检查	

三、三相异步电动机的装配

（1）查阅有关资料，学习相关的操作方法，按照以下步骤完成装配练习，并回答相关问题：备件→安装轴承→安装前端盖→在转子上安装后端盖→装入转子→安装后端盖→安装风扇→安装带轮或联轴器→检查，见表1-8。

表1-8　三相异步电动机装配的基本步骤

步骤	操作步骤	技术要点提示	操作记录及心得体会
1	将检修、保养好的所有零部件放置在清洁的装配地点	应注意，所有零部件应清洁干净，各接触面不得有灰尘、杂质，绕组、转子不得沾有油污，风道及定子膛内不能残留杂物	

表 1-8（续）

步骤	操 作 步 骤	技术要点提示	操作记录及心得体会
2	安装轴承 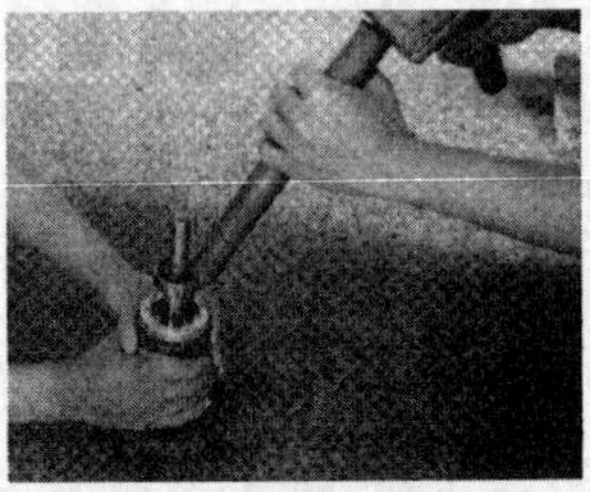	安装轴承常用的方法有哪些？左图所示的是哪种？操作时有什么注意事项？	
3	安装前端盖 	用木锤均匀敲打前端盖四周，并调整至对准标记。想一想，为什么要先安装前端盖？	
4	在转子上安装后端盖 	安装时应注意要用木锤均匀敲打后端盖四周，为什么？	
5	装入转子 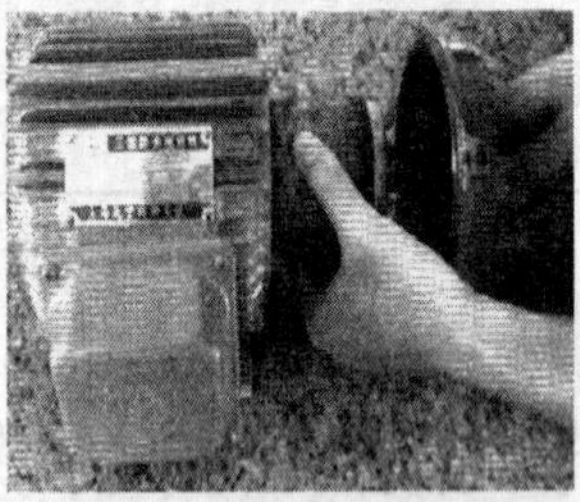	安装转子时应注意哪些问题？	
6	安装后端盖 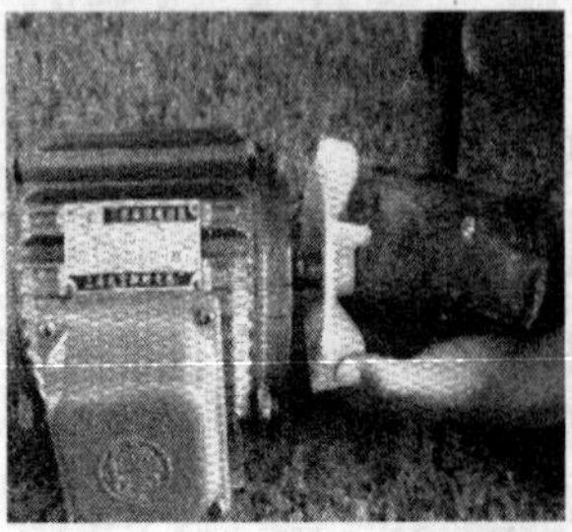	用木锤小心敲打后端盖三个耳朵，使螺孔对准标记，并用螺栓固定后端盖	

表 1-8（续）

步骤	操 作 步 骤	技术要点提示	操作记录及心得体会
7	安装风扇 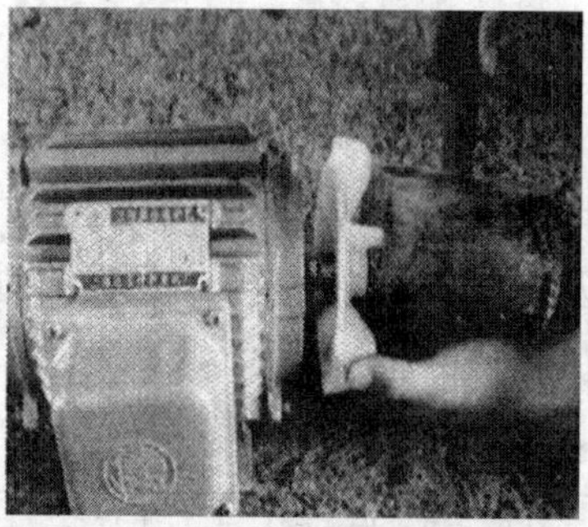	用木锤敲打风扇，用弹簧卡钳安装卡簧	
8	安装带轮或联轴器 	在安装联轴器时应注意哪些问题？	
9	检查转子是否安装良好	电动机装配好后，紧固好前后端盖螺栓。完成后，应如何检查转子是否安装良好？	

（2）在装配过程中还遇到了哪些问题？是如何处理的？记录在表 1-9 中。

表 1-9　遇到的问题和解决方法

所 遇 问 题	解 决 方 法

四、通电试车

（1）调试前应进一步检查电动机的装配质量。查阅相关资料，列举一下主要需要检查哪些方面。

（2）用兆欧表测量电动机绕组之间和绕组与地之间的绝缘电阻，实测值为多少？理论值为多少？记录下来。

（3）根据电动机的铭牌数据（如电压、电流和接线方式等）进行接线。为了安全，一定要将电动机的接地线接好、接牢。三相电动机涉及多根线缆的连接，一旦接错，就可能造成事故。查阅相关资料，完成表1-10。

表1-10 三相电动机接线步骤

步骤	操作目的	方法步骤
第一步	分相	具体步骤：
第二步	首尾端判别	方法一具体步骤：
		方法二具体步骤：
		方法三具体步骤：

（4）测量电动机的空载电流。空载时，测量三相空载电流是否平衡，将测量结果记录下来。注意测量的同时要观察电动机是否有杂声、振动及其他较大噪声，如果有应立即停车进行检修。

（5）测量电动机转速。用转速表测量电动机转速，并与电动机的额定转速进行比较，将结果记录下来。

（6）电动机经测试符合要求后恢复运行，交付使用。

（7）在试车过程中遇到了哪些问题？是如何解决的？记录在表1-11中。

表1-11 遇到的问题和处理方法

故障现象	故障原因	处理方法

（8）表1-12所列是电动机常见的一些故障现象及其原因。查阅相关资料，写出对应的处理方法。

表1-12　电动机常见故障及原因

故障现象	故障原因	处理方法
电动机不能启动	绕组断路、短路	
	过电流继电器（热继电器）整定值过小	
电动机接入电源后熔丝被烧断或自动空气开关跳闸	电动机缺相运行	
	电动机负载过大或机械部分卡阻	
电动机通电后不启动，并发出“嗡嗡”响	绕组引出线始末端接错或绕组内部接反	
	小型电动机的润滑脂过硬、变质或轴承装配过紧	
电动机空载或负载时，电流表指针不稳、摆动	笼型转子的笼条开焊、断条	
电动机启动困难、加额定负载后，电动机的转速比额定转速低	电动机绕组三角形连接误接成星形连接	
绝缘电阻低	绕组绝缘沾满粉尘、油垢	
	绕组绝缘老化	
电动机空载运行时电流不平衡，相差很大	三相绕组匝数分配不均匀	
	电源电压不平衡	
	绕组接头有局部虚接或断线	
三相空载电流平衡，但均大于正常值	星形连接错接为三角形连接	
	气隙不均或增大	
	电网频率降低或所需电源频率为60 Hz的电动机使用在频率为50 Hz电源上	
电动机过热或冒烟	定、转子铁心相擦	
	电动机过载或拖动的机械设备阻力过大	
	笼型转子断条，电动机在额定负载下转子发热使温升过高	

五、项目验收

（1）在验收阶段，各小组派出代表进行交叉验收，并填写详细验收记录（表1-13）。

表1-13　验收过程问题记录表

验收问题记录	整改措施	完成时间	备注

（2）以小组为单位认真填写三相笼型异步电动机拆装维护任务验收报告（表1-14），

并将学习活动 1 中的设备维护（保养）记录单填写完整。

表 1–14　三相笼型异步电动机拆装维护任务验收报告

工程项目名称				
建设单位			联系人	
地址			电话	
施工单位			联系人	
地址			电话	
项目负责人			施工周期	
工程概况				
现存问题			完成时间	
改进措施				
验收结果	主观评价	客观测试	施工质量	材料移交

学习活动 4　总 结 与 评 价

【学习目标】

（1）能以小组形式，对学习过程和实训成果进行汇报总结。

（2）完成对学习过程的综合评价。

【学习过程】

一、工作总结

以小组为单位，选择演示文稿、展板、海报、录像等形式中的一种或几种，向全班展示、汇报学习成果。

二、评价

1. 评分

以小组为单位，展示本组安装成果，根据表 1–15 进行评分。

表 1–15　评　分　表

评价内容		分值	评分		
			自我评价	小组评价	教师评价
拆卸	工具、仪器及材料准备正确、完整	30			
	电动机电源电缆头拆除及电动机外壳保护接地工艺正确，安全措施到位				
	拉联轴器方法正确				
	拆卸方法和步骤正确				
	绕组、零部件无损伤				
	装配标记清楚				

表1-15（续）

评价内容		分值	评分		
			自我评价	小组评价	教师评价
保养及检查	正确进行抽心检查，污垢清扫或清洗干净	20			
	正确检查电动机的通风情况并解决问题				
	正确检查零部件生锈、腐蚀情况和轴承磨损情况并解决问题				
	正确检查绝缘电阻，正确进行干燥处理				
	润滑剂添加适量				
装配	装配步骤和方法正确	25			
	施工中绕组、零部件完好无损伤				
	紧固螺栓固定牢固				
	装配后转动灵活				
试车	正确测量电动机绝缘电阻	20			
	接线正确、熟练				
	电动机外壳正确接地				
	电动机的电流、转速测量准确熟练				
安全文明生产	遵守安全文明生产规程	5			
	施工完成后认真清理现场				
施工额定用时：　　实际用时：　　超时扣分：					
合　计					

2. 综合评价

综合评价表见表1-16。

表1-16　综合评价表

评价项目	评价内容	评价标准	评价方式		
			自我评价	小组评价	教师评价
职业素养	安全意识，责任意识	A. 作风严谨，自觉遵章守纪，出色完成工作任务 B. 能够遵守规章制度，较好地完成工作任务 C. 遵守规章制度，没完成工作任务或完成工作任务，但忽视规章制度 D. 不遵守规章制度，没完成工作任务			
	学习态度	A. 积极参与教学活动，全勤 B. 缺勤达本任务总学时的 10% C. 缺勤达本任务总学时的 20% D. 缺勤达本任务总学时的 30%			
	团队合作意识	A. 与同学协作融洽，团队合作意识强 B. 与同学能沟通，协同工作能力较强 C. 与同学能沟通，协同工作能力一般 D. 与同学沟通困难，协同工作能力较差			

表1-16（续）

评价项目	评价内容	评　价　标　准	评价方式		
			自我评价	小组评价	教师评价
专业能力	学习活动1 明确工作任务	A. 按时、完整地完成工作页，问题回答正确 B. 按时、完整地完成工作页，问题回答基本正确 C. 未能按时完成工作页，或内容遗漏，错误较多 D. 未完成工作页			
	学习活动2 工作前的准备	A. 学习活动评价成绩为90~100分 B. 学习活动评价成绩为75~89分 C. 学习活动评价成绩为60~74分 D. 学习活动评价成绩为0~59分			
	学习活动3 现场施工	A. 学习活动评价成绩为90~100分 B. 学习活动评价成绩为75~89分 C. 学习活动评价成绩为60~74分 D. 学习活动评价成绩为0~59分			
创新能力		学习过程中提出具有创新性、可行性的建议	加分奖励：		

班级		学号	
姓名		综合评价等级	
指导教师		日期	

综合评价等级可根据自我评价、小组评价、教师评价及加分奖励所得成绩，参考以下方式计算：

A——自我评价总分+小组评价总分+教师评价总分+加分奖励≥90；

B——自我评价总分+小组评价总分+教师评价总分+加分奖励≥75；

C——自我评价总分+小组评价总分+教师评价总分+加分奖励≥60；

D——自我评价总分+小组评价总分+教师评价总分+加分奖励＜60。

其中：

$$\text{自我评价总分}=\frac{nA+mB+xC+yD}{n+m+x+y}\times 0.1$$

$$\text{小组评价总分}=\frac{nA+mB+xC+yD}{n+m+x+y}\times 0.2$$

$$\text{教师评价总分}=\frac{nA+mB+xC+yD}{n+m+x+y}\times 0.7$$

式中 $A=90$、$B=75$、$C=60$、$D=30$。n、m、x、y 分别为评价表中 A、B、C、D 各等级的数量。

加分奖励为1~10分，由指导教师评定。

学习任务二　变压器运行与维护技术

【学习目标】

(1) 能根据工作联系任务单，明确工时、工作内容等要求，准确记录故障现象。

(2) 能正确描述变压器的特点、用途、类型、结构、工作原理等基本知识。

(3) 能根据任务要求，列出所需工具和材料清单，准备工具和材料，合理制定工作计划。

(4) 能正确使用绕线机等工具，完成变压器的拆卸和装配。

(5) 能正确使用仪表对变压器进行检测。

(6) 能按电工作业规程，在作业完毕后清理现场。

(7) 能正确填写验收相关技术文件，完成项目验收。

【工作情境描述】

工厂里某台机床内的单相变压器因发生故障而烧损，总务科下发工作任务联系单，要求维修电工组人员在2天内完成该变压器的拆卸、检修和重绕工作。

学习活动1　明确工作任务

【学习目标】

(1) 能根据工作联系任务单，明确工时、工作内容等要求。

(2) 能正确描述变压器的特点、用途、类型、结构等基本特征。

(3) 能正确记录故障现象。

【学习过程】

一、阅读工作任务联系单

阅读工作任务联系单，说出本次任务的工作内容、时间要求等基本信息。

二、认识变压器

对照已从机床上拆下的变压器实物，查阅相关资料，了解变压器的基本知识，回答以下问题：

(1) 通过小组讨论，列举几种日常生活中使用过或见到过的变压器实例。

（2）查阅相关资料，在电路图中，变压器用什么符号表示？

（3）通过查阅资料和现场勘查，简要说明变压器的作用。

（4）通过现场勘查，简要描述变压器的故障现象。

学习活动 2　工作前的准备

【学习目标】

（1）掌握变压器的基本知识，并能利用相关知识正确分析变压器的工作原理和特性。

（2）能合理制定工作计划。

【学习过程】

一、学习变压器的基本知识

（1）对照原理图 2-1，简要说明：一次绕组和二次绕组之间的电流、电压分别是什么关系？

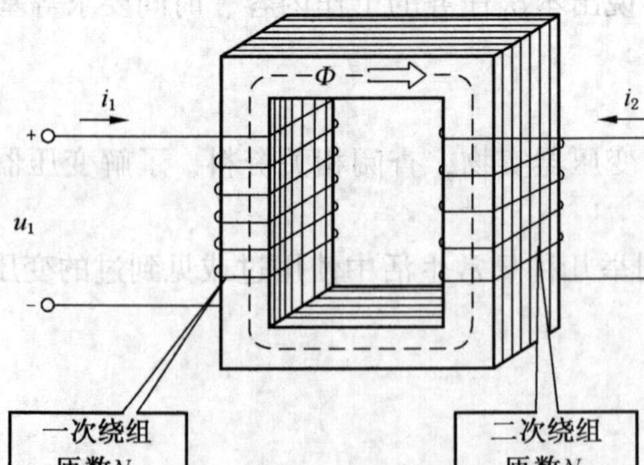

图 2-1　变压器原理图

（2）认识电力变压器结构，指出图 2-2 中各部分的名称，并说明其作用。

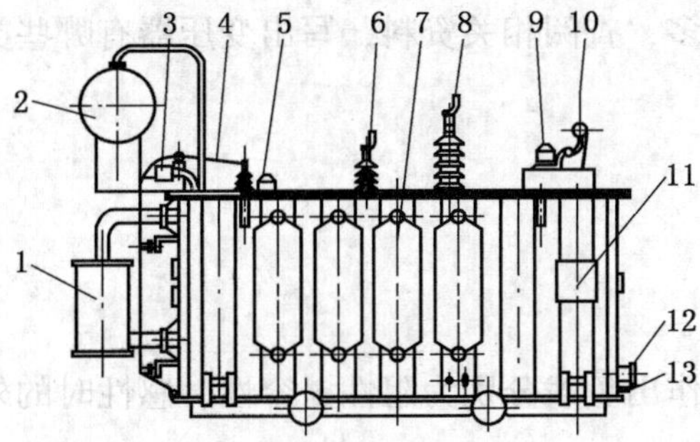

图 2-2　变压器结构

1______　2______　3______　4______　5______　6______　7______

8______　9______　10______　11______　12______　13______

(3) 变压器铭牌上 S7-500/10 表示什么意义?

(4) 变压器的外观形式多种多样，但其主要组成部分都是铁心和绕组（线圈）。铁心是变压器的磁路通道，同时也是变压器的骨架，绕组则是变压器的电路部分。这两部分通常分别由什么材料构成?

(5) 变压器的铁心不能用整块材料制成，而采用表面涂有绝缘漆或有氧化层的薄硅钢片叠装而成，这是为什么?

(6) 根据绕组和铁心的安装位置不同，单相变压器可分为心式和壳式两种，指出图 2-3 中的变压器类型。

图 2-3　变压器类型

（7）变压器的种类很多，查阅相关资料，写出变压器有哪些类型，并了解不同类型变压器的特点。

（8）请根据所学知识作出负载分别为阻性、容性、感性时的外特性曲线图。

（9）变压器的效率是指输出功率与输入功率之比，在什么情况下变压的效率最高？

（10）什么是变压器的极性？同名端是如何定义的？判断同名端有哪几种方法？

（11）实际运行中，变压器常采用并联运行的方式，请分析变压器并联运行的条件。

（12）请举例说明生产实际中常用的特殊用途变压器，并指出其结构、原理及注意事项。

二、制定工作计划

查阅相关资料，了解任务实施的基本步骤，根据任务要求，结合现场勘查的实际情况，制定小组工作计划。(可参照学习任务一)

三、评价

以小组为单位，展示本组制定的工作计划，然后在教师点评基础上对工作计划进行修改完善，并根据评分标准进行评分。(可参照学习任务一)

学习活动3　现　场　施　工

现场施工一　变压器的空载试验与短路试验

一、变压器的空载试验

【学习目标】

(1) 学习并掌握单相变压器参数的试验测定方法。

(2) 根据单相变压器的空载试验数据，测定变比 K、空载电流 I_0、空载损耗功率 P_0 和励磁阻抗 Z_m 等。

试验内容和步骤如下：

1. 测变压器变比

步骤一，作出试验线路图（中级工在老师指导下完成，高级工应独立完成），并按图接线。低压绕组通过调压器接于电源，高压绕组开路。经老师确认无误后方可合上开关 QS。

步骤二，变比测定。将低压绕组所接电压调至额定电压的______左右，测量低压线圈电压 U_{01} 及高压绕组电压 U_{02}，对应不同的输入电压，共取三组读数并记录于表 2-1 中。

表2-1　变　比　测　定

序号	U_{01}/V	U_{02}/V	K
1			
2			
3			

步骤三，断开电源开关 QS。

步骤四，变比计算。变压比 $K=U_{01}/U_{02}=$__________ V（取平均值）。

2. 空载实验

步骤一，作出试验线路图（中级工在老师指导下完成，高级工应独立完成）并按图接线，低压线圈通过调压器接于电源，高压线圈开路；经老师确认无误。

步骤二，调节调压器使变压器一次侧电压为__________，然后合上开关 QS，调节调压器使其输出电压等于变压器额定电压（$U_{01}=U_{1N}$），记下此时的空载电流 I_{01}、空载损耗 P_0 和二次侧电压 U_{02} 的值。当 $U_{01}=U_{1N}=$__________ V 时，$I_{01}=$__________ A，$P_0=$__________ W，$U_{02}=$__________ V。

步骤三，调节调压器使变压器一次侧电压为 $U_{01}=$__________ U_{1N}，然后逐步降低电压 U_{01}，直至 $U_{01}=0$ 为止。此过程中，共测取 7 组或 8 组数据，并记录于表 2-2 中，每次测量 U_{01}、I_{01}的值（注意在 U_{01}、U_{1N}附近多测量几点）。

表 2-2 一次侧电压、电流

U_{01}								
I_{01}								

步骤四，断开电源开关 QS。

步骤五，根据步骤三记录的数据作空载曲线。

（1）空载试验时为什么通常是将高压侧开路，由低压侧通电进行测量？

（2）空载试验可以测出变压器的铁耗 P_{Fe} 吗？

（3）为什么通过空载损耗 P_0 的测试，可以检查铁心材料、装配工艺的质量和绕组的匝数是否正确、有否匝间短路？

二、变压器的短路试验

【学习目标】

（1）学习并掌握单相变压器参数的试验测定方法。

（2）根据单相变压器的短路试验数据，计算额定铜耗、短路电压、短路阻抗等参数。

试验内容和步骤如下：

步骤一，作出试验线路图（中级工在老师指导下完成，高级工应独立完成）并按图接线，高压侧通过调压器接于电源，低压侧__________，且电流表接于电压表__________；并经老师确认无误。

步骤二，先将调压器置于输出电压为__________的位置，然后合上电源开关 QS，监视电流表，缓慢加大调压器输出电压，直至高压侧电流达到变压器的额定电流 I_{1N} 为止。

步骤三，记录 $I_K=I_{1N}$ 时的短路损耗 P_K、短路电压 U_K 及室温。

$I_K=I_{1N}=$__________ A，$U_K=$__________ V，$P_K=$__________ W，室温__________℃。

步骤四，将调压器输出电压降至__________，然后拉下电源开关 QS。

步骤五，计算短路参数：

$Z_K=U_K/I_K=U_K/I_N=$__________；

$r_K=P_K/I_K^2=P_K/I_N^2=$__________；

$X_K=\sqrt{Z_K^2-r_K^2}=$__________。

折合到 75 ℃时的值（式中 θ 为室温）：

$r_K(75\ ℃)=rK\theta\dfrac{234.5+75}{234.5+\theta}=$__________；

$Z_K(75\ ℃)=\sqrt{r_K^2+X_K^2}=$__________。

（1）为什么短路试验应将低压侧短路，由高压侧通电进行测量？

（2）为什么短路试验可计算变压器的铜耗？

（3）为什么短路试验可以用来分析变压器的运行性能？

三、项目验收

参考学习任务一。

现场施工二　单相变压器绕组的极性测定

【学习目标】

(1) 掌握直流法测定单相变压器绕组极性的方法。

(2) 掌握交流法测定单相变压器绕组极性的方法。

测定方法及步骤如下：

一、直观法

因为绕组的极性是由它的______决定的，所以可以用直观法判别它们的极性，可以用______判别，如果从绕组的某端通入直流电，产生的磁通方向一致的这些端点就是同名端。

二、仪表测试法

已经制成的变压器由于经过浸漆或其他工艺处理，从外观上无法辨别，只能借助于仪表来测定同名端。单相变压器的极性测定方法有______法和______法两种。

1. 直流法

用直流法测单相变压器的极性时，为了安全，一般多采用______V 的干电池或______V 的蓄电池和直流电流表或直流电压表，在变压器______绕组接通直流电源的瞬间，根据低压绕组电流或电压的正负方向来确定变压器各出线端的极性。

测定步骤如下：

步骤一，设定线端。假定高压绕组 1U1、1U2 端与低压绕组 2U1、2U2 端，并做好标记。

步骤二，作出连接线路图（中级工在老师指导下完成，高级工应独立完成），并按图接线。将电池的“-”极接至______绕组 1U2，而“+”极接到刀开关 SA，然后接到高压绕组 1U1，在______绕组间接入一个直流毫伏表或直流毫安表，表的“+”端子与变压器低压绕组 2U1 相接，表的“-”端子与低压绕组 2U2 相接。

步骤三，测定判断。当合上刀开关 SA 的瞬间，如直流毫伏表或直流毫安表的指针向零刻度的正方向（右方）正摆，则被测变压器______与______、______与______是同名端。如指针向负方向（左方）反摆，则被测变压器______与______、______与______是同名端（参考图 2-4 和图 2-5）。

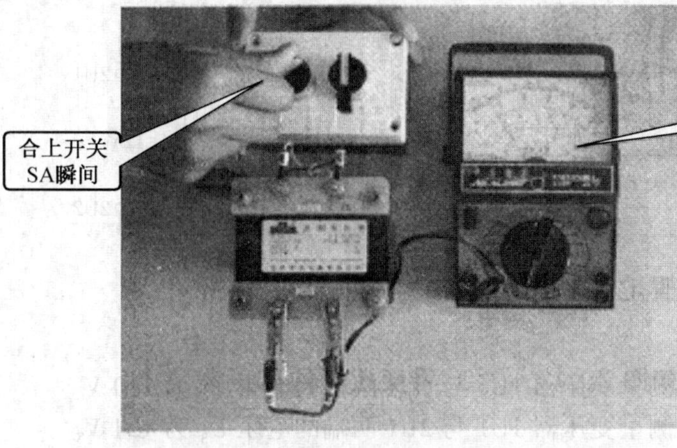

图 2-4　直流法测定变压器绕组极性开关合上瞬间

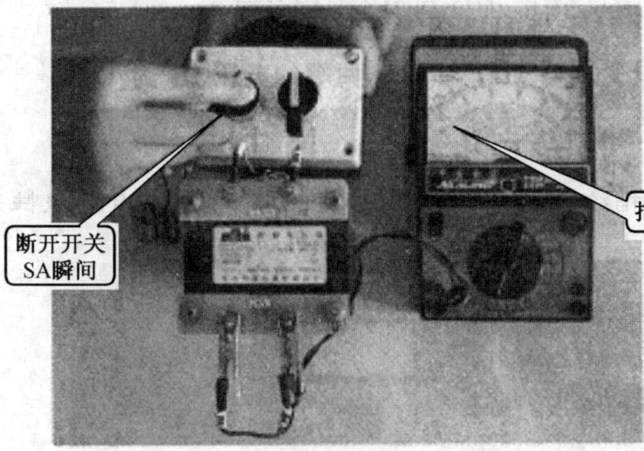

图 2-5　直流法测定变压器绕组极性开关断开瞬间

2. 交流法

作出用交流法测定变压器极性接线图。

测定步骤如下：

步骤一，设定线端。假定高压绕组 1U1、1U2 端与低压绕组 2U1、2U2 端，并做好标记。

步骤二，根据所作接线图连接线路。将变压器的高压绕组 1U2 端和低压绕组 2U2 端用导线连接起来。

步骤三，测定判断。在高压绕组间，外施较低的便于测量的交流电压 110 V，如图 2-

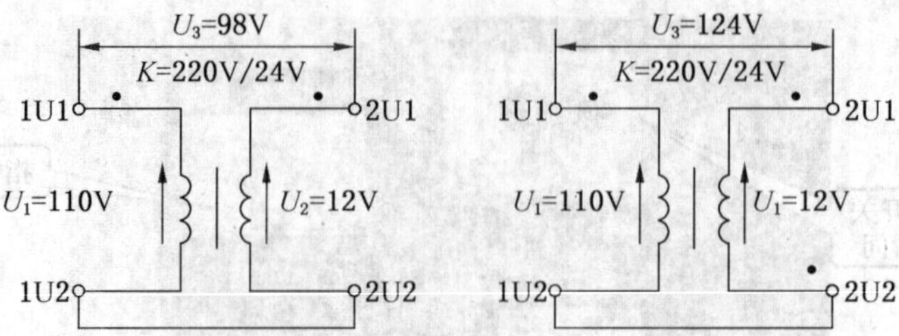

图 2-6 用交流法测定极性

6 所示。

（1）用交流电压表测量变压器 1U1 与 1U2 两端的电压 U_1 为 110 V。

（2）用交流电压表测量变压器 1U1 与 2U1 两端的电压 U_3 为 124 V。

（3）用交流电压表测量变压器 2U1 与 2U2 之间的电压 U_2 为 12 V。

（4）若测量结果______，则其出线端 1U1 与 2U1、1U2 与 2U2 是异名端；若测量结果______，则其出线端 1U1 与 2U1、1U2 与 2U2 是同名端。

三、项目验收

参考学习任务一。

现场施工三 三相绕组的首尾判别和每相高低压绕组的极性测定

【学习目标】

（1）用直流法判别三相绕组的首尾。

（2）用交流法判别三相绕组的首尾。

（3）掌握每相高低压绕组的极性测定。

一、测定方法及步骤

1. 三相绕组的首尾判别

1）直流法

判别步骤：

可参照授课教材中的内容绘制测试草图。

步骤一，______。首先用万用表______测量 12 个出线端间通断情况及电阻大小，找出三相高压线圈，假定标记为 1U1、1V1、1W1 和 1U2、1V2、1W2。

步骤二，______。将一个______的干电池（用于小容量变压器）或______ V 的蓄电池（用于电力变压器）和刀开关接入三相变压器高压侧任一相中（如 V 相）。

步骤三，______。在 V 相（假设 1V1 是首端）上加直流电源，电源的“+”极接 1V1，电源的“-”极经刀开关 SA 接至 1V2。然后通过用一个直流电流表或直流电压表测量另外两相电流或电压的方向来判断其相间极性。其判别方法如下：

（1）如果在合上刀开关 SA 的瞬间，两表同时向正方向（右方）摆动，则接在直流电流表“+”端子上的线端是______和______，接在表“-”端子上的线端是______和

______。在合上刀开关 SA 的瞬间各相绕组的感应电动势方向______。

（2）如果在合闸的瞬间，两表同时向反方向（左向）摆动，则接在直流表的“+”端子上的线端是______和______，接在表“-”端子上的线端是______和______。在合上刀开关 SA 的瞬间各绕组感应电动势方向______。

由上述可知，测试三相变压器相间极性与测试单相变压器的极性的判别方法恰好相反。

2）交流法

判别步骤：

步骤一，______。同直流法。

步骤二，______。如图 2-7 所示，先假设 1U1 是首端，将 1U2 和 1V2 用导线连接，1W1 与 1W2 间连接交流电压表 PV2。

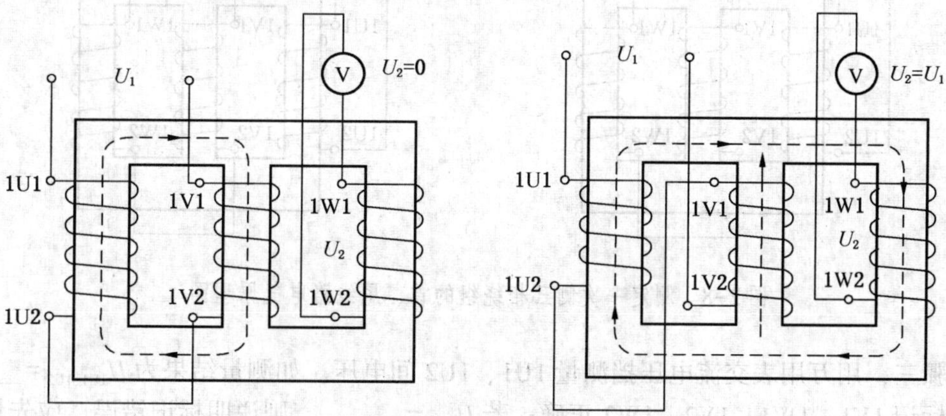

图 2-7　交流法判别三相绕组首尾原理图

步骤三，______。在 1U1 与 1V1 间外加电压 U_1 后，测得 1W1 与 1W2 间电压：

（1）如 U_2=______，则说明 1U1 与 1V1 都是首端。因为接法使磁通中自成一回路，W 相绕组中磁通 $\Phi=0$，所以电压 $U_2=0$。

（2）如 U_2=______，则说明被连接的 1V2 是尾端。因为接法使 U、V 两相的磁通都通入到 W 相中，则 W 相感应电压等于 U、V 两相感应电压之和。

同理，把 W 相与 V 相交换，同样可测出 W 相的首、尾端。

2. 每相高低压绕组的极性测定

每相高低压绕组的极性测定与测定单相变压器极性的方法完全相同。

二、项目验收

参考学习任务一。

现场施工四　用交流法测定三相变压器绕组极性

【学习目标】

学习并掌握用交流法测定三相变压器绕组极性。

一、测定步骤

1. 测定一次侧三相绕组的首、尾

步骤一，首先用万用表______测量 12 个出线端间通断情况及电阻大小，找出三相高压线圈，假设标记为 1U1、1V1、1W1 和 1U2、1V2、1W2。

步骤二，按图 2-8 接线，将 1V2、1W2 两点用导线相连，在 1V1 与 1W1 间接通电源施加低电压（约______）。

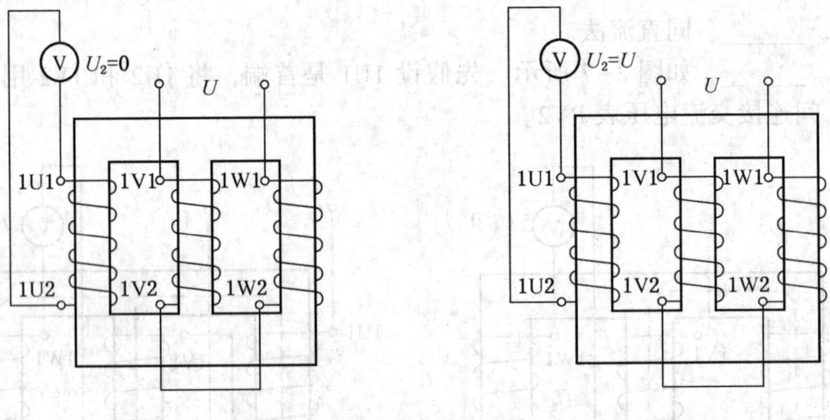

图 2-8　测定一次侧三相绕组的首、尾线路电气原理图

步骤三，用万用表交流电压挡测量 1U1、1U2 间电压。如测量结果为 $U_{1U1、1U2}$ = ______，则假设标记 1V1、1W1、1V2、1W2 正确；若 U_{1U1} = ______，则说明标记错误，应先切断电源，然后把 V、W 相中任一相的端点标记互换（如将 1V1、1V2 换成 1V2、1V1）。再重复步骤二、三，来确定首尾。

步骤四，用同样的方法，将 1U2、1V2 两端用导线相连，在 1U1 与 1V1 间接通电源施加低电压，测定 U、V 相首、尾，完成后切断电源，并把一次侧三相绕组的首、尾端做正式标记。

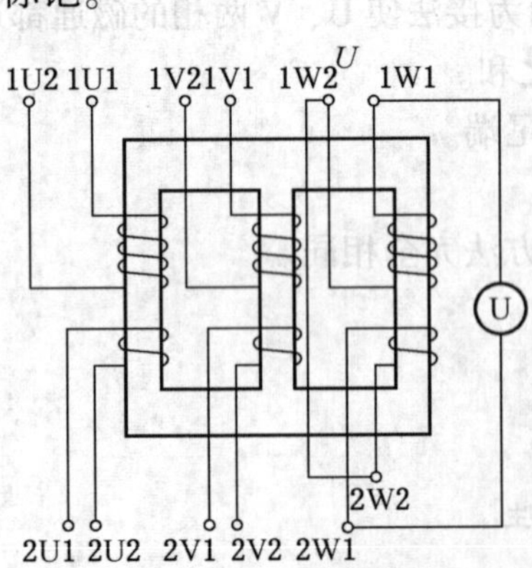

图 2-9　测定每相一次侧、二次侧绕组极性线路电气原理图

2. 测定每相一次侧、二次侧绕组极性

步骤一，首先用万用表电阻挡，根据端间通断与高压线圈的对应情况测量和判断出低压 6 个出线端，假设标记为 2U1、2V1、2W1 和 2U2、2V2、2W2。

步骤二，按图 2-9 接线，将______用导线相连，在 W 相的 1W1 和 1W2 之间施加低电压 U。

步骤三，用万用表交流电压挡测量 1W1、2W1 间电压，如测量结果为：$U_{1W1、2W1}$ < ______，则说明标记正确；若 $U_{1W1、2W1}$ > ______，则说明标记错误，应将标记 2W1、2W2 对调。同理，其他两相也可依此法定出。测定后，按国家标准规定，把低压线圈各相首、尾端做出正式标记。

二、项目验收

参考学习任务一。

现场施工五　变压器连接组别的判别

【学习目标】

掌握变压器连接组别的判别方法。

判别方法及步骤如下：

常用的连接组别可分成 Y，y 和 Y，d 两类接法，请举例说明它们的判别方法。

学习活动 4　总 结 与 评 价

【学习目标】

(1) 能以小组形式，对学习过程和实训成果进行汇报总结。

(2) 完成对学习过程的综合评价。

【学习过程】

一、工作总结

以小组为单位，选择演示文稿、展板、海报、录像等形式中的一种或几种，向全班展示、汇报学习成果。

二、综合评价

1. 评分

按表 2-3～表 2-7 进行评分。

表 2-3　变压器的空载试验和短路试验

评价项目	评 价 标 准	分值	评 分		
			自我评价	小组评价	教师评价
变比试验	接线正确，步骤正确；正确记录数据、分析数据	35			
空载试验	接线正确，步骤正确；正确记录数据、分析数据	30			
短路试验	接线正确，步骤正确；正确记录数据、分析数据	30			
安全文明生产	遵守安全文明生产规程；施工完成后认真清理现场	5			
施工额定用时：　实际用时：　超时扣分：					
合　计					

表 2-4　单相变压器的极性判别

评价项目	评价标准	分值	评分		
			自我评价	小组评价	教师评价
线路图	能正确作出线路图	25			
接线	接线正确	25			
实验步骤	步骤正确	25			
数据分析	正确记录并分析数据，结论正确	20			
安全文明生产	遵守安全文明生产规程；施工完成后认真清理现场	5			
施工额定用时： 实际用时： 超时扣分：					
合　计					

表 2-5　三相绕组的首尾判别和每相高低压绕组的极性测定

评价项目	评价标准	分值	评分		
			自我评价	小组评价	教师评价
分相	分相正确，并按规定标记	10			
线路连接	正确连接线路	25			
实验步骤	步骤正确	30			
数据分析	正确记录并分析数据，结论正确	30			
安全文明生产	遵守安全文明生产规程；施工完成后认真清理现场	5			
施工额定用时： 实际用时： 超时扣分：					
合　计					

表 2-6　用交流法测定三相变压器绕组极性

评价项目	评价标准	分值	评分		
			自我评价	小组评价	教师评价
分相	分相正确，并按规定标记	10			
线路连接	正确连接线路	25			
实验步骤	步骤正确	30			
数据分析	正确记录并分析数据，结论正确	30			
安全文明生产	遵守安全文明生产规程；施工完成后认真清理现场	5			
施工额定用时： 实际用时： 超时扣分：					
合　计					

表2-7　变压器连接组别的判别

评价项目	评价标准	分值	评分		
			自我评价	小组评价	教师评价
相线电压	正确标记每个相线电压正方向	20			
一次侧绕组线电压相量图	正确画出一次侧绕组线电压相量图	25			
二次侧绕组线电压相量图	正确画出二次侧绕组线电压相量图	25			
时钟图	正确作出时钟图	25			
安全文明生产	遵守安全文明生产规程；施工完成后认真清理现场	5			
施工额定用时：　实际用时：　超时扣分：					
合　计					

2. 综合评价

参考学习任务一。

学习任务三　特种电动机运行与维护技术

本学习任务为中级工、高级工应掌握的技能。

【学习目标】

（1）能通过阅读设备维护（保养）记录单和现场勘查，明确学习任务要求。

（2）能根据任务要求和实际情况，合理制定工作（学习）计划。

（3）掌握特种电动机的正确使用与维护方法。

（4）了解特种电动机的结构特点及分类情况，懂得特种电动机的工作原理。

【建议课时】

中级工8课时，高级工14课时。

【工作情景描述】

某矿一台伺服电动机故障，需要进行维护、保养、维修，机电维护人员接到设备维护（保养）记录单后，按要求完成相关工作。

学习活动1　明确工作任务

【学习目标】

（1）能通过阅读设备维护（保养）记录单，明确学习任务、课时等要求。

（2）能准确记录工作现场的环境条件。

（3）了解特种电动机的结构特点及分类情况。

【学习课时】

2课时。

【学习过程】

一、填写设备维护（保养）记录单

中级工在老师指导下完成，高级工要求独立完成。

二、认识电动机外观，勘查施工现场

对照各种特种电动机，查阅相关资料，了解特种电动机基本知识，回答以下问题。

（1）实际生活中，你都在哪些地方见到过特种电动机？它们分别属于哪种类型？

（2）参照以往课程所学内容，观察特种电动机安装施工现场的基本情况（包括安装位置、尺寸、与其他设备的连接情况等），做好记录。

（3）在教师指导下，观察特种电动机外观，并做初步检查处理，包括擦拭电动机外壳，检查外观有无明显异常、部件有无松动等，将异常现象做好记录。

学习活动2 工作前的准备

【学习目标】

（1）掌握不同特种电动机的结构。

（2）掌握不同特种电动机的工作原理。

【学习过程】

（1）熟悉交、直流伺服电动机的结构，指出图 3-1 中各部分的名称。

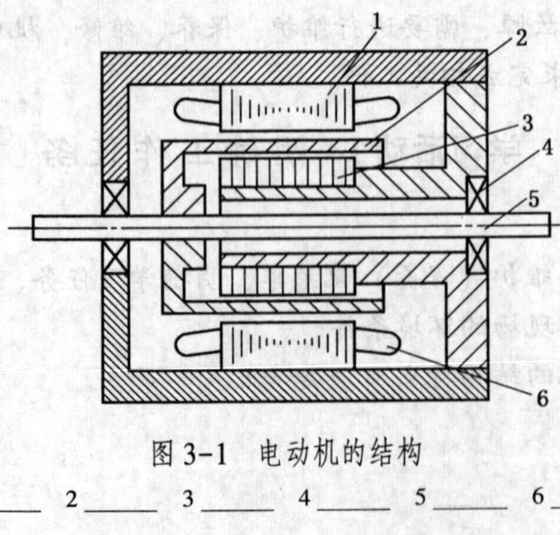

图 3-1　电动机的结构

1______ 2______ 3______ 4______ 5______ 6______

（2）根据交流伺服电动机的工作原理图（图 3-2），简述交流伺服电动机的工作原理。

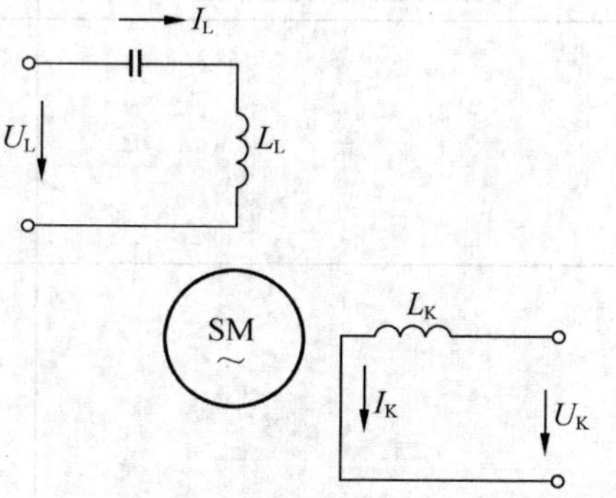

图 3-2　电动机工作原理图

（3）根据直流伺服电动机的接线图（图 3-3），简述直流伺服电动机的工作原理。

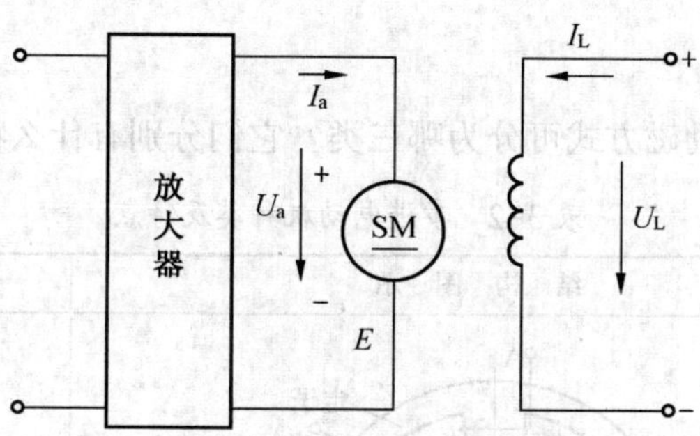

图 3-3　直流伺服电动机接线图

（4）交流伺服电动机的转速控制方式有哪几种？

（5）交流伺服电动机的“自转”现象指什么？怎么消除“自转”现象？

（6）熟悉伺服电动机的工作特性，完成表 3-1。

表 3-1　伺服电动机的工作特性

伺服电动机种类	工作特性	
	机械特性图及特性描述	调节特性图及特性描述
交流伺服电动机		
直流伺服电动机		

（7）指出步进电动机基本结构组成。

（8）步进电动机按励磁方式可分为哪三类？它们分别有什么特点？填于表 3-2 中。

表 3-2　步进电动机种类及特点

种类	结构图示	特点说明
	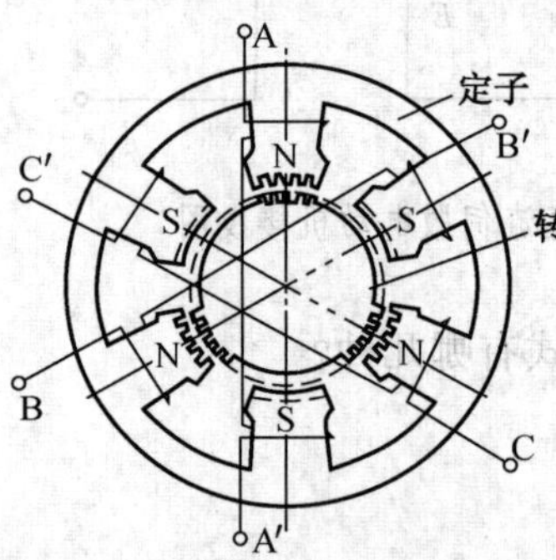	
	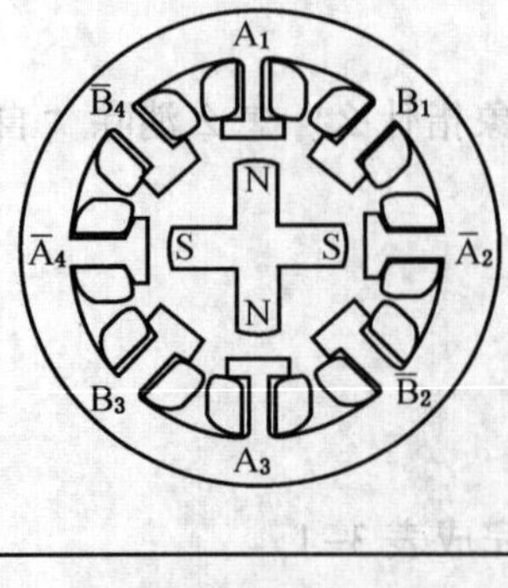	

表 3-2（续）

种类	结构图示	特点说明
	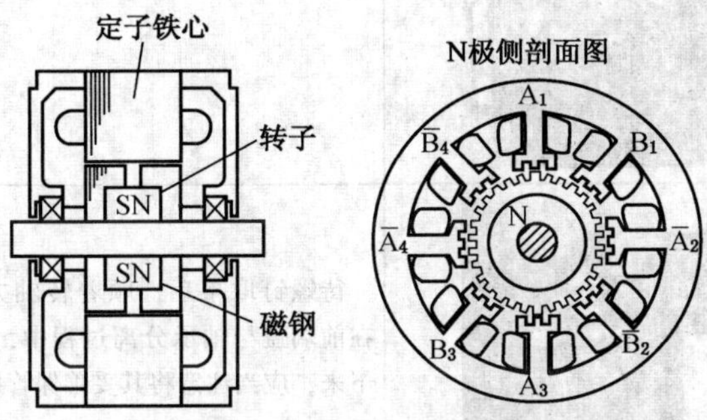	

（9）根据步进电动机原理图（图 3-4），简述步进电动机的工作原理。

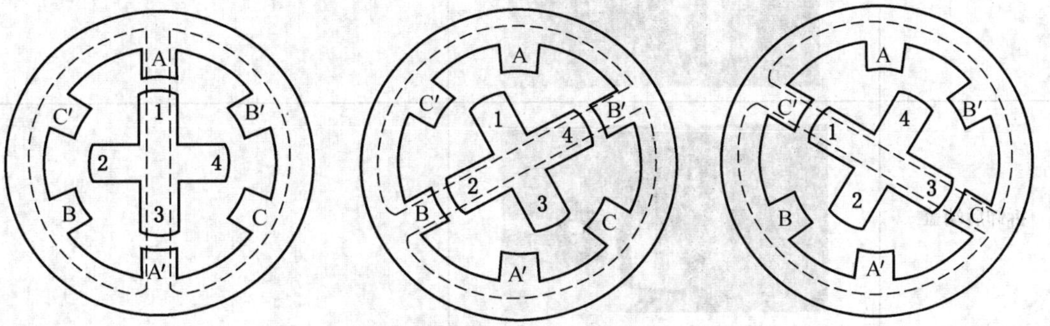

(a)　　(b)　　(c)

图 3-4　步进电动机原理图

学习活动 3　现　场　施　工

【学习目标】

（1）能熟练掌握本活动安全知识，并能按照安全要求进行操作。

（2）能正确进行步进电动机的拆装操作。

（3）了解步进电动机的检测方法。

【学习过程】

一、步进电动机的拆卸

根据表 3-3 中的图示写出步进电动机拆卸的操作步骤及要领。

表 3-3　步进电动机拆卸操作步骤及要领

步骤	图　示	操 作 要 领
拆卸前端盖螺钉		
		待螺钉取下后，顺着转轴方向将端盖拔出来。在前端盖与轴承分离过程中，轴承簧垫可能会掉下来，应当注意将其妥善保管好
拆卸转子		
拆卸后端盖	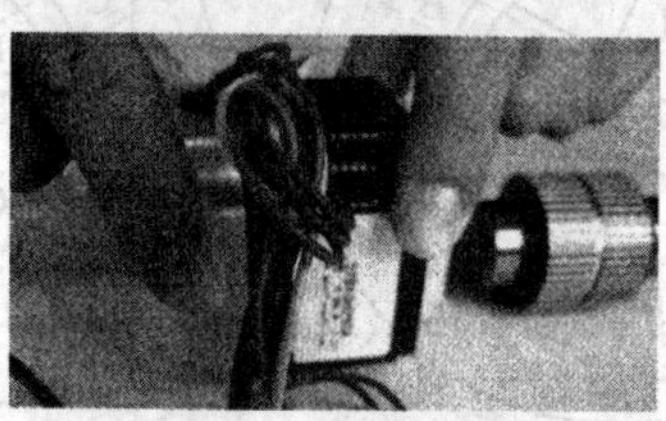	
	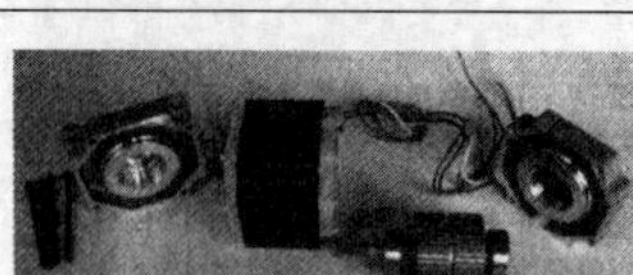	拆卸完毕将各部件摆放整齐并进行清点，以便减少重装过程中的困难
研究步进电动机定子结构	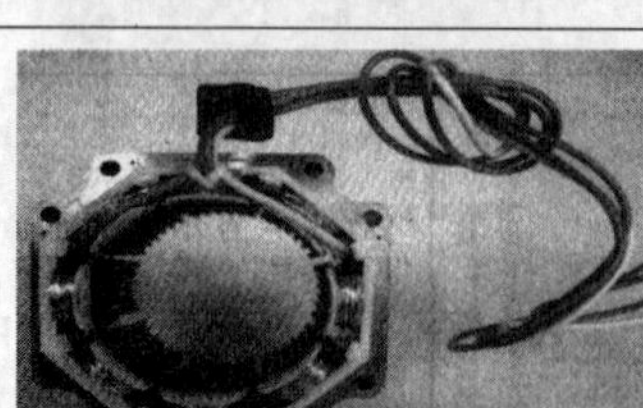	
研究步进电动机转子结构	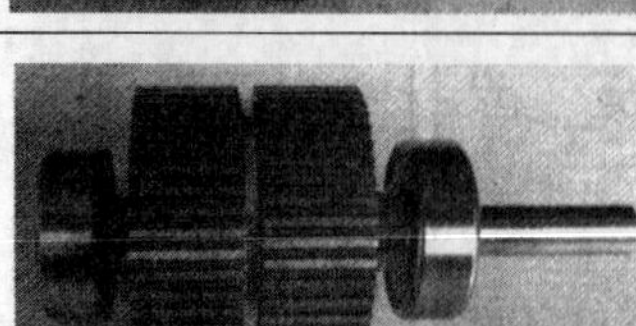	

表 3-3（续）

步骤	图　示	操 作 要 领
		端盖的机械工艺要求很高，因为它们直接影响着转轴同心度和间隙问题。在观察过程中应注意保持端盖的洁净度

二、步进电动机的装配

根据表 3-4 的图示写出步进电动机装配的操作步骤及要领。

表 3-4　步进电动机装配的操作步骤及要领

步骤	图　示	操 作 要 领
机械性能试验	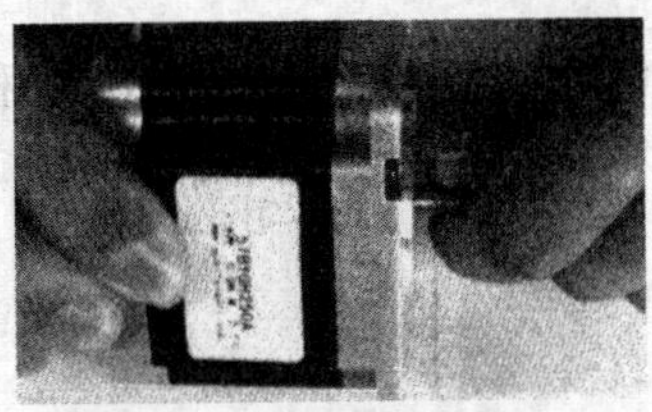	
绕组直流电阻值测试	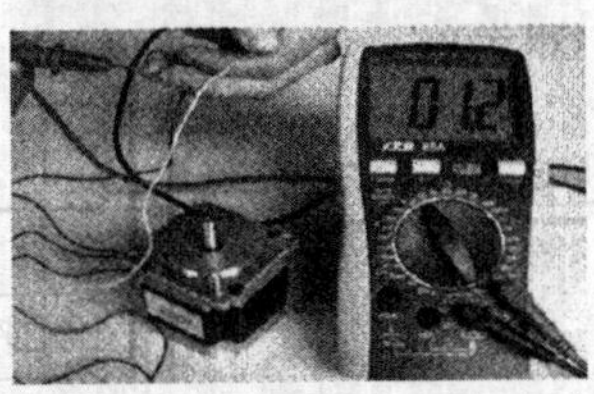	
绕组对外壳的绝缘电阻值测试	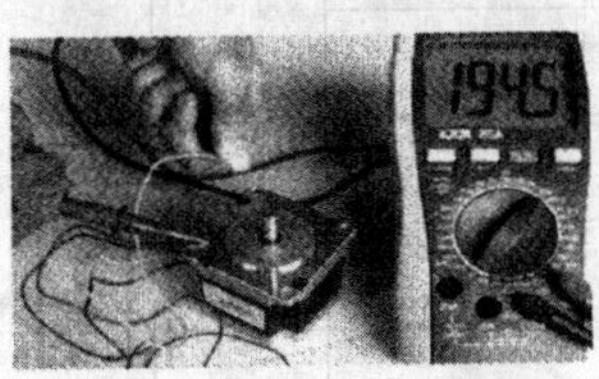	

三、项目验收（参考学习任务一）

（1）在验收阶段，各小组派出代表进行交叉验收，并填写详细验收记录。

（2）以小组为单位认真填写步进电动机拆装维护任务验收报告，并将学习活动1中的设备维护（保养）记录单填写完整。

学习活动4　总 结 与 评 价

【学习目标】

（1）能以小组形式，对学习过程和实训成果进行汇报总结。

（2）完成对学习过程的综合评价。

【学习过程】

一、工作总结

以小组为单位，选择演示文稿、展板、海报、录像等形式中的一种或几种，向全班展示、汇报学习成果。

二、评价

1. 评分表

按表3-5进行评分。

表3-5　评　分　表

评价内容		分值	评分		
			自我评价	小组评价	教师评价
拆卸	工具、仪器及材料准备正确、完整	35			
	拆卸方法和步骤正确				
	绕组、零部件无损伤				
	装配标记清楚				
装配	装配步骤和方法正确	35			
	施工中零部件完好无损伤				
	紧固螺栓固定牢固				
	装配后转动灵活				
测试	正确进行机械性能测试	25			
	正确进行绕组直流电阻测试				
	正确进行绕组对外壳绝缘电阻测试				

表 3-5（续）

评价内容		分值	评分		
			自我评价	小组评价	教师评价
安全文明生产	遵守安全文明生产规程	5			
	施工完成后认真清理现场				
施工额定用时：　实际用时：　超时扣分：					
合　计					

2. 综合评价

模块二　电气控制线路原理、安装与维修

学习任务四　电动机机械特性

本学习任务为中级工、高级工及技师等级应掌握的技能。

【学习目标】

（1）掌握异步电动机的机械特性及特性曲线图。

（2）掌握异步电动机的电气制动运行机械特征。

（3）掌握异步电动机调速方法及机械特性。

【建议课时】

中级工6课时，高级工8课时，技师6课时。

【学习过程】

（1）什么是电动机机械特性的硬度？什么是绝对硬特性、硬特性和软特性？

（2）异步电动机转子回路串电阻后最大转矩 M_m 和临界转差率 S_C 各有什么变化？降低电源电压后 M_m、S_C 又有什么变化？

（3）说明异步电动机在各种运行状态下转矩 M 和转差率 S 的大小及正负符号。

（4）异步电动机的动力制动是怎样实现的？

（5）为什么发电反馈制动时转子所串电阻为0？为什么动力制动要串较大的电阻，而反接制动要串很大的电阻？

（6）画出异步电动机的固有机械特性曲线，分析曲线上的几个特殊点，指出稳定运行区段。

（7）静差率的含义是什么？与哪些因素有关？它与机械特性的硬度有什么区别？

（8）调速范围与静差率有什么关系？

（9）什么叫恒转矩输出？什么叫恒功率输出？容许输出与实际输出有什么区别？为什么容许输出要与负载机械特性匹配？

（10）异步电动机转子回路串电阻的调速方法有何优缺点？适用于什么负载？

(11) 异步电动机有哪几种调速方法？试比较其优缺点。

学习任务五 低 压 电 器

子任务一 熔 断 器

本学习任务为中级工、高级工应掌握的技能，技师等级的也应该掌握。

【学习目标】

(1) 熟悉熔断器结构、作用、型号、工作原理、文字符号及图形符号。

(2) 能根据任务要求和实际情况，合理制定工作（学习）计划。

(3) 能正确识别、安装、使用熔断器。

(4) 能够正确判断、处理熔断器常见故障。

【建议课时】

中、高级工1课时，技师1课时。

【工作情景描述】

某矿机修厂电源断电，经查是电源熔断器熔断，机电维护人员接到设备维护（保养）记录单后，按要求完成相关工作。

学习活动1 明确工作任务

【学习目标】

(1) 能通过阅读设备维护（保养）记录单，明确学习任务、课时等要求。

(2) 能准确记录工作现场的环境条件。

(3) 掌握熔断器结构、功能、工作原理。

【学习过程】

一、填写设备维护（保养）记录单

中级工在老师指导下完成，高级工要求独立完成。

二、认识熔断器

查阅相关资料，了解熔断器基本知识，回答以下问题。

(1) 实际生活中，你都在哪些地方见到过熔断器？它们分别属于哪种类型？

（2）熔断器在电路中有什么作用？

（3）某熔断器型号为RC1A-15/10，请说出它代表的意义。日常生活中你还见过什么型号的熔断器，并说明型号所代表的意义。

（4）通常用什么符号表示熔断器？

学习活动2　工 作 前 的 准 备

【学习目标】

（1）熟悉各种熔断器功能、基本结构、工作原理及型号含义，熟记其图形符号和文字符号。

（2）熟悉各种工器具及仪表的功能、结构、原理及使用方法。

【学习过程】

一、熔断器的结构组成

（1）熔断器的组成部分有哪些？各组成部分由什么材料制成？有什么作用？

（2）标出图5-1所示熔断器中各部分的名称，并指出其作用。

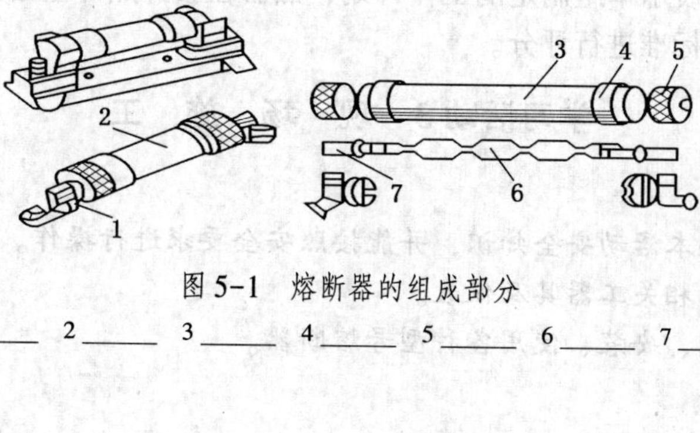

图5-1　熔断器的组成部分

1______　2______　3______　4______　5______　6______　7______

（3）什么是熔体的额定电流？它与熔断器的额定电流是否相同？

（4）控制箱、配电屏、机床电气设备及振动较大的场合应选择哪一系列的熔断器作短路保护？

（5）熔断器的技术参数有哪些？

（6）在电动机控制线路中，为什么熔断器只能作短路保护，而不能作为过载保护电器使用？

二、制定工作计划

查阅相关资料，了解任务实施的基本步骤，根据任务要求，结合现场勘查的实际情况，制定小组工作计划。

三、评价

以小组为单位，展示本组制定的工作计划，然后在教师点评基础上对工作计划进行修改完善，并根据评分标准进行评分。

学习活动3　现　场　施　工

【学习目标】

（1）能熟练掌握本活动安全知识，并能按照安全要求进行操作。

（2）能正确使用相关工器具及仪表。

（3）能正确识别、安装、使用各种型号熔断器。

【学习过程】

一、熔断器的识别、选用、安装、使用和维护

（1）熔断器在使用中应满足哪些要求？

（2）对照明和电热等电流较平稳、无冲击电流的负载的短路保护，应如何选择熔断器？

（3）如果一台电动机不经常启动且启动时间不长，设置短路保护时应该如何选择熔断器？

（4）在安装使用熔断器时应注意哪些事项？

（5）熔断器在使用过程中出现故障该如何处理？完成表5-1。

表5-1　熔断器故障现象与处理方法

故障现象	可能原因	处理方法
电路接通瞬间熔体熔断		
熔体未熔断，但电路不通		

二、项目验收

（1）在验收阶段，各小组派出代表进行交叉验收，并填写详细验收记录。

（2）以小组为单位认真填写三相笼型异步电动机拆装维护任务验收报告，并将学习活动 1 中的设备维护（保养）记录单填写完整。

学习活动 4　总 结 与 评 价

【学习目标】

（1）能以小组形式，对学习过程和实训成果进行汇报总结。

（2）完成对学习过程的综合评价。

【学习过程】

一、工作总结

以小组为单位，选择演示文稿、展板、海报、录像等形式中的一种或几种，向全班展示、汇报学习成果。

二、评价

1. 评分

以小组为单位，展示本组安装成果，根据表 5-2 进行评分。

表 5-2　评 分 标 准

评价内容		分值	评分		
			自我评价	小组评价	教师评价
熔断器识别	工具、仪器及材料准备正确、完整	45			
	名称正确、齐全				
	型号正确、齐全				
	主要部件完整				
更换熔体	检查方法不正确	50			
	正确选配熔体				
	更换熔体方法正确				
	未损伤熔体				
	更换熔体后熔断器无断路				

表5-2（续）

评价内容		分值	评分		
			自我评价	小组评价	教师评价
安全文明生产	遵守安全文明生产规程	5			
	施工完成后认真清理现场				
施工额定用时：　实际用时：　超时扣分：					
合　计					

2. 综合评价

子任务二　低　压　开　关

本学习任务为中级工、高级工应掌握的技能，技师等级的也应该掌握。

【学习目标】

（1）熟悉低压开关结构、作用、型号、工作原理、文字符号及图形符号。

（2）能正确识别、安装、使用低压开关。

（3）能够正确判断、处理低压开关常见故障。

（4）能根据任务要求和实际情况，合理制定工作（学习）计划。

【建议课时】

中、高级工1课时，技师1课时。

【工作情景描述】

某矿办公楼断电，经查是电源低压断路器故障，机电维护人员接到设备维护（保养）记录单后，按要求完成相关工作。

学习活动1　明确工作任务

【学习目标】

（1）能通过阅读设备维护（保养）记录单，明确学习任务、课时等要求。

（2）能准确记录工作现场的环境条件。

（3）熟悉低压开关型号、符号。

【学习过程】

一、填写设备维护（保养）记录单

中级工在老师指导下完成，高级工要求独立完成。

二、认识低压开关

（1）实际生活中，你都在哪些地方见到过低压断路器、负荷开关、组合开关？它们分别属于哪种类型？

（2）低压断路器、负荷开关、组合开关在电路中有什么功能？

（3）画出低压断路器、负荷开关、组合开关、倒顺开关的图形符号，并注明文字符号。

（4）某低压断路器型号为 DZ5-20/33，请写出它代表的意义。

（5）某负荷开关型号为 HK1-15/3，请写出它代表的意义。

（6）某组合开关型号为 HZ10-10/3，请写出它代表的意义。

学习活动 2　工 作 前 的 准 备

【学习目标】

（1）掌握低压开关结构、功能、工作原理。

（2）熟悉各种工器具及仪表的功能、结构、原理及使用方法。

【学习过程】

一、低压断路器、负荷开关、组合开关的结构和原理

（1）低压断路器的组成部分有哪些？各有什么作用？

（2）标出图 5-2 中各部分所对应的名称，并指出各部分的作用。

图 5-2　低压断路器的组成

1_____　2_____　3_____　4_____　5_____

（3）标出图 5-3 中各部分所对应的名称，并指出各部分的作用。

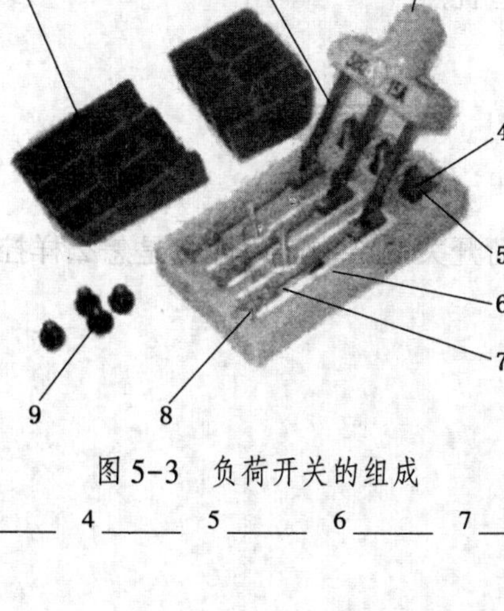

图 5-3　负荷开关的组成

1_____　2_____　3_____　4_____　5_____　6_____　7_____　8_____　9_____

（4）标出图 5-4 中各部分所对应的名称，并指出各部分的作用。

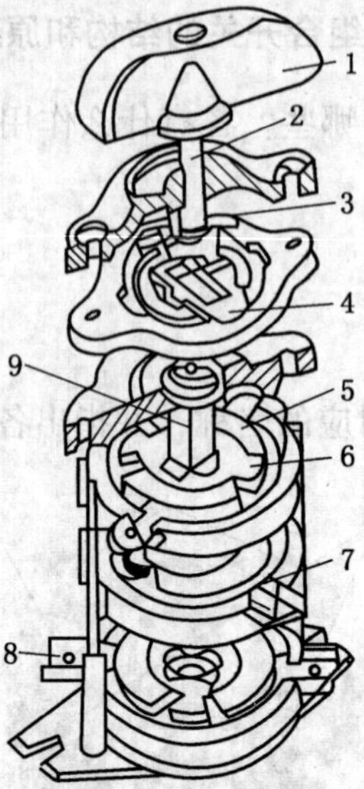

图 5-4　组合开关的组成

1 ______　2 ______　3 ______　4 ______　5 ______　6 ______　7 ______　8 ______　9 ______

（5）简述低压断路器的工作原理。

（6）低压断路器有哪些保护功能？分别由低压断路器的哪些部件完成？

（7）低压断路器具有哪些优点？

（8）仔细观察开启式负荷开关的结构，说说它是怎么样控制电路的，又是怎么样实现短路保护的。

(9) 组合开关的用途有哪些？

(10) 组合开关能否用来分断故障电流？

(11) 倒顺开关有什么作用？

二、制定工作计划

查阅相关资料，了解任务实施的基本步骤，根据任务要求，结合现场勘查的实际情况，制定小组工作计划。

三、评价

以小组为单位，展示本组制定的工作计划，然后在教师点评基础上对工作计划进行修改完善，并根据评分标准进行评分。

学习活动3　现　场　施　工

【学习目标】

(1) 能熟练掌握本活动安全知识，并能按照安全要求进行操作。

(2) 能正确使用相关工器具及仪表。

(3) 能正确识别、安装、使用低压开关。

【学习过程】

一、低压开关的识别、安装、使用与检测

(1) 如何正确使用和安装低压断路器？

（2）如何正确使用和安装负荷开关？

（3）如何正确使用和安装组合开关？

（4）将低压断路器常见故障原因及处理方法填于表5-3中。

表5-3　低压断路器常见故障原因及处理方法

故障现象	可能原因	处理方法
不能合闸		
电流达到整定值，断路器不动作		
启动电动机时断路器立即分断		
断路器闭合后一定时间自行分断		
断路器温升过高		

（5）开启式负荷开关触头发热该如何处理？

（6）将组合开关常见故障现象、原因及处理方法填于表5-4中。

表5-4　组合开关常见故障现象、原因及处理方法

故障现象	可能原因	处理方法
手柄转动后，内部触头未动		调换手柄
		更换绝缘杆
		紧固松动部件
		修理更换

表 5-4（续）

故障现象	可能原因	处理方法
	组合开关型号选用不正确	更换开关
	触头角度装配不正确	重新装配
	触头失去弹性或接触不良	更换触头或清除氧化层或尘污
接线柱间短路	因铁屑或油污附着在接线柱间，形成导电层，将胶木烧焦，绝缘损坏而形成短路	

二、项目验收

（1）在验收阶段，各小组派出代表进行交叉验收，并填写详细验收记录。

（2）以小组为单位认真填写三相笼型异步电动机拆装维护任务验收报告，并将学习活动 1 中的设备维护（保养）记录单填写完整。

学习活动 4　总 结 与 评 价

【学习目标】

（1）能以小组形式，对学习过程和实训成果进行汇报总结。

（2）完成对学习过程的综合评价。

【学习过程】

一、工作总结

以小组为单位，选择演示文稿、展板、海报、录像等形式中的一种或几种，向全班展示、汇报学习成果。

二、评价

1. 评分

以小组为单位，展示本组安装成果，并根据表 5-5 进行评分。

表5-5 评 分 标 准

评价内容		分值	评分		
			自我评价	小组评价	教师评价
识别低压开关	名称无错写或漏写	35			
	型号无错写或漏写				
	符号书写正确				
	主要部件型号完整				
检测低压开关	仪表使用方法正确	35			
	检测方法或结果无误				
	未损坏仪表、电器				
	正确检测				
低压断路器结构	正确写出主要部件的作用	25			
	参数无漏写或错写				
安全文明生产	遵守安全文明生产规程	5			
	施工完成后认真清理现场				
施工额定用时： 实际用时： 超时扣分：					
合　计					

2. 综合评价

子任务三 主 令 电 器

本学习任务为中级工、高级工应掌握的技能，技师等级的也应该掌握。

【学习目标】

（1）熟悉各种主令电器结构、作用、型号、工作原理、文字符号及图形符号。

（2）能正确识别、安装、使用各种主令电器。

（3）能够正确判断、处理各种主令电器常见故障。

（4）能根据任务要求和实际情况，合理制定工作（学习）计划。

【建议课时】

中、高级工1课时，技师1课时。

【工作情景描述】

某矿一电动机启动按钮故障，机电维护人员接到设备维护（保养）记录单后，按要求完成相关工作。

学习活动1 明确工作任务

【学习目标】

（1）能通过阅读设备维护（保养）记录单，明确学习任务、课时等要求。

(2) 能准确记录工作现场的环境条件。

(3) 掌握各种主令电器结构、功能、工作原理。

【学习过程】

一、填写设备维护（保养）记录单

中级工在老师指导下完成，高级工要求独立完成。

二、认识主令电器

(1) 实际生活中，你都在哪些地方见到过按钮、行程开关、接近开关？它们分别属于哪种类型？

(2) 按钮、行程开关、接近开关在电路中各有什么功能？

(3) 画出启动按钮、停止按钮、复合按钮、行程开关、接近开关的图形符号，并注明文字符号。

(4) 某按钮型号为 LA10-2K，请写出它代表的意义。

(5) 某行程开关型号为 LX19-111，请写出它代表的意义。

(6) 某接近开关型号为 LJM18T-5Z/NK，请写出它代表的意义。

学习活动2 工作前的准备

【学习目标】

（1）熟悉各种主令电器基本结构、工作原理。

（2）熟悉各种工器具及仪表的功能、结构、原理及使用方法。

【学习过程】

一、主令开关的结构、原理

（1）标出图5-5所对应的名称。

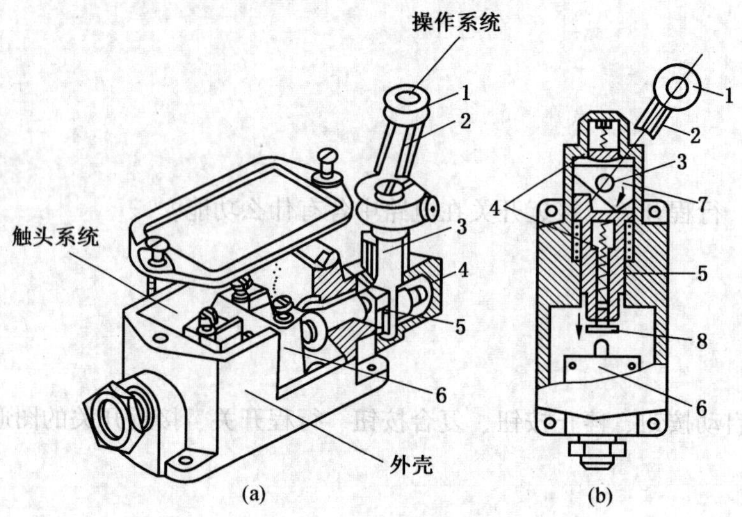

图5-5 行程开关的组成

1_____ 2_____ 3_____ 4_____ 5_____ 6_____ 7_____ 8_____

（2）标出图5-6所对应的名称。

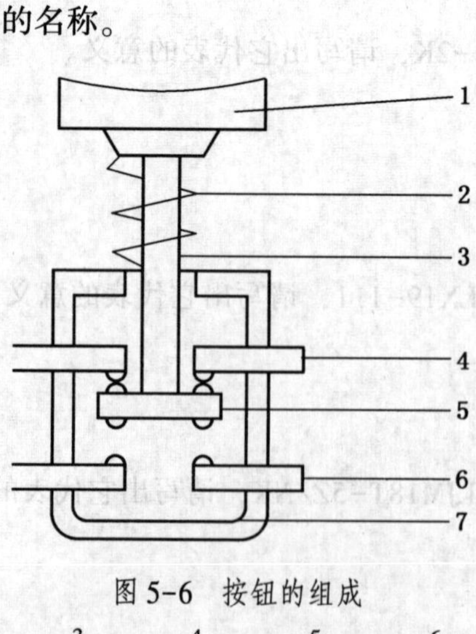

图5-6 按钮的组成

1_____ 2_____ 3_____ 4_____ 5_____ 6_____ 7_____

（3）按钮应接在主电路还是控制电路上？

（4）按钮的组成部分有哪些？

（5）简述行程开关的原理。

（6）行程开关与按钮有什么异同？

（7）接近开关与行程开关有什么异同？

（8）简述接近开关的原理。

二、制定工作计划

查阅相关资料，了解任务实施的基本步骤，根据任务要求，结合现场勘查的实际情况，制定小组工作计划。

三、评价

以小组为单位，展示本组制定的工作计划，然后在教师点评基础上对工作计划进行修改完善，并根据评分标准进行评分。

学习活动3 现 场 施 工

【学习目标】

（1）能熟练掌握本活动安全知识，并能按照安全要求进行操作。

（2）能正确使用相关工器具及仪表。

（3）能正确识别、安装、使用各种主令电器。

【学习过程】

一、主令开关的识别、安装使用、检测与故障处理

（1）如何正确安装与使用按钮？

（2）根据教材中按钮的常见故障及处理方法，补充完善表5-6。

表5-6 按钮的常见故障及处理方法

故 障 现 象	可 能 原 因	处 理 方 法
触头接触不良		
触头间短路		

（3）如何正确安装与使用行程开关？

（4）根据教材中行程开关的常见故障及处理方法，补充完善表5-7。

表5-7 行程开关的常见故障及处理方法

故 障 现 象	可 能 原 因	处 理 方 法
挡铁碰撞行程开关后，触头不动作	安装位置不准确	
		清刷触头或紧固接线
	触头弹簧失效	
杠杆已经偏转，或无外界机械力作用，但触头不复位	复位弹簧失效	
		清扫内部杂物
		检查调节螺钉

二、项目验收

（1）在验收阶段，各小组派出代表进行交叉验收，并填写详细验收记录。

（2）以小组为单位认真填写主令电器的识别与检测任务验收报告，并将学习活动 1 中的设备维护（保养）记录单填写完整。

学习活动 4　总 结 与 评 价

【学习目标】

（1）能以小组形式，对学习过程和实训成果进行汇报总结。

（2）完成对学习过程的综合评价。

【学习过程】

一、工作总结

以小组为单位，选择演示文稿、展板、海报、录像等形式中的一种或几种，向全班展示、汇报学习成果。

二、评价

1. 评分

以小组为单位，展示本组安装成果，并根据表 5-8 进行评分。

表 5-8　评　分　表

<table>
<tr><th colspan="2" rowspan="2">评 价 内 容</th><th rowspan="2">分值</th><th colspan="3">评　分</th></tr>
<tr><th>自我评价</th><th>小组评价</th><th>教师评价</th></tr>
<tr><td rowspan="3">识别主令电器</td><td>名称无错写或漏写</td><td rowspan="3">45</td><td rowspan="3"></td><td rowspan="3"></td><td rowspan="3"></td></tr>
<tr><td>型号无错写或漏写</td></tr>
<tr><td>符号书写正确</td></tr>
<tr><td rowspan="5">检测主令电器</td><td>仪表使用方法正确</td><td rowspan="5">50</td><td rowspan="5"></td><td rowspan="5"></td><td rowspan="5"></td></tr>
<tr><td>检测方法或结果正确</td></tr>
<tr><td>未损坏仪表、电器</td></tr>
<tr><td>正确检测</td></tr>
<tr><td>检查修整触头正确</td></tr>
</table>

表 5-8（续）

评价内容		分值	评分		
			自我评价	小组评价	教师评价
安全文明生产	遵守安全文明生产规程	5			
	施工完成后认真清理现场				
施工额定用时：　实际用时：　超时扣分：					
合计					

2. 综合评价

子任务四　接　触　器

本学习任务为中级工、高级工应掌握的技能，技师等级的也应该掌握。

【学习目标】

（1）熟悉接触器结构、作用、型号、工作原理、文字符号及图形符号。

（2）能正确识别、安装、使用各种型号的接触器。

（3）能够正确判断、处理接触器常见故障。

（4）能根据任务要求和实际情况，合理制定工作（学习）计划。

【建议课时】

中、高级工 1 课时，技师 1 课时。

【工作情景描述】

某矿一电动机无法启动，经查是接触器故障所致，机电维护人员接到设备维护（保养）记录单后，按要求完成相关工作。

学习活动 1　明确工作任务

【学习目标】

（1）能通过阅读设备维护（保养）记录单，明确学习任务、课时等要求。

（2）能准确记录工作现场的环境条件。

（3）掌握接触器结构、功能、工作原理等。

【学习过程】

一、填写设备维护（保养）记录单

中级工在老师指导下完成，高级工要求独立完成。

二、认识接触器

（1）实际生活中，你都在哪些地方见到过交流接触器？它们分别属于哪种类型？

（2）交流接触器接在电路中有什么功能？

（3）画出交流接触器的图形符号，并注明文字符号。

（4）某交流接触器型号为 CJ10-20，请写出它代表的意义。

学习活动 2　工作前的准备

【学习目标】

（1）熟悉交流接触器基本结构、工作原理。

（2）熟悉各种工器具及仪表的功能、结构、原理及使用方法。

【学习过程】

一、交流接触器结构原理

（1）交流接触器由哪些组成部分？

（2）标出图 5-7 所对应的名称。

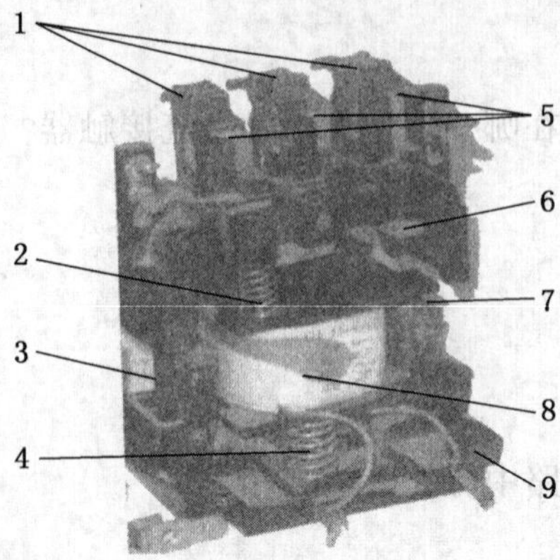

(a)

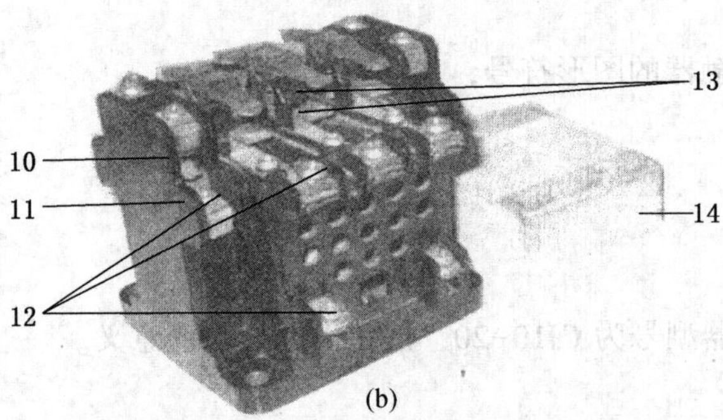

(b)

图 5-7　交流接触器的组成

1 ______　2 ______　3 ______　4 ______　5 ______　6 ______　7 ______　8 ______

9 ______　10 ______　11 ______　12 ______　13 ______　14 ______

（3）简述交流接触器各组成部分结构，各有什么作用？

（4）接触器的哪些电气元件需接在线路中？画出这些电气元件的图形符号。

（5）简述接触器中短路环、反作用弹簧、触头压力弹簧和缓冲弹簧的作用。

（6）简述交流接触器的工作原理。

（7）交流接触器常用的灭弧方法有哪几种？

二、制定工作计划

查阅相关资料，了解任务实施的基本步骤，根据任务要求，结合现场勘查的实际情况，制定小组工作计划。

三、评价

以小组为单位，展示本组制定的工作计划，然后在教师点评基础上对工作计划进行修改完善，并根据评分标准进行评分。

学习活动3　现　场　施　工

【学习目标】

（1）能熟练掌握本活动安全知识，并能按照安全要求进行操作。

（2）能正确使用相关工器具及仪表。

（3）能正确识别、安装、使用各种型号的接触器。

【学习过程】

一、交流接触器识别、拆装、使用与检修

（1）交流接触器安装前应进行哪些检查？

（2）如何正确安装交流接触器？

(3) 交流接触器的日常维护内容有哪些？

(4) 如何处理交流接触器常见故障？补充完善表 5-9。

表 5-9　交流接触器常见故障及处理方法

故障现象	可能原因	处理方法
吸不上或吸不足（触头已闭合而铁心尚未完全吸合）		
不释放或释放缓慢		
电磁铁（交流）噪声大		
线圈过热或烧坏		
触头灼伤或熔焊		

(5) 为什么交流接触器的电压过高或过低都会造成线圈过热而烧毁？

（6）如何对交流接触器进行拆装与检修？

（7）如何对交流接触器进行校验及对触头压力进行调整？

二、项目验收

（1）在验收阶段，各小组派出代表进行交叉验收，并填写详细验收记录。

（2）以小组为单位认真填写交流接触器的识别、拆装与检修任务验收报告，并将学习活动 1 中的设备维护（保养）记录单填写完整。

学习活动 4　总结与评价

【学习目标】

（1）能以小组形式，对学习过程和实训成果进行汇报总结。

（2）完成对学习过程的综合评价。

一、工作总结

以小组为单位，选择演示文稿、展板、海报、录像等形式中的一种或几种，向全班展示、汇报学习成果。

二、评价

1. 评分

以小组为单位，展示本组安装成果，并根据表 5-10 进行评分。

表5-10 评分标准

<table>
<tr><th colspan="2" rowspan="2">评价内容</th><th rowspan="2">分值</th><th colspan="3">评分</th></tr>
<tr><th>自我评价</th><th>小组评价</th><th>教师评价</th></tr>
<tr><td rowspan="3">识别接触器</td><td>型号无错写或漏写</td><td rowspan="3">40</td><td rowspan="3"></td><td rowspan="3"></td><td rowspan="3"></td></tr>
<tr><td>符号书写正确</td></tr>
<tr><td>主要结构、工作原理正确</td></tr>
<tr><td rowspan="8">交流接触器的拆装、检修、校验及调整触头压力</td><td>拆装方法正确</td><td rowspan="8">55</td><td rowspan="8"></td><td rowspan="8"></td><td rowspan="8"></td></tr>
<tr><td>零件无损坏、丢失或漏装</td></tr>
<tr><td>检修方法正确</td></tr>
<tr><td>能进行通电校验</td></tr>
<tr><td>通电时无振动或噪声</td></tr>
<tr><td>校验方法或结果正确</td></tr>
<tr><td>能凭经验判断触头压力大小</td></tr>
<tr><td>正确调整触头压力</td></tr>
<tr><td rowspan="2">安全文明生产</td><td>遵守安全文明生产规程</td><td rowspan="2">5</td><td rowspan="2"></td><td rowspan="2"></td><td rowspan="2"></td></tr>
<tr><td>施工完成后认真清理现场</td></tr>
<tr><td colspan="3">施工额定用时：　实际用时：　超时扣分：</td><td></td><td></td><td></td></tr>
<tr><td colspan="3">合　计</td><td></td><td></td><td></td></tr>
</table>

2. 综合评价

子任务五　继　电　器

本学习任务为中级工、高级工应掌握的技能，技师等级的也应该掌握。

【学习目标】

(1) 熟悉各种类型继电器结构、作用、型号、工作原理、文字符号及图形符号。
(2) 能正确识别、安装、使用各种类型的继电器。
(3) 能够正确判断、处理不同类型继电器的常见故障。
(4) 能根据任务要求和实际情况，合理制定工作（学习）计划。

【建议课时】

中、高级工1课时，技师1课时。

【工作情景描述】

某矿一电动机为Y-△降压启动，需运行时无法启动，经查为时间继电器故障，机电维护人员接到设备维护（保养）记录单后，按要求完成相关工作。

学习活动1　明 确 工 作 任 务

【学习目标】

(1) 能通过阅读设备维护（保养）记录单，明确学习任务、课时等要求。

(2) 能准确记录工作现场的环境条件。

(3) 掌握不同继电器的结构、功能、工作原理。

【学习过程】

一、阅读设备维护（保养）记录单

阅读设备维护（保养）记录单，说出本次任务和工作内容、时间要求等基本信息。

二、认识继电器

(1) 实际生活中，你在哪些地方见到过继电器？它们分别属于哪种类型？

(2) 什么是继电器？

(3) 继电器种类很多，按输入信号的性质可分为哪几类？按工作原理可分为哪几类？按输出方式可分为哪几类？

(4) 中间继电器、时间继电器、热继电器各有什么功能？

(5) 画出中间继电器、时间继电器、热继电器的图形符号，并注明文字符号。

（6）某一继电器的型号为 JZ7-44，请写出它代表的意义。

（7）某一继电器的型号为 JT4-11A，请写出它代表的意义。

（8）某一继电器型号为 JS7-1A，请写出它代表的意义。

（9）某一继电器型号为 JR36-20A，请写出它代表的意义。

学习活动2　工作前的准备

【学习目标】

（1）熟悉各种类型继电器的基本结构、工作原理。

（2）熟悉各种工器具及仪表的功能、结构、原理及使用方法。

一、各种继电器的基本结构、工作原理

（1）继电器由哪几部分组成？

（2）简述电磁式继电器的工作原理。

（3）标出图 5-8 中电磁式继电器各部分所对应名称。

（4）标出图 5-9 中中间继电器各部分所对应名称。

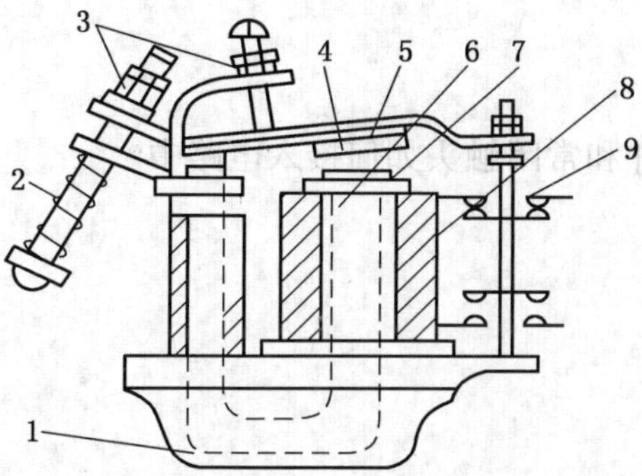

图 5-8　电磁式继电器的组成

1______　2______　3______　4______　5______

6______　7______　8______　9______

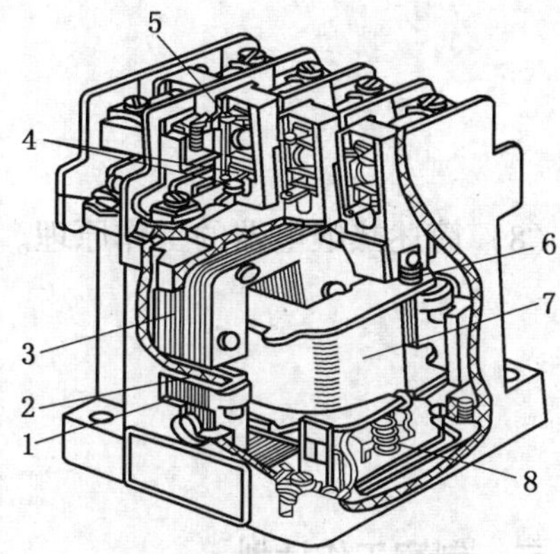

图 5-9　中间继电器的组成

1______　2______　3______　4______

5______　6______　7______　8______

（5）简述中间继电器的工作原理。

（6）标出图 5-10 中两极双金属片热继电器各部分所对应名称。

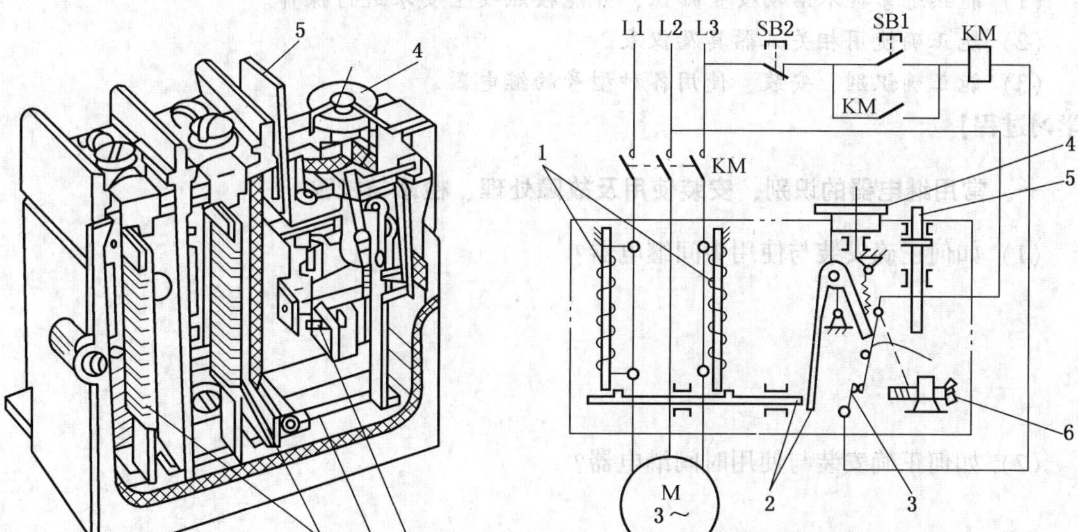

(a)　(b)

图 5-10　两极双金属片热继电器

1______　2______　3______　4______　5______　6______

（7）简述晶体式时间继电器的工作原理。

（8）简述热继电器的工作原理。它的热元件和常闭触头如何接入电路中？

二、制定工作计划

查阅相关资料，了解任务实施的基本步骤，根据任务要求，结合现场勘查的实际情况，制定小组工作计划。

三、评价

以小组为单位，展示本组制定的工作计划，然后在教师点评基础上对工作计划进行修改完善，并根据评分标准进行评分。

学习活动3 现 场 施 工

【学习目标】

（1）能熟练掌握本活动安全知识，并能按照安全要求进行操作。

（2）能正确使用相关工器具及仪表。

（3）能正确识别、安装、使用各种型号的继电器。

【学习过程】

一、常用继电器的识别、安装使用及故障处理、检修与校验

（1）如何正确安装与使用中间继电器？

（2）如何正确安装与使用时间继电器？

（3）如何正确安装与使用热继电器？

（4）如何处理中间继电器常见故障？

二、项目验收

（1）在验收阶段，各小组派出代表进行交叉验收，并填写详细验收记录。

（2）以小组为单位认真填写常用继电器的识别任务验收报告，并将学习活动1中的设备维护（保养）记录单填写完整。

学习活动4　总 结 与 评 价

【学习目标】

（1）能以小组形式，对学习过程和实训成果进行汇报总结。

（2）完成对学习过程的综合评价。

【学习过程】

一、工作总结

以小组为单位，选择演示文稿、展板、海报、录像等形式中的一种或几种，向全班展示、汇报学习成果。

二、评价

1. 评分

以小组为单位，展示本组安装成果，并根据表5-11～表5-13进行评分。

表 5-11 常用继电器的识别评分标准

评价内容		分值	评分		
			自我评价	小组评价	教师评价
继电器的识别	按清单正确选出继电器	45			
	型号名称无错写或漏写				
	符号书写正确				
	作用、参数书写正确				
继电器整定	正确整定热继电器的动作值	50			
	正确调节热继电器的复位方式				
	正确整定时间继电器的动作值				
安全文明生产	遵守安全文明生产规程	5			
	施工完成后认真清理现场				
施工额定用时： 实际用时： 超时扣分：					
合 计					

表 5-12 热继电器的校验评分标准

评价内容		分值	评分		
			自我评价	小组评价	教师评价
热继电器的结构	正确指出热继电器各部件的位置	30			
	正确说出各部件的作用				
热继电器校验	能根据图纸接线	40			
	互感器量程选择恰当				
	操作步骤正确				
	电流表调零、读数准确				
	准确调整动作值				
复位方式的调整	正确调整复位方式	25			
安全文明生产	遵守安全文明生产规程	5			
	施工完成后认真清理现场				
施工额定用时： 实际用时： 超时扣分：					
合 计					

表 5-13 时间继电器的检修与校验评分标准

评价内容		分值	评分		
			自我评价	小组评价	教师评价
整修和改装	零件未丢失或损坏	45			
	改装正确				
	整修或改装步骤或方法正确				
	整修和改装熟练				
	整修和改装后能装配，能通电				

表5-13（续）

评价内容		分值	评分		
			自我评价	小组评价	教师评价
通电校验	能进行通电校验	50			
	校验线路接线正确				
	通电校验符合要求：吸合时无噪声；铁心释放正常；延时时间无误差				
	安装元件牢固并接接地线				
安全文明生产	遵守安全文明生产规程	5			
	施工完成后认真清理现场				
施工额定用时：　实际用时：　超时扣分：					
合　计					

2. 综合评价

学习任务六　电气控制的基本环节

子任务一　电气控制的基本知识

本学习任务为中级工、高级工应掌握的技能。

【学习目标】

(1) 能通过阅读设备维护（保养）记录单和现场勘查，明确学习任务要求。

(2) 能根据任务要求和实际情况，合理制定工作（学习）计划。

(3) 熟悉绘制、识读电路图、布置图和接线图的原则。

【工作情景描述】

在生产实践中我们常常需要根据现场要求设计、安装具有一定功能的电动机控制电路，从而满足不同的生产需求。为了能够完成这些工作，就必须熟悉绘制、识读电路图、布置图和接线图的原则。

【学习过程】（本任务无现场施工环节）

(1) 什么是电气控制原理图？它有什么特点、作用？

（2）什么是电气线路安装接线图？它有什么特点、作用？

（3）在绘制电气控制原理图时，应遵循什么原则？

（4）在绘制电气线路安装接线图时，应遵循什么原则？

（5）根据电气原理图制作电动机控制线路，一般应按什么步骤进行？

（6）在设计电气原理图时应该特别注意哪些环节？

（7）绘制接线图时应注意哪些问题？

（8）对电气元件进行检查时，应着重检查哪些方面？

（9）如何固定元件？

（10）制作好的控制线路必须经过认真检查后才能通电试车，以防止错接、漏接及电器故障引起线路动作不正常，甚至造成短路事故。如何进行线路检查呢？

（11）为保证初学者的安全，通电试车必须在指导老师的监护下进行。试车前应做好哪些准备工作？

子任务二　三相笼型异步电动机的直接启动控制线路

项目一　点动控制线路

本学习任务为中级工、高级工应掌握的技能。

【学习目标】

（1）能通过阅读设备维护（保养）记录单和现场勘查，明确学习任务要求。

（2）能根据任务要求和实际情况，合理制定工作（学习）计划。

（3）熟练掌握三相笼型异步电动机点动控制线路的构成、作用和工作原理，以及必要的保护措施。

（4）能正确识读三相笼型异步电动机点动控制线路原理图、接线图。

（5）能正确安装三相笼型异步电动机点动控制线路。

（6）能正确完成通电试车。

【建议课时】

中级工1课时，高级工1课时。

【工作情景描述】

CA6140车床操作人员需要快速移动车床刀架时，只需按下按钮刀架就能快速移动；松开按钮，刀架立即停止移动。刀架的快速移动采用的是一种点动控制线路，它是通过主令电器（按钮）和自动控制电器（接触器）来实现自动控制的。

学习活动1　明确工作任务

【学习目标】

（1）能通过阅读设备维护（保养）记录单，明确学习任务、课时等要求。

（2）能准确记录工作现场的环境条件。

（3）熟练掌握三相笼型异步电动机点动控制线路的构成、作用和工作原理，以及必要的保护措施。

(4) 能正确识读三相笼型异步电动机点动控制线路原理图、接线图。

【学习过程】

一、填写工作任务联系单

中级工在老师指导下完成，高级工要求独立完成。

二、熟悉电气原理图

(1) 三相交流异步电动机在什么情况下可以全压启动？什么情况下必须降压启动？这两种启动方法各有什么优缺点？

(2) 什么叫点动控制？

(3) 绘制电动机点动正转控制线路原理图，并在图中圈出电源电路、主电路和辅助电路。

学习活动2 工作前的准备

【学习目标】

(1) 绘制电动机点动正转控制线路布置图和安装接线图。

(2) 熟悉各种工器具、设备的使用方法。

(3) 能根据任务要求和实际情况，合理制定工作计划。

【学习过程】

一、绘制布置图和安装接线图

（1）根据布置图的绘制规则画出布置图。

（2）根据接线图的绘制规则画出接线图。

二、检查电气元件

按要求检查电气元件，为安装线路做准备，如有问题及时记录、检修或更换。（自行设计表格）

三、制定工作计划

查阅相关资料，了解任务实施的基本步骤，根据任务要求，结合现场勘查的实际情况，制定小组工作计划。

四、评价

以小组为单位，展示本组制定的工作计划，然后在教师点评基础上对工作计划进行修改完善，并根据评分标准进行评分。

学习活动3 现 场 施 工

【学习目标】

(1) 能熟练掌握安装点动正转控制线路的安全知识，并能按照安全要求进行操作。

(2) 熟悉电动机基本控制线路的一般安装步骤和工艺要求。

(3) 能正确安装点动正转控制线路。

(4) 能正确排除故障。

(5) 能正确通电试车。

【学习过程】

一、按布置图固定电气元件（安装元件）

固定电气元件（安装元件）有哪些工艺要求？

二、照图接线（布线）

照图接线（布线）有哪些工艺要求？

三、检查线路

安装完毕后进行自检。自检有哪些工艺要求？如有问题记录下来。

四、通电试车

断电器检查无误后，经教师同意，通电试车，观察电动机的运行状态，测量相关技术参数，若存在故障及时处理。电动机运行正常无误后，标注有关控制功能的铭牌标签，清理施工现场，交付验收人员检查。

(1) 通电试车有什么工艺要求？

(2) 通电试车的安全要求有哪些？检查现场满足安全要求后，按规定通电试车。

(3) 通电试车过程中，若出现异常现象，应立即停车检修。表 6-1 中所列为故障检修的一般步骤，按照步骤提示，在教师指导下进行检修操作，并记录操作过程和测试结果。

表 6-1　继电器故障检修步骤和方法

检修步骤	检修方法
观察记录故障现象，初步判定故障范围	
采用逻辑分析法缩小故障范围	
用测量法确定故障点	
排除故障	
通电试车	

(4) 试车过程中自己或其他同学还遇到了哪些问题？充分交流，做好记录，并分析原因，记录处理方法。

五、项目验收

(1) 在验收阶段，各小组派出代表进行交叉验收，并填写详细验收记录。

(2) 以小组为单位认真填写安装点动正转控制线路任务验收报告，并将学习活动 1 中的设备维护（保养）记录单填写完整。

学习活动4　总 结 与 评 价

【学习目标】

(1) 能以小组形式，对学习过程和实训成果进行汇报总结。

(2) 完成对学习过程的综合评价。

【学习过程】

一、工作总结

以小组为单位，选择演示文稿、展板、海报、录像等形式中的一种或几种，向全班展示、汇报学习成果。

二、评价

1. 评分

以小组为单位，展示本组安装成果，并根据表6-2进行评分。

表6-2　评 分 标 准

评价内容		分值	评分		
			自我评价	小组评价	教师评价
装前检查	电气元件无漏检或错检	15			
安装元件	按布置图安装	30			
	未损坏元件				
	元件安装整齐、匀称、合理				
	元件安装牢固				
布线	按电路图接线	30			
	布线符合要求				
	接点无松动、露铜过长、反圈等				
	未损伤导线绝缘层或线芯				
	装接接地线				
	编码套管套装正确				
通电试车	熔体规格选用恰当	20			
	第一次试车成功				
安全文明生产	遵守安全文明生产规程	5			
	施工完成后认真清理现场				
施工额定用时：　实际用时：　超时扣分：					
合计					

2. 综合评价

项目二　正转控制线路

本学习任务为中级工、高级工应掌握的技能。

【学习目标】

(1) 能通过阅读设备维护（保养）记录单和现场勘查，明确学习任务要求。

(2) 能根据任务要求和实际情况，合理制定工作（学习）计划。

(3) 熟练掌握三相笼型异步电动机各种正转控制线路的构成、作用和工作原理，以及必要的保护措施。

(4) 能正确识读三相笼型异步电动机各种正转控制线路原理图、接线图。

(5) 能正确安装三相笼型异步电动机各种正转控制线路。

(6) 能正确完成通电试车。

【建议课时】

中级工 1 课时，高级工 1 课时。

【工作情景描述】

正转控制线路只能控制电动机单向启动和停止，并带动生产机械的运动部件朝一个方向旋转和运动。

学习活动 1　明确工作任务

【学习目标】

(1) 能通过阅读设备维护（保养）记录单，明确学习任务、课时等要求。

(2) 能准确记录工作现场的环境条件。

(3) 熟练掌握三相笼型异步电动机手动、接触器自锁及连续与点动混合控制线路的构成、作用和工作原理，以及必要的保护措施。

(4) 能正确识读三相笼型异步电动机手动、接触器自锁及连续与点动混合正转控制线路原理图、接线图。

【学习过程】

一、填写工作任务联系单

中级工在老师指导下完成，高级工要求独立完成。

二、熟悉电气原理图

（1）什么叫自锁（自保）？什么叫自锁触头？

（2）绘制电动机具有过载保接触器自锁正转控制线路原理图，并在图中圈出电源电路、主电路和辅助电路？

（3）电动机接触器自锁正转控制线路原理图线路中设有哪些保护？由哪些元件来实现？

（4）具有过载保接触器自锁正转控制线路中过载保护由什么元件来实现？如何实现？

学习活动2　工作前的准备

【学习目标】

（1）能够绘制电动机正转控制线路布置图、安装接线图。

（2）了解各电气元件结构、原理、作用，并能正确进行检测。

（3）熟悉各种工器具、设备的使用方法。

【学习过程】

一、绘制布置图和安装接线图

（1）根据布置图的绘制规则画出布置图。

（2）根据接线图的绘制规则画出接线图。

二、检查电气元件

按要求检查电气元件，为安装线路做准备，如有问题及时记录、检修或更换。（自行设计表格）

三、制定工作计划

查阅相关资料，了解任务实施的基本步骤，根据任务要求，结合现场勘查的实际情况，制定小组工作计划。

四、评价

以小组为单位，展示本组制定的工作计划，然后在教师点评基础上对工作计划进行修改完善，并根据评分标准进行评分。

学习活动3　现　场　施　工

【学习目标】

(1) 能熟练掌握安装接触器自锁正转控制线路的安全知识，并能按照安全要求进行操作。

(2) 熟悉电动机基本控制线路的一般安装步骤和工艺要求。

(3) 能正确安装接触器自锁正转控制线路。

(4) 能正确排除故障。

(5) 能正确通电试车。

【学习过程】

一、按布置图固定电气元件（安装元件）

根据布置图，按工艺要求安装元件。在安装过程中遇到了哪些问题？你是如何解决的？并做好记录。

二、照图接线（布线）

根据布置图，按工艺要求布线件。在布线过程中遇到了哪些问题？你是如何解决的？并做好记录。

三、检查线路

安装完毕后按自检工艺要求进行自检，如有问题记录下来。（可自行设计表格）

四、通电试车

试车过程中自己或其他同学还遇到了哪些问题？充分交流，做好记录，并分析原因，记录处理方法。

五、项目验收

（1）在验收阶段，各小组派出代表进行交叉验收，并填写详细验收记录。

（2）以小组为单位认真填写安装接触器自锁正转控制线路任务验收报告，并将学习活动 1 中的设备维护（保养）记录单填写完整。

学习活动 4　总 结 与 评 价

【学习目标】

（1）能以小组形式，对学习过程和实训成果进行汇报总结。

（2）完成对学习过程的综合评价。

【学习过程】

一、工作总结

以小组为单位，选择演示文稿、展板、海报、录像等形式中的一种或几种，向全班展示、汇报学习成果。

二、评价

1. 评分

以小组为单位，展示本组安装成果，并根据表 6-3 进行评分。

表6-3 安装接触器自锁正转控制线路评分标准

评价内容		分值	评分		
			自我评价	小组评价	教师评价
装前检查	电气元件无漏检或错检	15			
安装元件	按布置图安装	30			
	未损坏元件				
	元件安装整齐、匀称、合理				
	元件安装牢固				
布线	按电路图接线	30			
	布线符合要求				
	接点无松动、露铜过长、反圈等				
	未损伤导线绝缘层或线芯				
	装接接地线				
	编码套管套装正确				
通电试车	热继电器整定正确	20			
	熔体规格选用恰当				
	第一次试车成功				
安全文明生产	遵守安全文明生产规程	5			
	施工完成后认真清理现场				
施工额定用时： 实际用时： 超时扣分：					
合　　计					

2. 综合评分

项目三　正反转控制线路

本学习任务为中级工、高级工应掌握的技能。

【学习目标】

(1) 能通过阅读设备维护（保养）记录单和现场勘查，明确学习任务要求。

(2) 能根据任务要求和实际情况，合理制定工作（学习）计划。

(3) 熟练掌握三相笼型异步电动机正反转控制线路的构成、作用和工作原理，以及必要的保护措施。

(4) 能正确识读三相笼型异步电动机正反转控制线路原理图、接线图。

(5) 能正确安装三相笼型异步电动机正反转控制线路。

(6) 能正确完成通电试车。

【建议课时】

中级工 1 课时，高级工 1 课时。

【工作情景描述】

有的生产机械往往要求实现正反两个方向的运动，例如主轴的正反转和起重机的升降等，这就要求电动机可以正反转。由电动机原理可知，若将接至交流电动机的三相电源进线中任意两相接线对调，即可进行反转。

学习活动 1　明确工作任务

【学习目标】

(1) 能通过阅读设备维护（保养）记录单，明确学习任务、课时等要求。

(2) 能准确记录工作现场的环境条件。

(3) 熟练掌握三相笼型异步电动机正反转控制线路的构成、作用和工作原理，以及必要的保护措施。

(4) 能正确识读三相笼型异步电动机正反转控制线路原理图、接线图。

【学习过程】

一、填写任务联系单

中级工在老师指导下完成，高级工要求独立完成。可参照相关资料自行设计任务联系单。

二、熟悉电气原理图

(1) 如何实现电动机反转？

(2) 绘制电动机倒顺开关正反转控制线路原理图。

(3) 简述电动机倒顺开关正反转控制线路工作原理。

（4）什么是接触器联锁（互锁）？什么叫联锁（互锁）触头？在电动机正反转控制中为什么必须有联锁控制？

（5）绘制接触器联锁正反转控制线路原理图，并在图中圈出电源电路、主电路和辅助电路。

学习活动2　工作前的准备

【学习目标】

（1）能够绘制电动机正反转控制线路布置图、安装接线图。

（2）了解各电气元件结构、原理、作用，并能正确进行检测。

（3）熟悉各种工器具、设备的使用方法。

【学习过程】

一、绘制布置图和安装接线图

（1）根据布置图的绘制规则画出布置图。

（2）根据接线图的绘制规则画出接线图。

二、检查电气元件

按要求检查电气元件，为安装线路做准备，如有问题及时记录、检修或更换。（自行设计表格）

三、制定工作计划

查阅相关资料，了解任务实施的基本步骤，根据任务要求，结合现场勘查的实际情况，制定小组工作计划。

四、评价

以小组为单位，展示本组制定的工作计划，然后在教师点评基础上对工作计划进行修改完善，并根据评分标准进行评分。

学习活动3　现　场　施　工

【学习目标】

（1）能熟练掌握安装接触器联锁正反转控制线路的安全知识，并能按照安全要求进行操作。

（2）熟悉电动机基本控制线路的一般安装步骤和工艺要求。

（3）能正确安装与检修接触器联锁正反转控制线路。

（4）能正确排除故障。

（5）能正确通电试车。

【学习过程】

一、按布置图固定电气元件（安装元件）

根据布置图，按工艺要求安装元件。在安装过程中遇到了哪些问题？你是如何解决的？并做好记录。

二、照图接线（布线）

根据布置图，按工艺要求布线。在布线过程中遇到了哪些问题？你是如何解决的？并做好记录。

三、检查线路

安装完毕后按自检工艺要求进行自检，如有问题记录下来。（可自行设计表格）

四、通电试车

试车过程中自己或其他同学还遇到了哪些问题？充分交流，做好记录，并分析原因，记录处理方法。

五、项目验收

(1) 在验收阶段，各小组派出代表进行交叉验收，并填写详细验收记录。

(2) 以小组为单位认真填写安装与检修电动机正反转控制线路任务验收报告，并将学习活动1中的设备维护（保养）记录单填写完整。

学习活动4　总 结 与 评 价

【学习目标】

(1) 能以小组形式，对学习过程和实训成果进行汇报总结。

(2) 完成对学习过程的综合评价。

【学习过程】

一、工作总结

以小组为单位，选择演示文稿、展板、海报、录像等形式中的一种或几种，向全班展示、汇报学习成果。

二、评价

1. 评分

以小组为单位，展示本组安装成果，并根据表6-4进行评分。

表6-4　安装与检修电动机正反转控制线路评分标准

评价内容		分值	评分		
			自我评价	小组评价	教师评价
选用工具、仪表及器材	工具、仪表选择正确	10			
	元件数量或型号规格齐全				
	电气元件型号和规格正确				
装前检查	电气元件无漏检或错检	5			
安装元件和布线	电动机安装符合要求				
	控制板安装符合要求				
	电器布置合理				

表 6-4（续）

评价内容		分值	评分		
			自我评价	小组评价	教师评价
安装元件和布线	元件安装牢固	30			
	元件安装整齐、匀称、合理				
	按要求接接地线				
	按电路图接线				
	布线符合要求				
	接点无松动、露铜过长、反圈				
	未损伤导线绝缘层或线芯				
	编码套管装设正确				
	未损坏元件				
故障分析	标错电路故障范围	10			
	故障分析、排除故障思路不正确				
排除故障	正确停电、验电	20			
	正确使用工具及仪表				
	排除故障的顺序正确				
	未损坏电气元件，或排除故障方法正确，每只（次）未产生新的故障				
	未损坏电动机				
	查出故障点，并排除				
通电试车	热继电器整定正确	20			
	熔体规格选用恰当				
	第一次试车成功				
安全文明生产	遵守安全文明生产规程	5			
	施工完成后认真清理现场				
施工额定用时：　　实际用时：　　超时扣分：					
合　　计					

2. 综合评分

项目四　行程控制线路

本学习任务为中级工、高级工应掌握的技能。

【学习目标】

（1）能通过阅读设备维护（保养）记录单和现场勘查，明确学习任务要求。

（2）能根据任务要求和实际情况，合理制定工作（学习）计划。

（3）熟练掌握三相笼型异步电动机行程控制线路的构成、作用和工作原理，以及必要的保护措施。

（4）能正确识读三相笼型异步电动机行程控制线路原理图、接线图。

（5）能正确安装三相笼型异步电动机行程控制线路。

（6）能正确完成通电试车。

【建议课时】

中级工1课时，高级工1课时。

【工作情景描述】

在生产过程中，一些生产机械运动部件的行程或位置要受到限制，如在摇臂钻床、万能铣床、镗床、桥式起重机及各种自动或半自动控制的机床设备中就经常遇到这种控制要求。

学习活动1　明确工作任务

【学习目标】

（1）能通过阅读设备维护（保养）记录单，明确学习任务、课时等要求。

（2）能准确记录工作现场的环境条件。

（3）熟练掌握三相笼型异步电动机行程控制线路的构成、作用和工作原理，以及必要的保护措施。

（4）能正确识读三相笼型异步电动机行程控制线路原理图、接线图。

【学习过程】

一、填写任务联系单

中级工在老师指导下完成，高级工要求独立完成。可参照相关资料自行设计任务联系单。

二、熟悉电气原理图

（1）什么叫行程控制？

（2）绘制电动机行程控制线路原理图，并在图中圈出电源电路、主电路和辅助电路。

（3）画出电动机自动往返控制线路原理图。

学习活动2　工作前的准备

【学习目标】

（1）正确绘制电动机自动往返控制线路布置图、安装接线图。

（2）了解各电气元件结构、原理、作用，并能正确检测。

（3）熟悉各种工器具、设备的使用方法。

【学习过程】

一、绘制布置图和安装接线图

（1）根据布置图的绘制规则画出工作台自动往返控制线路布置图。

（2）根据接线图的绘制规则画出工作台自动往返控制线路接线图。

二、检查电气元件

按要求检查电气元件，为安装线路做准备，如有问题及时记录、检修或更换。（自行设计表格）

三、制定工作计划

查阅相关资料，了解任务实施的基本步骤，根据任务要求，结合现场勘查的实际情况，制定小组工作计划。

四、评价

以小组为单位，展示本组制定的工作计划，然后在教师点评基础上对工作计划进行修改完善，并根据评分标准进行评分。

学习活动3　现　场　施　工

【学习目标】

（1）能熟练掌握安装、调试和检修工作台自动往返控制线路的安全知识，并能按照安全要求进行操作。

（2）熟悉电动机基本控制线路的一般安装步骤和工艺要求。

（3）能正确安装、调试和检修工作台自动往返控制线路。

（4）能正确排除故障。

（5）能正确通电试车。

一、按布置图固定电气元件（安装元件）

根据布置图，按工艺要求安装元件。在安装过程中遇到了哪些问题？你是如何解决的？并做好记录。

二、照图接线（布线）

根据布置图，按工艺要求布线。在布线过程中遇到了哪些问题？你是如何解决的？并做好记录。

三、检查线路

安装完毕后按自检工艺要求进行自检，如有问题记录下来。(可自行设计表格)

四、通电试车

参照正反转控制线路试车方法试车，并做好记录。

学习活动4 总 结 与 评 价

【学习目标】

(1) 能以小组形式，对学习过程和实训成果进行汇报总结。

(2) 完成对学习过程的综合评价。

【学习过程】

一、工作总结

以小组为单位，选择演示文稿、展板、海报、录像等形式中的一种或几种，向全班展示、汇报学习成果。

二、评价

1. 评分

以小组为单位，展示本组安装成果，并根据表6-5进行评分。

表 6-5　安装与检修工作台自动往返控制线路评分标准

<table>
<tr><th colspan="2" rowspan="2">评 价 内 容</th><th rowspan="2">分值</th><th colspan="3">评　分</th></tr>
<tr><th>自我评价</th><th>小组评价</th><th>教师评价</th></tr>
<tr><td rowspan="3">选用工具、仪表及器材</td><td>工具、仪表选择齐全、正确</td><td rowspan="3">10</td><td rowspan="3"></td><td rowspan="3"></td><td rowspan="3"></td></tr>
<tr><td>元件数量或型号规格齐全</td></tr>
<tr><td>电气元件型号和规格正确</td></tr>
<tr><td>装前检查</td><td>电气元件无漏检或错检</td><td>5</td><td></td><td></td><td></td></tr>
<tr><td rowspan="10">安装元件和布线</td><td>电器布置合理
元件安装牢固</td><td rowspan="10">30</td><td rowspan="10"></td><td rowspan="10"></td><td rowspan="10"></td></tr>
<tr><td>元件安装整齐、匀称、合理</td></tr>
<tr><td>按要求接接地线</td></tr>
<tr><td>按电路图接线</td></tr>
<tr><td>布线符合要求</td></tr>
<tr><td>接点无松动、露铜过长、反圈</td></tr>
<tr><td>未损伤导线绝缘层或线芯</td></tr>
<tr><td>编码套管无漏装或套错</td></tr>
<tr><td>未损坏元件</td></tr>
<tr><td>走线槽符合要求</td></tr>
<tr><td rowspan="2">故障分析</td><td>标错电路故障范围</td><td rowspan="2">10</td><td rowspan="2"></td><td rowspan="2"></td><td rowspan="2"></td></tr>
<tr><td>故障分析、排除故障思路不正确</td></tr>
<tr><td rowspan="6">排除故障</td><td>正确停电、验电</td><td rowspan="6">20</td><td rowspan="6"></td><td rowspan="6"></td><td rowspan="6"></td></tr>
<tr><td>正确使用工具及仪表</td></tr>
<tr><td>排除故障的顺序正确</td></tr>
<tr><td>未损坏电气元件，或排除故障方法正确，每只（次）未产生新的故障</td></tr>
<tr><td>未损坏电动机</td></tr>
<tr><td>查出故障点，并排除</td></tr>
<tr><td rowspan="3">通电试车</td><td>热继电器整定正确</td><td rowspan="3">20</td><td rowspan="3"></td><td rowspan="3"></td><td rowspan="3"></td></tr>
<tr><td>熔体规格选用恰当</td></tr>
<tr><td>第一次试车成功</td></tr>
<tr><td rowspan="2">安全文明生产</td><td>遵守安全文明生产规程</td><td rowspan="2">5</td><td rowspan="2"></td><td rowspan="2"></td><td rowspan="2"></td></tr>
<tr><td>施工完成后认真清理现场</td></tr>
<tr><td colspan="3">施工额定用时：　　实际用时：　　超时扣分：</td><td></td><td></td><td></td></tr>
<tr><td colspan="3">合　　计</td><td></td><td></td><td></td></tr>
</table>

2. 综合评分

项目五　顺序控制线路

本学习任务为中级工、高级工应掌握的技能。

【学习目标】

(1) 能通过阅读设备维护(保养)记录单和现场勘查，明确学习任务要求。

(2) 能根据任务要求和实际情况，合理制定工作(学习)计划。

(3) 熟练掌握三相笼型异步电动机顺序控制线路的构成、作用和工作原理，以及必要的保护措施。

(4) 能正确识读三相笼型异步电动机顺序控制线路原理图、接线图。

(5) 能正确安装三相笼型异步电动机顺序控制线路。

(6) 能正确完成通电试车。

【工作情景描述】

在装有多台电动机的生产机械上，各电动机所起的作用不同，有时需要按一定的顺序启动才能保证操作过程的合理和工作的安全可靠。例如，在铣床上就要求先启动主轴电动机，然后才能启动进给电动机。又如，带有液压系统的机床，一般都要先启动液压泵电动机，以后才能启动其他电动机。这些顺序关系反映在控制线路上，称为顺序控制。

学习活动1　明确工作任务

【学习目标】

(1) 能通过阅读设备维护(保养)记录单，明确学习任务、课时等要求。

(2) 能准确记录工作现场的环境条件。

(3) 熟练掌握三相笼型异步电动机顺序控制线路的构成、作用和工作原理，以及必要的保护措施。

(4) 能正确识读三相笼型异步电动机顺序控制线路原理图、接线图。

【学习过程】

一、填写任务联系单

中级工在老师指导下完成，高级工要求独立完成。可参照相关资料自行设计任务联系单。

二、熟悉电气原理图

(1) 什么是顺序控制？常见的顺序控制有哪些？

（2）绘制主电路实现顺序控制线路原理图。

（3）绘制电动机顺启逆停控制线路原理图。

（4）简述电动机顺启逆停控制线路工作原理。

学习活动 2　工 作 前 的 准 备

【学习目标】

（1）正确绘制电动机正启逆停顺序控制线路布置图、安装接线图。

（2）了解各电气元件结构、原理、作用，并能正确进行检测。

（3）熟悉各种工器具、设备的使用方法。

【学习过程】

一、绘制布置图和安装接线图

（1）根据布置图的绘制规则画出布置图。

（2）根据接线图的绘制规则画出接线图。

二、检查电气元件

按要求检查电气元件，为安装线路做准备，如有问题及时记录、检修或更换。（自行设计表格）

三、制定工作计划

查阅相关资料，了解任务实施的基本步骤，根据任务要求，结合现场勘查的实际情况，制定小组工作计划。

四、评价

以小组为单位，展示本组制定的工作计划，然后在教师点评基础上对工作计划进行修改完善，并根据评分标准进行评分。

学习活动3　现　场　施　工

【学习目标】

（1）能熟练掌握安装两台电动机顺序启动逆序停止控制线路的安全知识，并能按照安全要求进行操作。

（2）熟悉电动机基本控制线路的一般安装步骤和工艺要求。

（3）能正确安装两台电机顺序启动逆序停止控制线路。

（4）能正确排除故障。

【学习过程】

参照电动机正反转控制线路完成固定电气元件、接线、检查、试车及验收任务，并做好记录。

学习活动4 总 结 与 评 价

【学习目标】

（1）能以小组形式，对学习过程和实训成果进行汇报总结。

（2）完成对学习过程的综合评价。

【学习过程】

一、工作总结

以小组为单位，选择演示文稿、展板、海报、录像等形式中的一种或几种，向全班展示、汇报学习成果。

二、评价

1. 评分

以小组为单位，展示本组安装成果，根据表6-6进行评分。

表6-6 安装两台电动机顺序启动逆序停止控制线路评分标准

评价内容		分值	评分		
			自我评价	小组评价	教师评价
装前检查	进行电动机质量检查	15			
	电气元件无漏检或错检				
元件安装和布线	电动机安装符合要求	60			
	控制板安装符合要求				
	电器布置合理				
	元件安装牢固				
	元件安装整齐、匀称、合理				
	按要求接接地线				
	按电路图接线				
	布线符合要求				
	接点无松动、露铜过长、反圈				
	未损伤导线绝缘层或线芯				
	编码套管装设正确				
	未损坏元件				
通电试车	热继电器整定正确	20			
	熔体规格选用恰当				
	第一次试车成功				

表6-6（续）

评价内容		分值	评分		
			自我评价	小组评价	教师评价
安全文明生产	遵守安全文明生产规程 施工完成后认真清理现场	5			
施工额定用时：　实际用时：　超时扣分：					
合计					

2. 综合评分

项目六　两地控制线路

本学习任务为中级工、高级工应掌握的技能。

【学习目标】

(1) 能通过阅读设备维护（保养）记录单和现场勘查，明确学习任务要求。

(2) 能根据任务要求和实际情况，合理制定工作（学习）计划。

(3) 熟练掌握三相笼型异步电动机两地控制线路的构成、作用和工作原理，以及必要的保护措施。

(4) 能正确识读三相笼型异步电动机两地控制线路原理图、接线图。

(5) 能正确安装三相笼型异步电动机两地控制线路。

(6) 能正确完成通电试车。

【工作情景描述】

以上各控制线路只能对电动机在一个地点、用一套按钮来进行控制操作，但是有些生产机械，例如铣床等，为了操作方便，常常希望在两个地点进行同样的控制操作，即两地控制。

学习活动1　明确工作任务

【学习目标】

(1) 能通过阅读设备维护（保养）记录单，明确学习任务、课时等要求。

(2) 能准确记录工作现场的环境条件。

(3) 熟练掌握三相笼型异步电动机两地控制线路的构成、作用和工作原理，以及必要的保护措施。

(4) 能正确识读三相笼型异步电动机两地控制线路原理图、接线图。

【学习过程】

一、填写任务联系单

中级工在老师指导下完成，高级工要求独立完成。可参照相关资料自行设计任务联系单。

二、熟悉电气原理图

（1）什么是两地控制？

（2）绘制两控制线路原理图，并在图中圈出电源电路、主电路、辅助电路。

学习活动2 工作前的准备

【学习目标】

（1）正确绘制两地控制线路布置图、安装接线图。

（2）了解各电气元件结构、原理、作用，并能正确检测。

（3）熟悉各种工器具、设备的使用方法。

【学习过程】

一、绘制布置图和安装接线图

（1）根据布置图的绘制规则画出布置图。

（2）根据接线图的绘制规则画出接线图。

二、检查电气元件

按要求检查电气元件，为安装线路做准备，如有问题及时记录、检修或更换。（自行设计表格）

三、制定工作计划

查阅相关资料，了解任务实施的基本步骤，根据任务要求，结合现场勘查的实际情况，制定小组工作计划。

四、评价

以小组为单位，展示本组制定的工作计划，然后在教师点评基础上对工作计划进行修改完善，并根据评分标准进行评分。

学习活动 3　现　场　施　工

【学习目标】

（1）能熟练掌握安装和检修两地控制的具有过载保护接触器自锁正转控制线路的安全知识，并能按照安全要求进行操作。

（2）熟悉电动机基本控制线路的一般安装步骤和工艺要求。

（3）能正确安装和检修两地控制的具有过载保护接触器自锁正转控制线路。

（4）能正确排除故障。

（5）能正确通电试车。

【学习过程】

参照电动机正反转控制线路完成固定电气元件、接线、检查、试车及验收任务，并做好记录。

学习活动4　总 结 与 评 价

【学习目标】

（1）能以小组形式，对学习过程和实训成果进行汇报总结。

（2）完成对学习过程的综合评价。

【学习过程】

一、工作总结

以小组为单位，选择演示文稿、展板、海报、录像等形式中的一种或几种，向全班展示、汇报学习成果。

二、评价

1. 评分

以小组为单位，展示本组安装成果，并根据表6-7进行评分。

表6-7　安装与检修两地控制的具有过载保护接触器自锁正转控制线路评分标准

评价内容		分值	评分		
			自我评价	小组评价	教师评价
选用工具、仪表及器材	工具、仪表选择齐全、正确	10			
	元件数量或型号规格齐全				
	电气元件型号和规格正确				
装前检查	电气元件无漏检或错检	5			
安装元件和布线	电器布置合理	30			
	元件安装牢固				
	元件安装整齐、匀称、合理				
	按要求接接地线				
	按电路图接线				
	布线符合要求				
	接点无松动、露铜过长、反圈				
	未损伤导线绝缘层或线芯				

表 6-7（续）

<table>
<tr><th colspan="2" rowspan="2">评 价 内 容</th><th rowspan="2">分值</th><th colspan="3">评 分</th></tr>
<tr><th>自我评价</th><th>小组评价</th><th>教师评价</th></tr>
<tr><td rowspan="3">安装元件和布线</td><td>编码套管无漏装或套错</td><td rowspan="3">30</td><td rowspan="3"></td><td rowspan="3"></td><td rowspan="3"></td></tr>
<tr><td>未损坏元件</td></tr>
<tr><td>走线槽符合要求</td></tr>
<tr><td rowspan="2">故障分析</td><td>标错电路故障范围</td><td rowspan="2">10</td><td rowspan="2"></td><td rowspan="2"></td><td rowspan="2"></td></tr>
<tr><td>故障分析、排除故障思路不正确</td></tr>
<tr><td rowspan="6">排除故障</td><td>正确停电、验电</td><td rowspan="6">20</td><td rowspan="6"></td><td rowspan="6"></td><td rowspan="6"></td></tr>
<tr><td>正确使用工具及仪表</td></tr>
<tr><td>排除故障的顺序正确</td></tr>
<tr><td>未损坏电气元件，或排除故障方法正确，每只（次）未产生新的故障</td></tr>
<tr><td>未损坏电动机</td></tr>
<tr><td>查出故障点，并排除</td></tr>
<tr><td rowspan="3">通电试车</td><td>热继电器整定正确</td><td rowspan="3">20</td><td rowspan="3"></td><td rowspan="3"></td><td rowspan="3"></td></tr>
<tr><td>熔体规格选用恰当</td></tr>
<tr><td>第一次试车成功</td></tr>
<tr><td rowspan="2">安全文明生产</td><td>遵守安全文明生产规程</td><td rowspan="2">5</td><td rowspan="2"></td><td rowspan="2"></td><td rowspan="2"></td></tr>
<tr><td>施工完成后认真清理现场</td></tr>
<tr><td colspan="6">施工额定用时：　　实际用时：　　超时扣分：</td></tr>
<tr><td colspan="3">合　　计</td><td></td><td></td><td></td></tr>
</table>

2. 综合评分

子任务三　三相笼型异步电动机的降压启动控制线路

本学习任务为中级工、高级工应掌握的技能。

【学习目标】

（1）能通过阅读设备维护（保养）记录单和现场勘查，明确学习任务要求。

（2）能根据任务要求和实际情况，合理制定工作（学习）计划。

（3）熟练掌握三相笼型异步电动机星形-三角形（Y-△）降压启动控制线路的构成、作用和工作原理，以及必要的保护措施。

（4）能正确识读三相笼型异步电动机星形-三角形（Y-△）降压启动控制线路原理

图、接线图。

（5）能正确安装三相笼型异步电动机星形-三角形（Y-△）降压启动控制线路。

（6）能正确完成通电试车。

【工作情景描述】

额定运行为△接法且容量较大的电动机，可以采用 Y-△启动法。启动时绕组作 Y 连接，待转速升高到一定值时，改为△连接，直到稳定运行。

学习活动1　明确工作任务

【学习目标】

（1）能通过阅读设备维护（保养）记录单，明确学习任务、课时等要求。

（2）能准确记录工作现场的环境条件。

（3）熟练掌握三相笼型异步电动机星形-三角形（Y-△）降压启动控制线路的构成、作用和工作原理，以及必要的保护措施。

（4）能正确识读三相笼型异步电动机星形-三角形（Y-△）降压启动控制线路原理图、接线图。

【学习过程】

一、填写任务联系单

中级工在老师指导下完成，高级工要求独立完成。可参照相关资料自行设计任务联系单。

二、熟悉电气原理图

（1）什么是星形-三角形（Y-△）降压启动控制？什么情况下采用此种降压启动方式？

（2）绘制时间继电器自动控制 Y-△降压启动控制线路原理图，并在图中圈出电源电路、主电路和辅助电路？

(3) 写出时间继电器自动控制 Y-△降压启动控制线路工作原理。

学习活动2 工作前的准备

【学习目标】

(1) 能正确绘制时间继电器自动控制星形-三角形（Y-△）降压启动控制线路布置图、安装接线图。

(2) 了解各电气元件结构、原理、作用，并能正确进行检测。

(3) 熟悉各种工器具、设备的使用方法。

【学习过程】

一、绘制布置图和安装接线图

(1) 根据布置图的绘制规则画出布置图。

(2) 根据接线图的绘制规则画出接线图。

二、检查电气元件

按要求检查电气元件，为安装线路做准备，如有问题及时记录、检修或更换。（自行

设计表格）

三、制定工作计划

查阅相关资料，了解任务实施的基本步骤，根据任务要求，结合现场勘查的实际情况，制定小组工作计划。

四、评价

以小组为单位，展示本组制定的工作计划，然后在教师点评基础上对工作计划进行修改完善，并根据评分标准进行评分。

学习活动3　现　场　施　工

【学习目标】

（1）能熟练掌握安装与检修时间继电器自动控制星形–三角形（Y–△）降压启动控制线路的安全知识，并能按照安全要求进行操作。

（2）熟悉电动机基本控制线路的一般安装步骤和工艺要求。

（3）能正确安装与检修时间继电器自动控制星形–三角形（Y–△）降压启动控制线路。

（4）能正确排除故障。

（5）能正确通电试车。

【学习过程】

参照电动机正反转控制线路完成固定电气元件、接线、检查、试车及验收任务，并做好记录。

学习活动4　总　结　与　评　价

【学习目标】

（1）能以小组形式，对学习过程和实训成果进行汇报总结。

（2）完成对学习过程的综合评价。

【学习过程】

一、工作总结

以小组为单位，选择演示文稿、展板、海报、录像等形式中的一种或几种，向全班展示、汇报学习成果。

二、评价

1. 评分

以小组为单位，展示本组安装成果，并根据表 6-8 进行评分。

表 6-8　安装时间继电器自动控制 Y-△降压启动控制线路评分标准

评价内容		分值	评分		
			自我评价	小组评价	教师评价
选用工具、仪表及器材	工具、仪表选择齐全、正确	10			
	元件数量或型号规格齐全				
	电气元件型号和规格正确				
装前检查	电气元件无漏检或错检	5			
安装元件和布线	电器布置合理	30			
	元件安装牢固				
	元件安装整齐、匀称、合理				
	按要求接接地线				
	按电路图接线				
	布线符合要求				
	接点无松动、露铜过长、反圈				
	未损伤导线绝缘层或线芯				
	编码套管无漏装或套错				
	未损坏元件				
	走线槽符合要求				
故障分析	标错电路故障范围	10			
	故障分析、排除故障思路不正确				
排除故障	正确停电、验电	20			
	正确使用工具及仪表				
	排除故障的顺序正确				
	未损坏电器元件，或排除故障方法正确，每只（次）未产生新的故障				
	未损坏电动机				
	查出故障点，并排除				
通电试车	热继电器整定正确	20			
	熔体规格选用恰当				
	第一次试车成功				

表6-8（续）

<table>
<tr><td colspan="2" rowspan="2">评 价 内 容</td><td rowspan="2">分值</td><td colspan="3">评　分</td></tr>
<tr><td>自我评价</td><td>小组评价</td><td>教师评价</td></tr>
<tr><td rowspan="2">安全文明生产</td><td>遵守安全文明生产规程</td><td rowspan="2">5</td><td rowspan="2"></td><td rowspan="2"></td><td rowspan="2"></td></tr>
<tr><td>施工完成后认真清理现场</td></tr>
<tr><td colspan="3">施工额定用时：　　实际用时：　　超时扣分：</td><td></td><td></td><td></td></tr>
<tr><td colspan="3">合　　计</td><td></td><td></td><td></td></tr>
</table>

2. 综合评分

子任务四　三相异步电动机的调速控制线路

本学习任务为中级工、高级工应掌握的技能。

【学习目标】

（1）能通过阅读设备维护（保养）记录单和现场勘查，明确学习任务要求。

（2）能根据任务要求和实际情况，合理制定工作（学习）计划。

（3）熟练掌握三相笼型异步电动机调速控制线路的构成、作用和工作原理，以及必要的保护措施。

（4）能正确识读三相笼型异步电动机调速控制线路原理图、接线图。

（5）能正确安装三相笼型异步电动机调速控制线路。

（6）能正确完成通电试车。

【工作情景描述】

生产实践中电动机常采用的调速方法是改变异步电动机的磁极对数，称为变极调速。变极调速是通过改变定子绕组的连接方式来实现的，它是有级调速，且只适用于笼型异步电动机。

学习活动1　明确工作任务

【学习目标】

（1）能通过阅读设备维护（保养）记录单，明确学习任务、课时等要求。

（2）能准确记录工作现场的环境条件。

（3）熟练掌握三相笼型异步电动机调速控制线路的构成、作用和工作原理，以及必要的保护措施。

（4）能正确识读三相笼型异步电动机调速控制线路原理图、接线图。

【学习过程】

一、填写任务联系单

中级工在老师指导下完成，高级工要求独立完成。可参照相关资料自行设计任务联系单。

二、熟悉电气原理图

（1）改变异步电动机转速可通过哪些方法来实现？依据是什么？

（2）双速电动机低速运转时定子绕组与三相电源如何连接？作出电气连接图。

（3）双速电动机高速运转时定子绕组与三相电源如何连接？作出电气连接图。

（4）绘制时间继电器控制双速电动机的控制线路原理图，并在图中圈出电源电路、主电路和辅助电路。

学习活动2　工作前的准备

【学习目标】

(1) 绘制时间继电器控制双速电机的控制线路布置图、安装接线图。

(2) 了解各电气元件结构、原理、作用，并能正确进行检测。

(3) 熟悉各种工器具、设备的使用方法。

【学习过程】

一、绘制布置图和安装接线图

(1) 根据布置图的绘制规则画出布置图。

(2) 根据接线图的绘制规则画出接线图。

二、检查电气元件

按要求检查电气元件，为安装线路做准备，如有问题及时记录、检修或更换。(自行设计表格)

三、制定工作计划

查阅相关资料，了解任务实施的基本步骤，根据任务要求，结合现场勘查的实际情况，制定小组工作计划。

四、评价

以小组为单位，展示本组制定的工作计划，然后在教师点评基础上对工作计划进行修改完善，并根据评分标准进行评分。

学习活动3　现　场　施　工

【学习目标】

（1）能熟练掌握安装和检修时间继电器控制双速电动机的控制线路的安全知识，并能按照安全要求进行操作。

（2）熟悉电动机基本控制线路的一般安装步骤和工艺要求。

（3）能正确安装和检修时间继电器控制双速电动机的控制线路。

（4）能正确排除故障。

（5）能正确通电试车。

【学习过程】

参照电动机正反转控制线路完成固定电气元件、接线、检查、试车及验收任务，并做好记录。

学习活动4　总　结　与　评　价

【学习目标】

（1）能以小组形式，对学习过程和实训成果进行汇报总结。

（2）完成对学习过程的综合评价。

【学习过程】

一、工作总结

以小组为单位，选择演示文稿、展板、海报、录像等形式中的一种或几种，向全班展示、汇报学习成果。

二、评价

1. 评分

以小组为单位，展示本组安装成果，并根据表6-9进行评分。

表 6-9　安装与检修电动机正反转控制线路评分标准

评价内容		分值	评分		
			自我评价	小组评价	教师评价
选用工具、仪表及器材	工具、仪表选择正确	10			
	元件数量或型号规格齐全				
	电气元件型号和规格正确				
装前检查	电气元件无漏检或错检	5			
安装布线	电动机安装符合要求	30			
	控制板安装符合要求				
	电器布置合理				
	元件安装牢固				
	元件安装整齐、匀称、合理				
	按要求接接地线				
	按电路图接线				
	布线符合要求				
	接点无松动、露铜过长、反圈				
	未损伤导线绝缘层或线芯				
	编码套管装设正确				
	未损坏元件				
故障分析	标错电路故障范围	10			
	故障分析、排除故障思路不正确				
排除故障	正确停电、验电	20			
	正确使用工具及仪表				
	排除故障的顺序正确				
	未损坏电气元件，或排除故障方法正确，每只（次）未产生新的故障				
	未损坏电动机				
	查出故障点，并排除				
通电试车	热继电器整定正确	20			
	熔体规格选用恰当				
	第一次试车成功				
安全文明生产	遵守安全文明生产规程	5			
	施工完成后认真清理现场				
施工额定用时：　实际用时：　超时扣分：					
合　计					

2. 综合评分

子任务五　三相异步电动机的制动控制线路

项目一　机械制动控制线路

本学习任务为中级工、高级工应掌握的技能。

【学习目标】

(1) 能通过阅读设备维护（保养）记录单和现场勘查，明确学习任务要求。

(2) 能根据任务要求和实际情况，合理制定工作（学习）计划。

(3) 熟练掌握三相笼型异步电动机机械制动控制线路的构成、作用和工作原理，以及必要的保护措施。

(4) 能正确识读三相笼型异步电动机机械制动控制线路原理图、接线图。

(5) 能正确安装三相笼型异步电动机机械制动控制线路。

(6) 能正确完成通电试车。

【建议课时】

中级工 2 课时，高级工 2 课时。

【工作情景描述】

在切断电源以后，利用机械装置使电动机迅速停转的方法称为机械制动。应用较普遍的机械制动装置有电磁抱闸和电磁离合器两种，这两种的制动原理基本相同。

学习活动 1　明确工作任务

【学习目标】

(1) 能通过阅读设备维护（保养）记录单，明确学习任务、课时等要求。

(2) 能准确记录工作现场的环境条件。

(3) 熟练掌握三相笼型异步电动机机械制动控制线路的构成、作用和工作原理，以及必要的保护措施。

(4) 能正确识读三相笼型异步电动机机械制动控制线路原理图、接线图。

【学习过程】

一、填写任务联系单

中级工在老师指导下完成，高级工要求独立完成。可参照相关资料自行设计任务联系单。

二、熟悉电气原理图

（1）什么机械制动？常用的方法有哪几种？

（2）补全图 6-1 中电磁抱闸制动器数字所对应的结构名称，并写出符号。

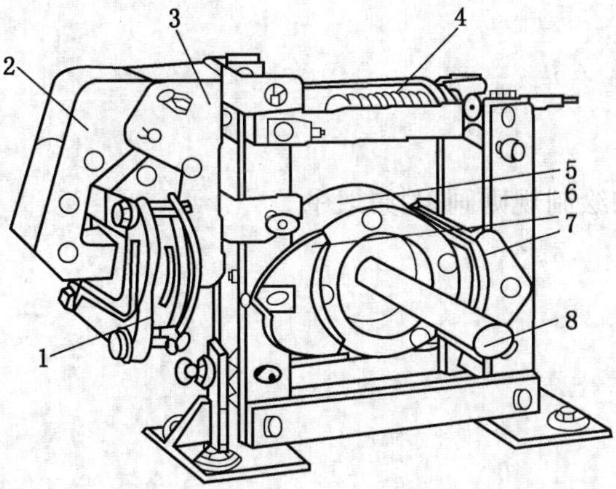

图 6-1　电磁抱闸制动器结构

1_____　2_____　3_____　4_____　5_____　6_____　7_____　8_____

（3）绘制电磁抱闸制动器通电制动控制线路原理图，并在图中圈出电源电路、主电路、辅助电路。

学习活动 2　工作前的准备

【学习目标】

（1）正确绘制电磁抱闸制动器断电制动控制线路布置图、安装接线图。

（2）了解各电气元件结构、原理、作用，并能正确进行检测。

（3）熟悉各种工器具、设备的使用方法。

【学习过程】

一、绘制布置图和安装接线图

（1）根据布置图的绘制规则画出布置图。

（2）根据接线图的绘制规则画出接线图。

二、检查电气元件

按要求检查电气元件，为安装线路做准备，如有问题及时记录、检修或更换。（自行设计表格）

三、制定工作计划

查阅相关资料，了解任务实施的基本步骤，根据任务要求，结合现场勘查的实际情况，制定小组工作计划。

四、评价

以小组为单位，展示本组制定的工作计划，然后在教师点评基础上对工作计划进行修改完善，并根据评分标准进行评分。

学习活动3　现　场　施　工

【学习目标】

（1）能熟练掌握安装电磁抱闸制动器断电制动控制线路的安全知识，并能按照安全要求进行操作。

（2）熟悉电动机基本控制线路的一般安装步骤和工艺要求。

（3）能正确安装电磁抱闸制动器断电制动控制线路。

（4）能正确排除故障。

（5）能正确通电试车。

【学习过程】

参照电动机正反转控制线路完成固定电气元件、接线、检查、试车及验收任务，并做好记录。

学习活动4　总 结 与 评 价

【学习目标】

（1）能以小组形式，对学习过程和实训成果进行汇报总结。

（2）完成对学习过程的综合评价。

【学习过程】

一、工作总结

以小组为单位，选择演示文稿、展板、海报、录像等形式中的一种或几种，向全班展示、汇报学习成果。

二、评价

1. 评分

以小组为单位，展示本组安装成果，并根据表6-10进行评分。

表 6-10　安装电磁抱闸制动器断电制动控制线路评分标准

评价内容		分值	评分		
			自我评价	小组评价	教师评价
选用工具、仪表及器材	工具、仪表选择正确	10			
	元件数量或型号规格齐全				
	电气元件型号和规格正确				
装前检查	电气元件无漏检或错检	5			
安装元件	电磁抱闸制动器安装牢固	30			
	地脚螺栓拧紧并有防松措施				
	未损坏电气元件				
	电气元件安装牢固				
	电气元件安装整齐、匀称、合理				
	抱闸与闸轮在同一平面或同心				
布线	按电路图接线	30			
	布线符合要求				
	按要求接接地线				
	未损伤导线绝缘层或线芯				
	编码套管无漏装或套错				
	接点无松动、露铜过长、反圈等				
通电试车	会调速电磁抱闸制动器	20			
	制动器调整符合要求				
	第一次试车成功				
	熔体规格选用恰当				
	热继电器整定正确				
安全文明生产	遵守安全文明生产规程	5			
	施工完成后认真清理现场				
施工额定用时：　　实际用时：　　超时扣分：					
合计					

2. 综合评分

项目二　电力制动控制线路

子项目一　能耗制动控制线路

本学习任务为中级工、高级工应掌握的技能。

【学习目标】

（1）能通过阅读设备维护（保养）记录单和现场勘查，明确学习任务要求。

（2）能根据任务要求和实际情况，合理制定工作（学习）计划。

（3）熟练掌握三相笼型异步电动机能耗制动控制线路的构成、作用和工作原理，以及必要的保护措施。

（4）能正确识读三相笼型异步电动机能耗制动控制线路原理图、接线图。

（5）能正确安装三相笼型异步电动机能耗制动控制线路。

（6）能正确完成通电试车。

【建议课时】

中级工2课时，高级工2课时。

【工作情景描述】

能耗制动，就是在电动机脱离三相电源以后，在定子绕组上加一个直流电压，即通入直流电流，利用转子感应电流与静止磁场的作用以达到制动的目的。

学习活动1 明确工作任务

【学习目标】

（1）能通过阅读设备维护（保养）记录单，明确学习任务、课时等要求。

（2）能准确记录工作现场的环境条件。

（3）熟练掌握三相笼型异步电动机能耗制动控制线路的构成、作用和工作原理，以及必要的保护措施。

（4）能正确识读三相笼型异步电动机能耗制动控制线路原理图、接线图。

【学习过程】

一、填写任务联系单

中级工在老师指导下完成，高级工要求独立完成。可参照相关资料自行设计任务联系单。

二、熟悉电气原理图

（1）什么是电力制动？电力制动常用的方法有哪几种？

（2）什么是能耗制动？

（3）绘制单向启动能耗制动控制线路原理图，并在图中圈出电源电路、主电路和辅助电路？

学习活动 2 工作前的准备

【学习目标】

（1）正确绘制电动机无变压器单相半波整流单向启动能耗制动控制线路布置图、安装接线图。

（2）了解各电气元件结构、原理、作用，并能正确进行检测。

（3）熟悉各种工器具、设备的使用方法。

【学习过程】

一、绘制布置图和安装接线图

（1）根据布置图的绘制规则画出布置图。

（2）根据接线图的绘制规则画出接线图。

二、检查电气元件

按要求检查电气元件，为安装线路做准备，如有问题及时记录、检修或更换。（自行设计表格）

三、制定工作计划

查阅相关资料，了解任务实施的基本步骤，根据任务要求，结合现场勘查的实际情况，制定小组工作计划。

四、评价

以小组为单位，展示本组制定的工作计划，然后在教师点评基础上对工作计划进行修改完善，并根据评分标准进行评分。

学习活动3　现　场　施　工

【学习目标】

（1）能熟练掌握安装无变压器单相半波整流单向启动能耗制动控制线路的安全知识，并能按照安全要求进行操作。

（2）熟悉电动机基本控制线路的一般安装步骤和工艺要求。

（3）能正确安装无变压器单相半波整流单向启动能耗制动控制线路。

（4）能正确排除故障。

（5）能正确通电试车。

【学习过程】

参照电动机正反转控制线路完成固定电气元件、接线、检查、试车及验收任务，并做好记录。

学习活动4 总 结 与 评 价

【学习目标】

(1) 能以小组形式，对学习过程和实训成果进行汇报总结。

(2) 完成对学习过程的综合评价。

【学习过程】

一、工作总结

以小组为单位，选择演示文稿、展板、海报、录像等形式中的一种或几种，向全班展示、汇报学习成果。

二、评价

1. 评分

以小组为单位，展示本组安装成果，并根据表6-11进行评分。

表6-11 安装与检修无变压器单相半波整流单向启动能耗制动控制线路评分标准

评价内容		分值	评分		
			自我评价	小组评价	教师评价
装前检查	电气元件无漏检或错检	5			
元件安装和布线	走线槽安装符合要求	30			
	电器布置合理				
	元件安装牢固				
	元件安装整齐、匀称、合理				
	按要求接接地线				
	按电路图接线				
	布线符合要求				
	接点无松动、露铜过长、反圈				
	未损伤导线绝缘层或线芯				
	编码套管装设正确				
	未损坏元件				
故障分析	标错电路故障范围	10			
	故障分析、排除故障思路不正确				
排除故障	正确停电、验电	30			
	正确使用工具及仪表				
	排除故障的顺序正确				
	未损坏电气元件，或排除故障方法正确，每只（次）未产生新的故障				
	未损坏电动机				
	查出故障点，并排除				

表 6-11（续）

<table>
<tr><td colspan="2" rowspan="2">评 价 内 容</td><td rowspan="2">分值</td><td colspan="3">评　分</td></tr>
<tr><td>自我评价</td><td>小组评价</td><td>教师评价</td></tr>
<tr><td rowspan="3">通电试车</td><td>热继电器整定正确</td><td rowspan="3">20</td><td rowspan="3"></td><td rowspan="3"></td><td rowspan="3"></td></tr>
<tr><td>熔体规格选用恰当</td></tr>
<tr><td>第一次试车成功</td></tr>
<tr><td rowspan="2">安全文明生产</td><td>遵守安全文明生产规程</td><td rowspan="2">5</td><td rowspan="2"></td><td rowspan="2"></td><td rowspan="2"></td></tr>
<tr><td>施工完成后认真清理现场</td></tr>
<tr><td colspan="3">施工额定用时：　　实际用时：　　超时扣分：</td><td></td><td></td><td></td></tr>
<tr><td colspan="3">合　　计</td><td></td><td></td><td></td></tr>
</table>

2. 综合评分

子项目二　再生发电制动

本学习任务为中级工、高级工应掌握的技能。

【学习目标】

（1）掌握再生发电制动原理。

（2）熟知再生发电制动优缺点和应用。

【学习过程】

（1）什么是再生发电制动？

（2）简述再生发电制动的原理。